JN082924

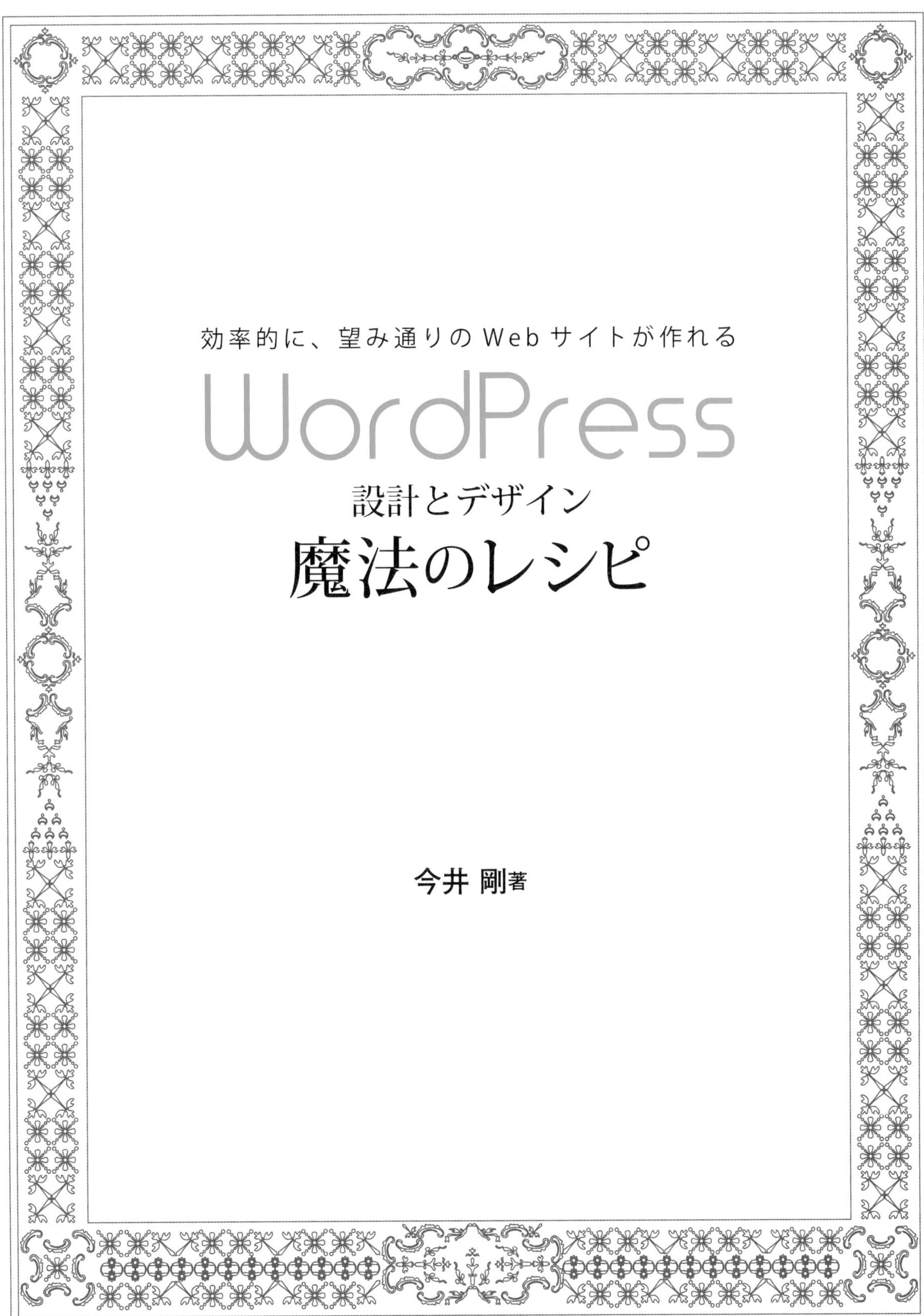

効率的に、望み通りのWebサイトが作れる

WordPress 設計とデザイン 魔法のレシピ

今井 剛 著

ナツメ社

◆注意

・本書はパソコン（Windows、Mac）を使用して解説をしています。

・本書はWordPress 5.5、5.6を主に使用しています。WordPressの設定、バージョン、使用しているテーマ、パソコンのOSや設定によって、画面表示や再現性が異なる場合があります。

・本書に記載されている内容は、情報の提供のみを目的としており、著者独自の調査結果や見解が含まれています。

・本書の運用は、お客様自身の責任と判断により行ってください。運用の結果や影響に関しては、ナツメ社及び著者は責任を負いかねますのでご了承ください。

・その他に記載されている商品名、システム名などは、各社の各国における商標または登録商標です。

・本書では、™、®、©の表示を省略しています。

・本書では、登録商標などに一般に使われている通称を用いている場合があります。

◆素材データのダウンロードについて

本書で使用している素材データは、弊社ホームページよりダウンロードできます。
https://www.natsume.co.jp/
上記の弊社ホームページ内の本書のページより、ダウンロードしてください。

はじめに

このたびは、『WordPress 設計とデザイン 魔法のレシピ』をお手に取っていただき、まことにありがとうございます。

本書は、WordPressサイトを一から構築する際に必要となる、設計やデザインの知識とテクニックを、細かく126のSectionに区切り、それぞれの内容をわかりやすく簡潔に解説しています。

すでにWebサイトを作成されている方にとっても、デザインのカスタマイズや運用のスキルなど、知っておくだけも役立つ情報をたくさん盛り込んでいます。

まずは、目次をご覧いただいて、そこから自分に必要なSectionを確認してみてください。これまで疑問だったものに関する解決方法が、すばやくわかることでしょう。

まったくの初心者の方は、一度すべてのSectionを通して、実際に同じようにチャレンジしてみるとよいでしょう。きっと誰でもWebサイトが構築できると思います。また、じっくり勉強する時間がない方や、すでにWordPressサイトを作成している方は、必要なときにさっと参照できる辞書的な書籍として、お手元に置いていただければ幸いです。

WordPressは、これまでたくさんのユーザーに支えられ、進化してきたWebサイト構築のすばらしいシステムです。みなさんも今回は何らかのきっかけで、このWordPressに興味を持たれたと思いますが、この機会に一度、最新のWordPressでWebサイトを構築してみてください。そうすれば、その人気の理由を体感することができると思います。

そして、同じWordPressを使ったWebサイト運用の仲間として、私たちと一緒に勉強しながら、末長くWebサイトを成長させていただけたら嬉しく思います。

今井　剛

本書の使い方 How to use

■ **DLデータ**

Section内で使用したデータをダウンロードできるようになっています。

■ **レベル**

Sectionの難易度を3段階で表示しています。

■ **Section番号とタイトル**

各Sectionの番号と、Sectionの内容がタイトルとして表示されます。

■ **見出し**

Section内をテーマごとに区切っています。

■ **フォルダ・ファイル名**

DLデータのフォルダとファイル名を表示しています。

Section

004 子テーマを作成する

LEVEL ●●●

DLデータ sample074

それぞれのテーマには、子テーマを作成することができます。では、子テーマとはどのようなもので、どのような場合に必要になるのでしょうか。子テーマの作成方法とあわせて確認しましょう。

子テーマを作成する

公式の無料テーマも有料テーマも、多くは将来的に更新されるものです。この更新を実行すると、テーマ内のテンプレートファイルが最新の状態となります。そのため、もし自分でテンプレートファイルに手を加えて保存していた場合、テーマのアップデートを行うと、その変更した部分が消えてしまうのです。こうした問題を解決するために、親テーマのテンプレートを継承する「子テーマ」を作成しておき、自分が変更を加えたテンプレートはその子テーマに保存するという方法が、一般的にはよく用いられます。

CSSファイルを作成する

子テーマを作成するには、まず、テキストエディター（P.156参照）で次のようなコメントを記入したファイルを作成します。

【CSS】style.css（sample074→074）

```
/*
Theme Name:Twenty Twenty Child
Template:twentytwenty
Version:1.0.0
*/
```

「Theme Name:」には、任意の子テーマ名を記述します。ここでは、「Twenty Twenty」というテーマの子テーマを作成するので、「Twenty Twenty Child」としました。「Template:」には、親テーマのディレクトリ名（サーバー上のフォルダ名のこと。P.79～80参照）を記述します。「Version:」は任意の数字などを記述します。ファイルは「style.css」という名前で保存します。

PHPファイルを作成する

テキストエディターで次のようなコメントを記入したファイルを作成し、「functions.php」という名前で保存します。

【PHP】functions.php（sample074）

```
<?php

add_action( 'wp_enqueue_scripts', 'theme_enqueue_styles' );
function theme_enqueue_styles() {
wp_enqueue_style( 'parent-style', get_template_directory_uri().'/style.css' );
}
```

074

■ Sectionの内容・要点

Sectionの概要や内容がまとめられています。

■ 解説

機能の内容や機能を使用する手順を解説しています。

画像ファイルを用意する

テーマを識別するためのかんたんな画像を用意します。ここでは、親テーマである「Twenty Twenty」をもとにした画像を、「screenshot.png」というファイル名で保存します。

ファイルをアップロードする

作成したCSSファイル、PHPファイル、画像ファイルを、任意の名前のディレクトリ(フォルダ)に入れ、ZIP形式で圧縮します。これを、P.71を参考に、WordPressのテーマディレクトリ(/wp-content/themes)にアップロードします。

アップロードが完了したら、P.70を参考に子テーマを有効化します。

▣ 変更したファイルを子テーマに保存する

その後、テンプレートファイルを変更する場合は、そのファイルを子テーマのディレクトリに保存します。たとえば、親テーマのfooter.phpというファイルに変更を加えた場合、そのfooter.phpは、親テーマのディレクトリではなく、子テーマのディレクトリにアップしていきます。同じ名前のファイルが子テーマに存在する場合は、子テーマのほうが優先されます。サーバーでのディレクトリの扱い方については、P.79～80を参照してください。

ただし、子テーマのファイルが継承されるstyle.cssとfunctions.phpに限っては、変更を加えたソースコード部分のみを、子テーマのstyle.cssやfunctions.phpに追加していく形で大丈夫です。たとえば、style.cssにソースコードを追加したい場合は、右のように追加した部分だけを保存します❶。子テーマのstyle.cssが優先されますが、親テーマのstyle.cssもあわせて読み込まれます。

○【CSS】style.css (sample074→075)

```
/*
Theme Name:Twenty Twenty Child
Template:twentytwenty
Version:1.0.0
*/

/* Site Header */

@media ( min-width: 1000px ) {

    .header-titles-wrapper {
        max-width: 40%;
    }

}
```

❶ 追加

Chapter 4 テーマの基本

■ インデックス

そのページの章名が表示されています。

HINT テーマが崩れた場合

むやみに子テーマにテンプレートを追加していくと、親テーマの更新と互換性がなくなっていき、Webサイトの表示が崩れる場合があります。そのような場合は、最新の親テーマからテンプレートを参照し、子テーマのテンプレートを修正しましょう。

075

■ Hint

Sectionや見出し、手順に関連した追加情報を解説しています。

目次 Contents

Chapter 1 ▸▸ WordPressとWebサイト制作

Chapter 2 ▸▸ WordPressの導入

Chapter 3 ▸▸ WordPressの基本設定

Chapter 4 ▸▸ テーマの基本

Chapter 5 ▸▸ 投稿・固定ページの基本

Chapter 6 ▸▸ ブロック・プラグインの基本

Chapter 7 ▸▸ メニュー・ウィジェットの基本

Chapter 8 ▸▸ テーマカスタマイズの基本

Chapter 9 ▸▸ テーマのレシピ

Chapter 10 ▸▸ 投稿・固定ページのレシピ

Chapter 11 ▶▶ プラグインを使ったレシピ

Chapter 12 ▶▶ CSSカスタマイズのレシピ

Chapter 13 ▶▶ Webサイトへの集客

Chapter 14 ▶▶ Webサイトのセキュリティ

Chapter 15 ▶▶ WordPress 5.6の新機能

Chapter 1

WordPressとWebサイト制作

Webサイト制作ツールとして人気を集めているWordPress。では、どういった特徴が高い評価を得ているのでしょうか。また、WordPressを使いこなすためには、どういった点に注意すればよいのでしょうか。

Section
001 WordPressとは

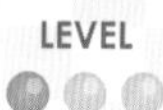

WordPressでWebサイトの制作を進めていく前に、そもそもWordPressがどういうツールで、どのような特徴があるのかについて確認しておきましょう。

▣ コードなしでWebサイトを作成できるWordPress

Webサイトは、HTMLやCSSなどの言語によって構成されます。こうした言語は専門的なコードによって記述されるため、一定の知識がなければ使いこなすことはできません。そのためWebサイト制作は、どうしてもハードルが高いものと認識されがちです。

そのようなWebサイト制作のハードルをぐんと引き下げてくれるのが､本書で取り扱う無料のWebサイト制作ツール、WordPressです。WordPressは、そういった専門的なコードを用いずに、Wordに近い感覚的な操作だけで、Webサイトやブログを作成できてしまいます。正しく構築されたWordPressによるWebサイトは､記事を投稿したり､Webページを更新したりすることがかんたんにできるため、日々の作業もとても楽になります。さらに、自由度も高いため、専門的なスキルを持ったWebデザイナーやエンジニアであれば、思いのままにWebサイトを拡張することができます。

WordPress.ORG 日本語

ホーム　プラグイン　テーマ　ドキュメンテーション　サポートフォーラム　ニュース　参加・貢献　このサイトについて　WordPress を入手

WordPress とは

WordPress (ワードプレス) は、ブログから高機能なサイトまで
作ることができるオープンソースのソフトウェアです。

WordPress は無料であると同時に、はじめての方でも、開発者
の方でも、誰でも高機能なサイトやブログ、アプリを作ること
ができる価値のあるものです。

世界中で使われる最高の信頼

▲WordPressの公式サイト「WordPress.org」
https://ja.wordpress.org/

▣ WordPressの歴史

WordPressは、オープンソースのソフトウェアとして、2003年にリリースされました。オープンソースとは、プログラミング言語で作成されたソースコードを無償で公開し、誰でも自由に改良・再配布ができる、ソフトウェアの開発手法のことです。当時のWordPressは、シンプルなブログを作成するためのソフトウェアとして提供されていました。ただし、その使いやすさやコンセプトに共感するユーザー、開発者、コミュニティによって、次第に発展していきます。誰でも改良に参加できるオープンソースであることが、こうした発展に寄与した部分も大きいことでしょう。そして数々のアップデートをくり返し、高機能なWebサイトがかんたんに作れるようなソフトウェアへと進化していったのです。

現在では、世界中の38%のWebサイトでWordPressが使われているといわれるほど普及しており、初心者から上級者まで、幅広く愛用されています。

▣ WordPressを支えてきた強力なコミュニティ

WordPressが普及した理由としては、ソフトウェアの優秀性が挙げられることはいうまでもありません。ただ、オープンソースによって開発が行われ、そのコンセプトに共感した多くの有志によって支えられることがなければ、WordPressがこれほど広く使われるようにはならなかったでしょう。そして、こうした強力なWordPressコミュニティこそ、このソフトウェアの大きな魅力の1つです。

WordPressのサポートフォーラムでは、初歩的な質問から、本格的な開発の提案に至るまで、いろいろな議論が活発に行われています。

▲WordPressのサポートフォーラム
https://ja.wordpress.org/support/forums/

HINT よく間違われる「WordPress.com」に注意

WordPressとよく勘違いされるものに「WordPress.com」があります。こちらは、本書で取り扱うオープンソースのソフトウェアではなく、無料または課金して利用するタイプのブログサービスです。同じWordPressであることに違いはありませんが、ソフトウェアをダウンロードして、自由にWebサイト制作が行えるのは、「WordPress.org」のほうであることに注意しましょう。

▲WordPress.com
https://ja.wordpress.com/

Section
002 WordPressで作成できるもの

LEVEL

P.12～13で解説したように、WordPressはWebサイトをかんたんに作ることができるソフトウェアです。では具体的に、WordPressを使ってどのようなものが作成できるのでしょうか。

■ さまざまな形態のWebサイトが作成できる

これまでに、WordPressでは、Webサイトを無料でかんたんに作成することができると解説してきました。そのため、もしかしたら作成できるWebサイトの形態やクオリティが限られていると思われるかもしれませんが、決してそうではありません。

WordPressは操作性に優れながらも自由度が高く、あらゆる用途にマッチした、高度なWebサイトを作成することが可能です。また、個人用のWebサイトのみならず、商業用のWebサイトとしても十分に通用するクオリティのものを生み出すことができます。その証拠に、WordPress専門のWebサイト制作会社まであるほどなのです。

▲WordPressでの作成例

▣ WordPressで作成できるもの

それでは、WordPressで作成することができるWebサイトの形態を、具体的に見ていきましょう。

コーポレートサイト

企業や組織の一般的なホームページのことです。詳細はのちのち解説しますが、WordPressの「固定ページ」と呼ばれるタイプを使って、「事業内容」や「制作事例」など、必要な情報を掲載したWebページを複数作成して構成します。WordPressを使ったコーポレートサイトは、「お知らせ」などの情報発信に使われる「投稿」と呼ばれるタイプもかんたんに組み合わせることができるので、情報発信が手軽にできることが特徴といえるでしょう。

▲Web制作会社「StudioBRAIN」のWebサイト
https://studiobrain.net

ブログ

ブログは個人でも手軽に始めることができる情報発信のしくみです。WordPressがもっとも得意とする「投稿」と呼ばれるタイプを使って、手軽に本格的なブログが構築できます。また、WordPressで発信した情報は、アメーバブログやnoteなどと比べて、検索エンジンで広く検索される特徴もあるため、流行に左右されない高い人気を維持しています。

メディアサイト

オウンドメディア、ローカルメディアといった、情報記事の発信のためのメディアサイトを作成するうえでも、WordPressは便利です。たくさんの投稿記事を作成できるうえ、カテゴリーで分類された一覧表示が行えることが、こうしたメディアサイトに適している大きな理由の1つです。さらに、メディアサイト特有の広告掲載ができるよう、柔軟にカスタマイズすることができ、さまざまなメディアサイトに採用されています。

▲ローカルメディア「ぼちぼち」のメディアサイト
https://bochi2.net

ECサイト（ショッピングサイト）

ショッピング専用のWebサイトである、ECサイトの制作にも適しています。「WooCommerce」や「Welcart」といった、ECサイトを構築するための専用プラグインを使うことで、ECサイトの機能をかんたんに追加することができるからです。ただし、ECサイトをしっかりと運営していくには、適切な保守管理を行う必要があるため、安易にWordPressを使ったECサイトを導入することはおすすめしません。

フォーラムサイト

フォーラム（掲示板）を中心とした交流サイトのことです。ECサイトと同様、「bbPress」などのプラグインを追加することで、WordPressにフォーラム機能が追加されます。ただし、たくさんのユーザーがログインして、情報を書き込むことができる本格的なフォーラムを運用したい場合は、やはり、適切な保守管理を行う必要があるため、安易に導入することはおすすめできません。

ギャラリーサイト

写真や映像などを豊富に紹介するWebサイトのことです。WordPressは、写真や映像などのビジュアルコンテンツを美しく見せるギャラリー用プラグインやテーマが充実しているため、アーティストや作家などがWebサイトを構築するうえでも適しているのです。

▲ライブ写真家、今井剛のギャラリーサイト
https://studiobrain.com

ランディングページ(LP)

Web広告などから誘導する、商材訴求用の縦に長いWebページをランディングページと呼びますが、このランディングページにもWordPressはよく使われます。Webブラウザから更新できるWordPressのメリットを活かせば、こうしたランディングページもかんたんに作成することができます。

CMS(コンテンツマネージメントシステム)

Web担当者が、Webブラウザからログインして、直接、ホームページのコンテンツを入力できるシステムをCMSといいますが、WordPressはこのCMSにも適しています。WordPressは自由度が高く、プラグインなどの拡張性に優れているため、クライアントが求めるCMSを思いどおりに実現できるのです。

LEVEL 

Section 003 WordPressでの注意点

WordPressでWebサイトを制作・運用するだけなら、比較的かんたんに行えます。ただし、本格的にカスタマイズを行うことは、高度な知識と経験が必要になるため、できることの見極めが重要です。

難易度の見極めが重要

「WordPressならかんたんにWebサイト制作ができる」「カスタマイズもしやすい」などという言葉は事実ではありますが、一方で注意も必要です。どこまでも自由に拡張できるシステムなので、自由度が高い分、かんたんな作業から、難しい作業までさまざまなものが想定されるからです。単純な作業だけを組み合わせて実現できればよいですが、容易には実現できないこともあるのです。

たとえば次の画面は、高度なコードを使った編集例です。

コーヒー豆

コーヒー豆（コーヒーまめ、英: Coffee bean）は、コーヒーノキから採取されるコーヒーチェリーの種子のこと。生産されたままの生の状態を**生豆**、加熱加工されたものを**焙煎豆**という。

出典: フリー百科事典『ウィキ

コーヒー豆

```
<p><strong>コーヒー豆</strong>(コーヒーまめ、<a
href="https://ja.wikipedia.org/wiki/%E8%8B%B1%E8%AA%9E">英
</a>: Coffee bean)は、<a
href="https://ja.wikipedia.org/wiki/%E3%82%B3%E3%83%BC%E3%83%92%
E3%83%BC%E3%83%8E%E3%82%AD">コーヒーノキ</a>から採取されるコーヒーチェリーの
<a href="https://ja.wikipedia.org/wiki/%E7%A8%AE%E5%AD%90">種子
</a>のこと。生産されたままの生の状態を<strong>生豆</strong>、加熱加工されたも
のを<strong>焙煎豆</strong>という。</p>
```

出典: フリー百科事典『ウィキペディア（Wikipedia）』

▲コードを使った編集例

このように複雑な作業を要する場面もあるため、その見極めを誤ると、運用が大変になることも少なくありません。外注する場合でも、想定以上にコストがかかってしまうこともあります。

こういった問題を回避するため、WordPressでWebサイトを制作する前に、Webサイト上のそれぞれの要素を実現するためにどういったテクニックが必要になるのかを、適切に把握しておくことが大切です。本書ではそれらのテクニックを個別に解説していきますので、先に全体をざっと読んで、難易度を把握しておくのも1つでしょう。そのうえで、自分で無理なく制作できる範囲を認識し、実際の制作に入っていくとよいでしょう。

Webサーバーとドメインは自分で管理

WordPressは無料で利用できますが、Webサイトを構築するには、最低でもWordPressが動作するWebサーバーと、Webサイトの住所にあたるドメインが必要です。アクセスが少ない最初のうちから高額なWebサーバーを用意する必要はありませんが、安いものでも年間数千円程度は実費が必要です。さらに注意したいのは、Webサーバーとドメインを誰が所有しているかです。Webサイトを作った当初は気にならなくても、数年経ってから、制作した当時に誰が契約者となり、誰が所有しているのかが問題となるケースは少なくありません。自分自身の財産となるWebサイトなので、Webサーバーとドメインは自分で管理することをおすすめします。

▲Webサーバーとドメインを自分で管理しないと、のちのちトラブルに

管理者としての責任を持つ

WordPressをWebサーバーにインストールしたら、あっという間にWebサイトが公開できます。だからといって、作ったまま放置してしまうと、第三者に勝手にログインされるなどして、迷惑行為に利用されてしまうかもしれません。管理者としてWordPressをインストールしたからには、最低限のセキュリティ対策には、責任を持っておく必要があります。もしWordPressが必要なくなった場合は、放置せずに削除しておくことをおすすめします。こうしたWordPressの保守管理については、第14章も参照してください。

▲しっかりと管理していなければ、Webサイトを悪用されることも

Section 004

WordPressを使いこなすポイント

LEVEL

WordPressを使いこなすうえでは、どのような点を意識すればよいのでしょうか。まずはWordPressの得意とするものを押さえ、それをどう活用していけばよいのかを確認しておきましょう。

▣ WordPressが向いているもの

WordPressがとりわけ得意とするのは、こまめな情報発信や、既存情報の更新です。そのため、最初から隅々まできっちりと完成させる必要があるWebサイトよりも、徐々に情報を追加して育てていくようなWebサイトのほうが、WordPressには向いているといえるでしょう。

スタートアップのWebサイトや情報発信の多いブログに最適

更新のしやすさから、サービスやプロダクトの立ち上げで、ミニマムな情報をとりあえず発信したい場合などにWordPressは向いています。また、情報発信力の高さから、ブログに代表されるような、新着情報や事例、レポートなどを、随時情報発信していくスタイルのWebサイトにもうってつけです。

▲ブログでの活用例

定期的に情報を書き換える場合にも便利

新しい情報発信を行わなくても、一部の情報を定期的に書き換える必要がある場合にも、WordPressは便利です。CMSなどもその1つです。

▣ WordPressの活用ポイント

WordPressが更新や情報発信に強いことが確認できました。では、そういった強みを活かすために、実際に意識すべきことを掘り下げてみましょう。

最初はシンプルにすばやくWebサイトを構築する

最小限のコンテンツを掲載すれば、とりあえずWebサイトは公開できます。すべてのコンテンツはあとから変更できるため、最初から考え込む必要はありません。テーマの決定に迷ったら、とりあえずデフォルトのままで大丈夫でしょう。完璧を目指すのではなく、まずは最低限公開できる状態を作ることを目指します。

「投稿」と「固定ページ」を使い分ける

Webサイトにはさまざまなコンテンツが盛り込まれることになりますが、それらのコンテンツに合わせたWebページのタイプを使い分けて作成しましょう。WordPressのWebページのタイプには、大きく分けて、記事などの作成に適した「投稿」と、固定的な表現に適した「固定ページ」の2つがあります。新着情報、イベントやレポートの報告などには投稿を使い、サービスや商品の詳細情報などには固定ページを使うとよいでしょう。

コンテンツが充実してきたら、見た目や使いやすさを考えていきましょう。投稿が増えてきたら、わかりやすいカテゴリーに再分類することをおすすめします。固定ページは、親ページを中心とした階層構造を意識することがポイントです。メニューの項目では、カテゴリーと親ページを、わかりやすく配置するとよいでしょう。

アクセス解析を利用する

ある程度Webサイトが充実してきたら、アクセス解析を参考にしましょう。人気のあるWebページにこそ、ユーザーが求めている情報があると考えられます。そこから誘導したいWebページに、しっかりとユーザーが流れているかを確認し、そうでない場合はユーザーの流れが最適になるように調整しましょう。

Webサーバーは Webサイトの規模に合わせて選ぶ

Webサーバーは、最初は安価なレンタルサーバーで大丈夫ですが、安価なレンタルサーバーに一気に多くのアクセスがあると、Webサイトが不安定になることがあります。アクセスが増える大規模サイトになってきたら、より安定した高級なサーバーを選び直すようにしましょう。

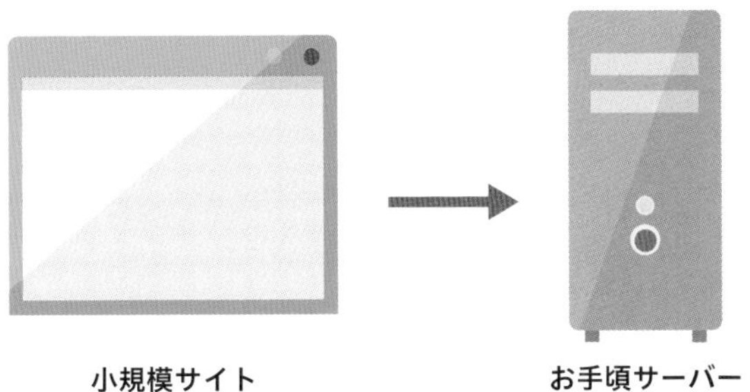

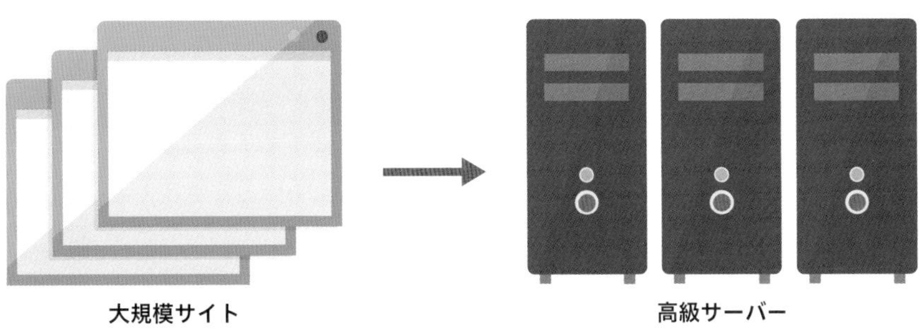

▲規模に合った最適なWebサーバーを選ぶことがポイント

Section **005**

WordPressの主要な機能とテクニック

LEVEL

ここで、WordPressの主要な機能をかんたんに把握しておきましょう。そのうえで、近年のWebサイトにおけるトレンドをふまえつつ、主要なテクニックについても紹介します。

WordPressの主要機能

WordPressは優れたWebサイトをかんたんに制作できるように、さまざまな魅力的な機能が採用されています。ここでは、こうした機能のなかでとりわけ重要になるものをざっと確認しておきましょう。

テーマ

WordPressでは、テーマと呼ばれる基本デザインを選択するだけで、Webサイトのベースが出来上がるようになっています。テーマは無料で使用できるものだけでも豊富に取り揃えられており、用途やコンテンツに合ったものを選択できるうえ、自由にカスタマイズ可能です。

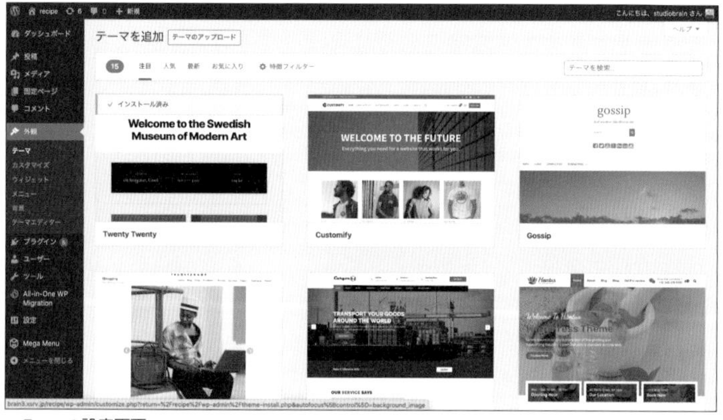

▲テーマの設定画面

ブロック

WordPressでは、Webページを構成する、見出しや本文、画像といった各要素をブロックとして扱えるようになっており、これらを直感的に並べるだけでWebページを作成することができます。ブロックはプラグインによって拡張もできるので、デザインに最適なブロックを選んで使うことができます。

▲ブロックの種類と編集画面

ブロックパターン

従来のWordPressには、ユーザーが作成したブロックを何度も利用できる「再利用ブロック」という機能がありました。WordPress 5.5からは、それをテンプレートとして保存することができる「ブロックパターン」という機能が利用できるようになりました。これによって、プログラミングスキルが必要だった高度なWebページも、誰でもコードなしでかんたんに作成できるようになりました。

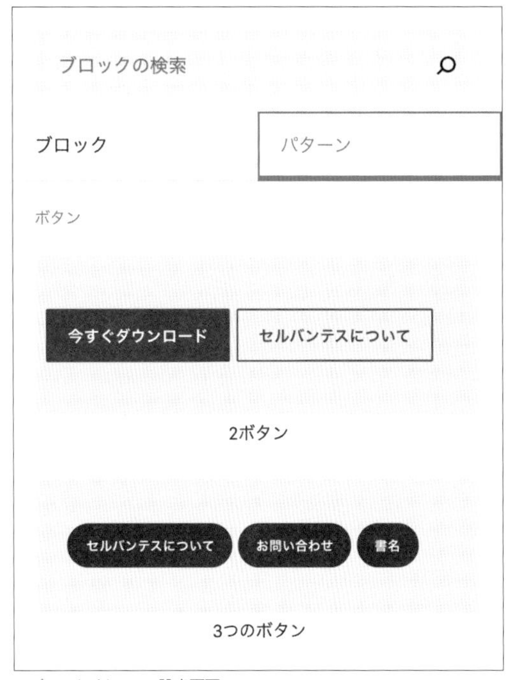

▲ブロックパターンの設定画面

レスポンシブWebデザイン

今やほとんどのユーザーがスマートフォンでWebサイトを閲覧するようになりました。以前はパソコン用に設計したWebサイトを、スマートフォンでも閲覧できるように変換するパターンが多かったものですが、今はスマートフォンでの見やすさを優先的に考え、さらにタブレットやパソコンなどに展開していくという考え方が主流になっています。

そこで重要になるのが、Webブラウザで表示される横幅に応じて、Webページの内容を変化させることができるレスポンシブWebデザインです。WordPressで提供されている多くのテーマはこの技術に対応しており、これを利用すれば、スマートフォンやタブレット、ノートパソコン、デスクトップなど、あらゆる環境で表示を最適化させることができます。

▲スマートフォンでの表示(左)とパソコンでの表示(右)

▣ WordPressの主要テクニック

次に、WordPressでよく用いられる人気のテクニックを紹介します。これらのテクニックの詳細な実現方法は、以降の章で解説していきます。

大きなメインビジュアル表示

メインビジュアルとなる背景画像を横幅いっぱいに表示してインパクトを持たせることも、WordPressならかんたんに実現できます。こうした背景画像を、画面スクロールといっしょに動かすかどうかを選ぶことも可能です。

▲大きなメインビジュアルの例

ニューモーフィズム

ニューモーフィズムとは、近年トレンドの1つになってきている、ボタンなどの新しいデザインです。フラットデザインなどのシンプルさと、ひと昔前に流行ったスキューモーフィズムのリアルな質感を掛け合わせた、独特の立体感が特徴です。こうした最新のデザインも、CSSを組み合わせることで実現できます。

▲ニューモーフィズムのボタン例

画像の影

画像をそのまま貼り付けるだけのシンプルな表現もトレンドですが、ほんのり影を落として立体感を演出するテクニックも人気です。この表現も、CSSを組み合わせることで思いのままに実現することが可能です。

▲画像に影を落とした例

タイムライン

商品の購入時などによく見かける、お申し込み後の流れを示すタイムラインの図も、スタイリッシュに作成できます。HTMLでは複雑なコードが必要になりますが、WordPressではプラグインを活用することによって、こうした高度な表現もスピーディに導入することができます。

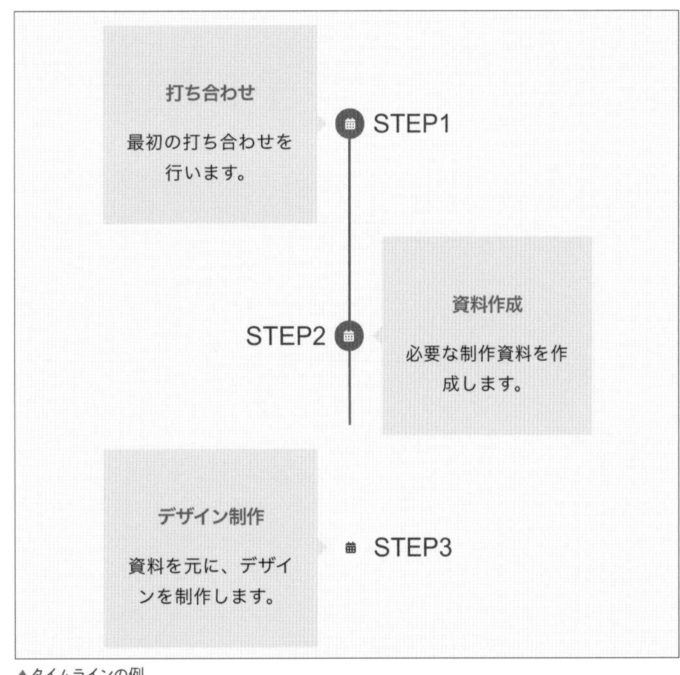

▲タイムラインの例

画像上のテキスト表示

WordPressでは、画像とテキストをオシャレに組み合わせるための機能も満載です。このように、背景となる画像の不透明度を上げて、テキストを見やすくするといった演出も、小難しいコードなしでかんたんに行えます。

▲画像にテキストを重ねた例

グラデーション

Webページをスタイリッシュに演出するには、一部にグラデーションを取り入れるのもよいでしょう。こうしたグラデーションも、直感的な操作だけで実装することができます。色はもちろんのこと、角度も自由自在に設定でき、Webページに最適な表現が可能です。

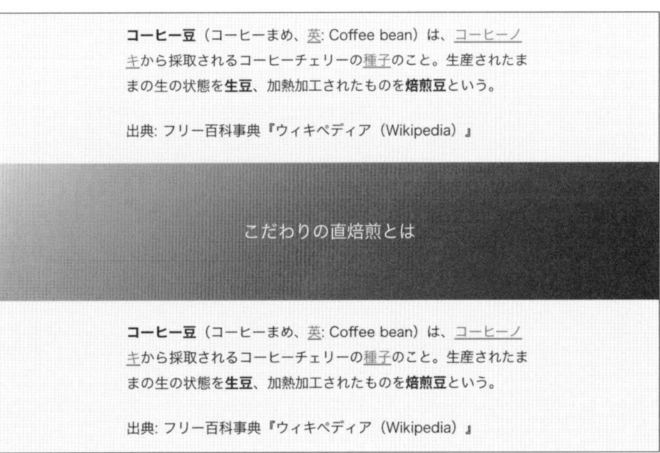

▲ブログでの活用例

LEVEL

Section 006 Webサイト制作を始める前に

Webサイトの制作を始める前に、Webサイトを作成する目的について明確にしましょう。その目的を達成するために、どういう経路でユーザーを流入させ、どういうコンセプトを設定すべきかを考えます。

▣ サイトの目的をどこにするか

どのWebサイトにも必ず目的があります。そして、Webサイトを訪問したユーザーが、その目的を達成するように行動するWebサイトの設計を行っていく必要があります。そこでまず、Webサイトを訪問したユーザーが、Webサイトの目的を達成するためのゴールをどうするかを考えましょう。

このゴールは「CTA」(Call To Action)と呼ばれます。日本語に置き換えると「行動喚起」という意味になり、Webサイトでユーザーに行ってほしい行動を指します。ほとんどの場合は、商品購入や各種申し込みなどのためのボタンをクリックしてもらうことを指します。そのため、こうしたボタンを設定し、アクセス解析でそのクリック数などを計測する必要があります。

具体的なCTAとしては、以下のようなものが挙げられるでしょう。

・商品やサービスを購入する
・予約を行う
・購読する(メルマガなど)
・ダウンロードする(PDF資料など)
・資料を請求する
・会員登録をする
・リンクをクリックする(広告など)
・あとで読むようにする(ブックマークなど)
・お問い合わせをする
・口コミをする(SNSなどでシェアをする)

こうしたCTAが達成されるように、Webサイト内のいくつかのページには、以下のようなボタンなどを設置しておく必要があります。そしてこのゴールに向かってユーザーがスムーズに流れていけるように、ユーザーの流入経路やコンセプトを考えます。

▲ダウンロードや資料請求のためのボタンの例

▣ 目的別にコンセプトを考えよう

ユーザーが自分たちの期待するゴールにたどり着くためには、どこから訪問者を導き、どのようなコンセプトのWebサイトを作ればよいのでしょうか。タイプ別に考えてみましょう。

実店舗への誘導型サイト

Webサイトを訪問したユーザーに、リアルな店舗に実際にきてもらうことを目的とするWebサイトです。

■例

飲食店（来店のほか、予約にも期待）
サロン（来店のほか、ネットからの問い合わせ、予約にも期待）
スクール（来店のほか、ネットからの問い合わせ、申し込みにも期待）
不動産取引（来店のほか、ネットからの問い合わせにも期待）
実店舗サービス（来店のほか、ネットからの申し込みにも期待）

■流入経路

競合他社が比較的多くなるため、ブログやSNS、リスティング広告（下記HINT参照）なども活用して、積極的にユーザーを呼び込む必要があります。

■コンセプト

実店舗を紹介し、来店誘導を主な目的としたうえ、さらに問い合わせや予約にもつなげられるように設計します。店名のほか、地域での関連キーワード検索で上位表示が求められるため、地域色も盛り込むようにします。

顧客向けのコーポレートサイト

Webサイトを訪問した既存の顧客に、自社や組織について、またその商材や活動目的について、より詳しく知ってもらうことを目的としたWebサイトです。

■例

会社や業務、商材などの紹介（社名を参照した特定の相手に情報を提示）
団体・協会の活動内容の報告

■流入経路

これらの多くは社名による検索でアクセスされれば十分と考えられています。そのため、リスティング広告などによる集客施策に過剰に力を注ぐ必要はありません。

■コンセプト

営利を目的とする会社ではあるものの、その存在価値を高め、会社の信頼を高めることが、Webサイトの主な目的です。ブログを活用して、社内の情報を開示するような記事を積極的に投稿していきます。

リスティング広告

リスティング広告とは、GoogleやYahoo!などの検索サービスにおいて、検索結果に連動して表示される広告のことです。検索したキーワードに関連する広告が表示されるため、ユーザーが関心を持っているものが表示されやすい傾向があり、効果的なプロモーションが可能です。

新規開拓型のコーポレートサイト

Webサイトを訪問したユーザーに、自社や組織について、またその商材や活動目的について、新しく認知してもらうことを目的としたWebサイトです。

■例

団体・協会の活動PR（活動内容を知ってもらうほか、宣伝活動も）
ブログ（単独のブログとしての宣伝活動）
BtoBサイト

■流入経路

ブランド名や関連キーワードの検索によるアクセスが求められます。ただし、活動規模によってマーケティングの程度は異なります。競合他社が多くなるような商材では、リスティング広告やSEO（下記HINT参照）が欠かせませんが、これまでにない商材などでは、独自性が高いためユーザーを呼び込みやすくなります。

■コンセプト

新規取引先として見つけてもらい、自社を選んでもらえるような、会社や団体の宣伝が主な目的となります。ブログやSNSを活用して、社内の情報を積極的に開示していく必要があります。新しい商材の場合は、商材自体の認知度向上にも重点的に力を注ぎましょう。

オンライン取引型サイト

Webサイトを訪問したユーザーに、Web上で自社の商品を購入してもらったり、サービスを利用してもらったりすることを目的としたWebサイトです。

■例

オンラインサービス（ネット決済による売り上げを目的とする）
ネットショップ（通信販売による売り上げを目的とする）
ポータルサイト（特定のジャンルで上位表示を目指し、収益化を目指す）

■流入経路

競合他社が多くなるため、リスティング広告など幅広い宣伝媒体を活用します。積極的なSEOも欠かせません。

■コンセプト

実店舗という形態にこだわらずWeb上で取り引きが完結するWebサイトで、実際に商品を売買したり、広告などで収益化を図ったりします。そのため、商品名や関連キーワード検索での上位表示が求められます。また、Web上で取り引きができるようにするシステムの構築（決済用の専用プラグインの導入など）や、多くの商品やサービスを魅力的に陳列する工夫も欠かせません。

SEO（Search Engine Optimization）

GoogleやYahoo!などの検索エンジンで関連するキーワードで検索した際に、上位に表示されやすくなるように、Webサイトを最適化すること。かつてはキーワードを多く盛り込むなどの手法があったが、現在はコンテンツが充実していなければ上位に表示されにくくなっており、地道にWebサイトのクオリティを上げていくことが求められる。

Chapter

2

WordPressの導入

WordPressはWebサーバーにインストールするだけでかんたんに導入できます。ここではインストール方法のほか、その際に必要になる、レンタルサーバーの契約や、独自ドメインについても解説します。

Section

001 WordPress導入の流れ

LEVEL

WordPressを運用するには、WebサーバーとMySQLデータベースサーバーが必要です。WordPressが動作するサーバーでなければならないため、契約時によく確認するようにしましょう。

WordPress導入にはサーバーが必要

WordPressを導入するには、WebサーバーとMySQLデータベースサーバーの2つが必要です。基本的にはWordPressに対応したレンタルサーバーを契約すると、これらのサーバーをセットで利用できるようになります。ただし、MySQLデータベースサーバーがセットになっていないプランもあるため、注意しましょう。

Webサーバーは、ブラウザで表示されるHTMLファイルや、PHPファイルなどをアップロードしておくサーバーです。なお、Webサーバーに保存されたファイルを変更するには、FTPクライアントソフトが必要です。

MySQLデータベースサーバーは、WordPressから情報を読み書きするためのデータベースサーバーです。WordPressを通して投稿、保存された情報は、基本的にこのデータベースサーバーに保存されます。

これらのサーバーをレンタルサーバーとして契約し、そこにWordPressをインストールすることで、WordPressが利用できるようになります。

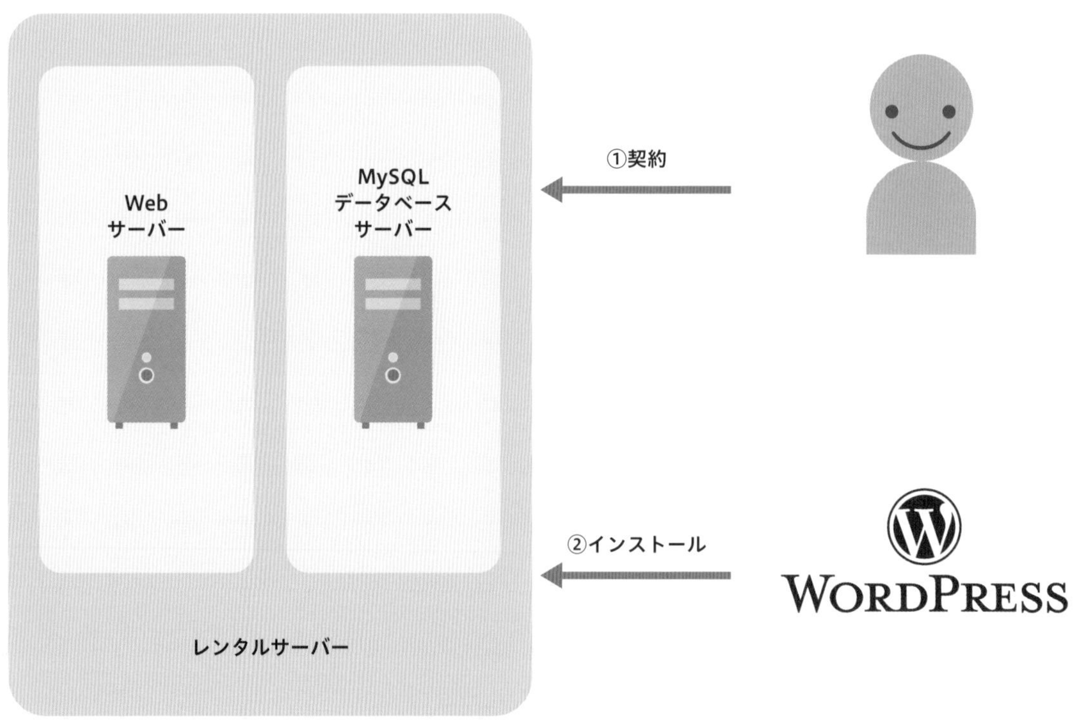

▲契約したレンタルサーバーにWordPressをインストールすることが必要

WordPressが使える主なレンタルサーバー

ここでは、WebサーバーとMySQLデータベースサーバーが使える主なレンタルサーバーを紹介します。ただし、WordPressに対応していないプランもあることに注意しましょう。なお、各プランの内容は2021年2月現在のものです。

エックスサーバー

本書の解説で使用する大手レンタルサーバーです。使いやすい管理画面と、高速な動作環境が魅力のサーバーで、国内シェア1位を誇ります。快適性を優先する場合におすすめです。

容量200GBの「X10プラン」は月額900円（36カ月契約の場合）～でレンタルできます。

▲エックスサーバー
https://www.xserver.ne.jp/

LOLIPOP! レンタルサーバー

200万サイト以上の実績を持つ、老舗のレンタルサーバーです。こちらも管理画面が使いやすく、安心できる仕様ですが、低価格のプランが充実しています。

容量150GBの「スタンダードプラン」なら月額500円(6カ月契約の場合) ～でレンタルできますが、容量250GBの「ハイスピードプラン」も月額500円（36カ月契約の場合）～でレンタルできます。

▲LOLIPOP! レンタルサーバー
https://lolipop.jp/

さくらのレンタルサーバ

こちらも低価格から始めることができるレンタルサーバーです。安定性にも定評があり、高いコストパフォーマンスが魅力です。容量100GBの「スタンダードプラン」は月額524円で、容量200GBの「プレミアムプラン」は月額1,571円でレンタルできます。

▲さくらのレンタルサーバ
https://www.xserver.ne.jp/

Section
002 レンタルサーバーを契約する

LEVEL

本書でレンタルサーバーとして利用する、エックスサーバーの契約の手順を解説します。なお、レンタルサーバーやプランの種類によって手順は異なるため、あくまで一例として参考にしてください。

エックスサーバーを申し込む

申し込み画面に進む

エックスサーバーのWebサイト「https://www.xserver.ne.jp/」にアクセスし、「お申し込み」をクリックします❶。

内容を確認し、下部の「お申し込みはこちら」をクリックします❷。

エックスサーバーを初めて利用する場合は、「初めてご利用のお客様」の、「10日間無料お試し 新規お申込み」をクリックします❸。エックスサーバーをすでに利用したことがある場合は、「Xserverアカウント IDをお持ちのお客様」で、ログインしてください。

XSERVER お申し込みフォーム
11/5まで 今だけお得なキャンペーン実施中!
ドメイン永久無料&月額料金 20%OFF! 720円~
初めてご利用のお客様
10日間無料お試し 新規お申込み
❸ クリック
Xserverアカウント IDをお持ちのお客様
XserverアカウントID または メールアドレス
パスワード
パスワードをお忘れの方はこちら
ログイン

プランを選択する

プラン(ここでは「X10」)をクリックし❶、「Xserverアカウントの登録へ進む」をクリックします❷。なお、独自ドメインを使用しない場合は、サーバーIDはURLに含まれます。その場合は、「サーバーID」の「自分で決める」をクリックして、任意のIDを入力しましょう。また、「WordPressクイックスタート」の「利用する」にチェックを付けると、ドメインやSSLの設定が同時に行えますが、試用期間が無効になるため、ここではチェックを付けません。

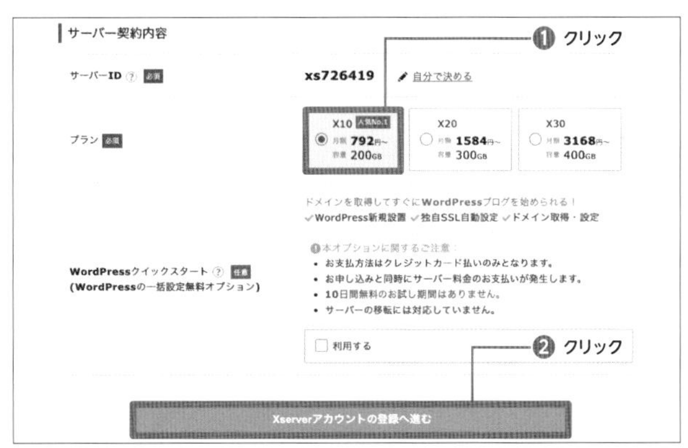

「お申し込みフォーム」に記入する

「お申し込みフォーム」の必要事項に記入して❶、利用規約と個人情報に関するチェックボックスをクリックしてチェックを付け❷、「次へ進む」をクリックします❸。

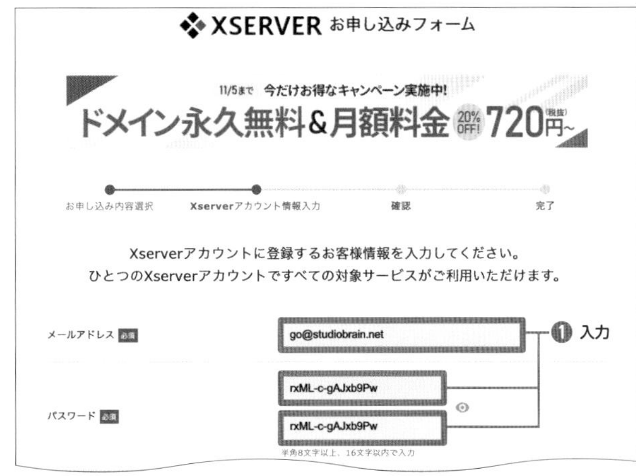

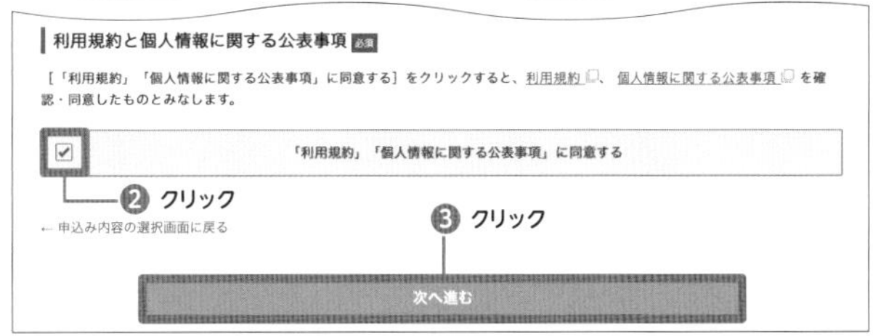

申し込みを完了する

記入したメールアドレスに確認コードが届くので、それを「確認コード」に入力し❶、「次へ進む」をクリックします❷。

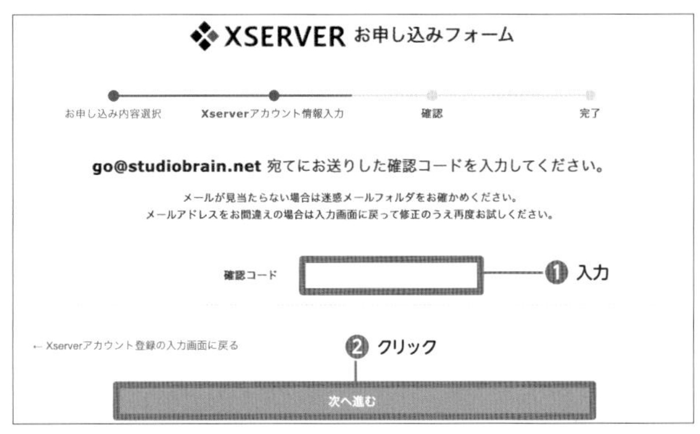

「この内容で申込みする」→「閉じる」をクリックします❸。これで申し込みは完了です。

リニューアル版に切り替える

P.32のエックスサーバーの申し込みページで「ログイン」をクリックしてログインすると、トップページにあたる「Xserverアカウント」画面が表示されます。この画面をリニューアル版に切り替えるため、「リニューアル版を使ってみる」をクリックし❶、リニューアル版のトップページ❷に切り替えます。もともとリニューアル版のトップページが表示されている場合は、この手順は必要ありません。

▣ エックスサーバーの本登録を行う

支払い画面に進む

エックスサーバーの10日間の試用期間を終えたら、支払い設定をして本登録を行いましょう。

トップページで、⋮❶→「契約更新・料金支払い」をクリックします❷。

サーバーを選択する

契約したサーバーのチェックボックスをクリックしてチェックを付け❶、契約期間を選択し❷、「支払方法を選択する」をクリックします❸。

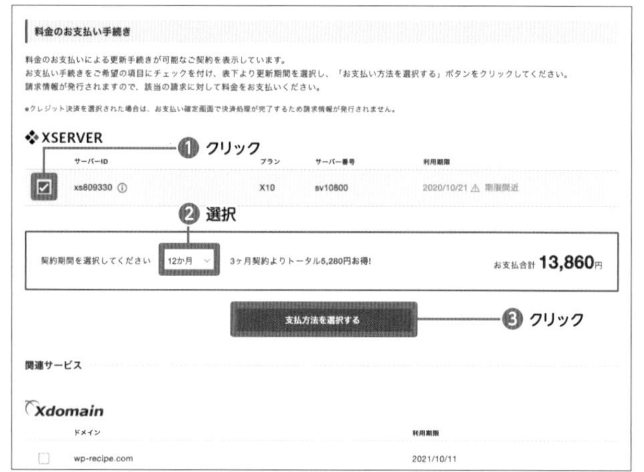

HINT エックスサーバーの試用期間の機能制限

エックスサーバーの試用期間は、メールアカウントの作成、プログラムを用いたメール送信全般、サブFTPアカウントの追加ができません。そのほかの機能は利用できるため、使い勝手を試してから本登録を行うようにしましょう。

支払い方法を設定する

支払い方法（ここでは「クレジットカード」）を選択して❶、「決済画面へ進む」をクリックします❷。

クレジットカード情報を入力して❸、「確認画面へ進む」をクリックします❹。

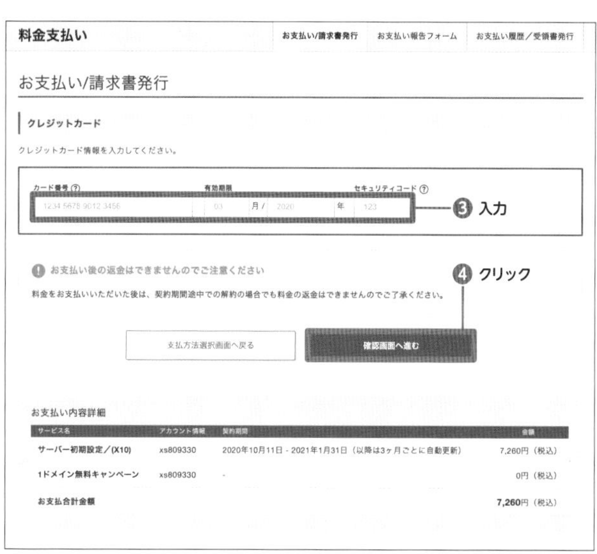

支払い設定を完了する

「支払いをする」をクリックします❶。これで本登録は完了です。

Section
003 レンタルサーバーで独自ドメインを取得する

今回使用するエックスサーバーに、独自のドメインを登録して設定する手順を解説します。ほかのレンタルサーバーを利用する場合は、各サーバーのWebサイトなどを参考に手続きを行ってください。

エックスサーバーの独自ドメインを申し込む

ドメイン取得画面に進む

エックスサーバーのトップページで、「ドメイン」の「ドメイン取得」をクリックします❶。

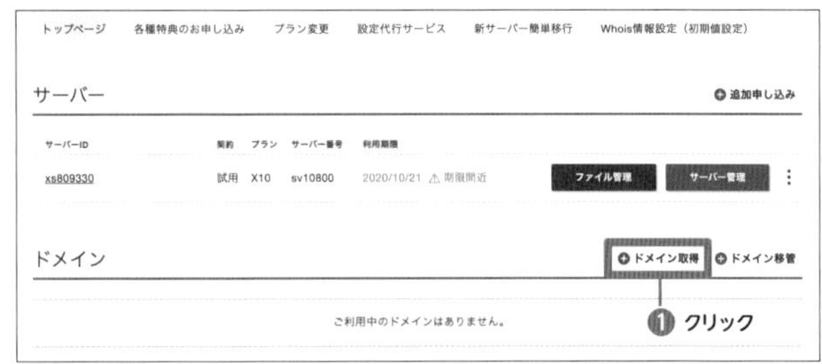

ドメインを指定する

すでに取得されているドメインは利用できないため、利用できるか確認する必要があります。希望するドメインを入力・選択し❶、「ドメインを検索する」をクリックします❷。

取得可能なドメインが表示されるので、購入するドメインだけチェックを付けて❸、登録年数を選択し❹、「お申込み内容の確認とお支払いへ進む」をクリックします❺。

支払い方法を設定する

支払い方法（ここでは「クレジットカード」）を選択して❶、「決済画面へ進む」をクリックします❷。

クレジットカード情報を入力して❸、「確認画面へ進む」をクリックします❹。

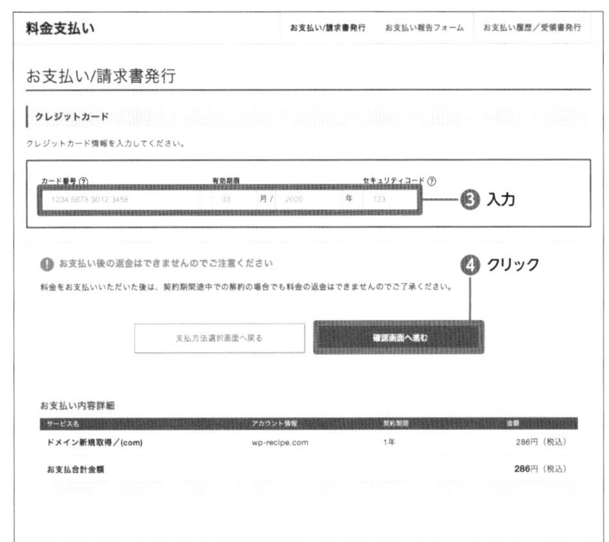

支払い設定を完了する

「支払いをする」をクリックします❶。これでドメインの取得は完了です。

HINT 無料ドメインのキャンペーン

エックスサーバーでは、ドメインを無料で利用できるキャンペーンが行われることがあります。その場合は、トップページ上部の「各種特典のお申し込み」をクリックし、画面の指示に従って手続きを進めます。

▣ 取得したドメインをサーバーに設定する

ドメイン設定画面に進む

トップページの「ドメイン」に、取得したドメインが表示されていることを確認して、「サーバー」の「サーバー管理」をクリックします❶。

サーバーパネルが表示されたら、「ドメイン」の「ドメイン設定」をクリックします❷。

ドメインを設定する

「ドメイン設定追加」をクリックします❶。

「ドメイン名」に取得したドメインを入力し❷、「確認画面へ進む」をクリックします❸。なお、2つのオプションはチェックが付いたままで問題ありません。

確認画面が表示されるので、「追加する」をクリックします❹。

ドメインの設定が完了する

ドメインの設定が完了します。なお、登録したばかりのドメインはすぐには使用できませんが、1時間程度経過すると使用できるようになります。

Section 004 ドメインにSSLを設定する

SSLとは、インターネットでのデータの通信を暗号化する、セキュリティ上のしくみです。ここでは、エックスサーバーで取得した独自ドメインに、SSLが適用されるように設定する手順を紹介します。

エックスサーバーでSSLを設定する

SSLの設定画面に進む

エックスサーバーのトップページで「サーバー」の「サーバー管理」をクリックし、サーバーパネルを表示します。「ドメイン」の「SSL設定」をクリックします❶。

ドメインを指定する

「独自SSL設定追加」をクリックします❶。なお、ドメインを登録した際に同時にSSLを設定するなどして、「無料独自SSL一覧」の中にすでに独自ドメインが登録されている場合は、この手順は必要ありません。

設定対象ドメインを選択し❷、「確認画面へ進む」をクリックします❸。なお、「CSR情報（SSL証明書申請情報）を入力する」はチェックを付けないままで問題ありません。

ドメインを追加する

ドメイン名を確認して、「追加する」をクリックします❶。

SSLの設定が完了する

「設定対象ドメイン」にドメインが表示され、SSLがドメインに適用されます。なお、設定はすぐには反映されませんが、1時間程度経過すれば反映されます。

HINT SSL設定にドメインが表示されない場合

P.40「ドメインを指定する」手順❷の画面で、右のような設定対象ドメインが何も表示されていない場合は、サーバーへのドメイン登録が完了していません。P.36～39を参考に、独自ドメインを正しく取得してから、再度設定を行ってください。

Section **005**

WordPressをインストールする

LEVEL

WordPressに対応しているレンタルサーバーでは、基本的にサーバーのトップページからWordPressのインストールができます。ここでは、エックスサーバーでインストールする手順を紹介します。

エックスサーバーでWordPressをインストールする

WordPressのインストール画面に進む

エックスサーバーのトップページで「サーバー」の「サーバー管理」をクリックし、サーバーパネルを表示します。「WordPress」の「WordPress簡単インストール」をクリックします❶。

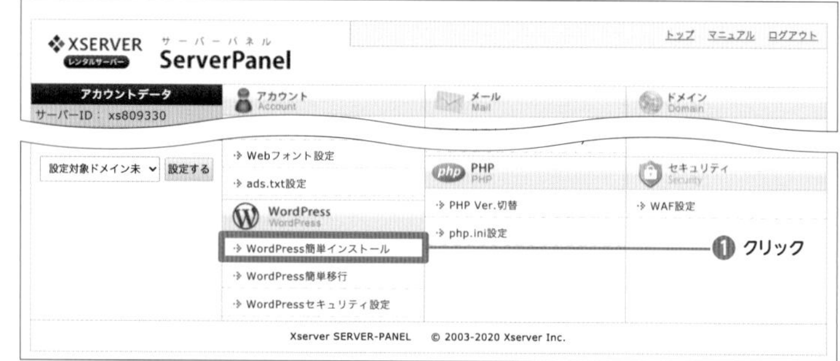

「WordPressインストール」をクリックします❷。

インストールの設定を行う

各項目を入力・設定します❶。「サイトURL」の後半は空欄のままで問題ありません。「キャッシュ自動削除」は「ONにする」に、「データベース」は「自動でデータベースを生成する」にチェックを付けます。なお、ユーザー名はあとで変更できないため、注意しましょう。最後に、「確認画面へ進む」をクリックします❷。

内容を確認する

内容を確認したら、「インストールする」をクリックします❶。

インストールが完了する

「WordPressのインストールが完了しました。」と表示され、インストールが完了します。

Webサイトを確認する

Webブラウザで、WebサイトのURLにアクセスし、右のように初期状態で表示されることを確認します。

なお、WordPressやテーマのバージョンによっては、ページデザインが異なる場合があります。

HINT WordPressで推奨される複雑なパスワード

エックスサーバーのパスワードは半角7文字以上16文字以内ですが、現在、WordPressが推奨している標準的なパスワードは、24桁の暗号のようなパスワードです。たとえば、大文字と小文字、数字、記号をランダムに組み合わせた、「Jd5j8Kq%4bud$I0qEm2^%JcF」などです。ここまで複雑にしなければ、総当たり攻撃によって、パスワードが破られてしまうからです。反対にいうと、ここまでパスワードを複雑にしておけば安心できるため、パスワード以外で必要以上にセキュリティ対策をしなくても、ひとまず安心して大丈夫です。

Section

006 WordPressにログインする

WordPressのインストールが完了したら、WordPressにログインしてみましょう。なお、ログインするためのURLは、Webサイトごとに異なります。Webブラウザのブックマークに登録しておくとよいでしょう。

WordPressにログインする

Webサイトの管理画面のURLを入力する

Webブラウザのアドレスバーに、Webサイトの管理画面のURLを入力して「Enter」キーを押します❶。たとえば、WebサイトのURLが「http://wp-recipe.com」の場合、管理画面のURLは「http://wp-recipe.com/wp-admin」です。

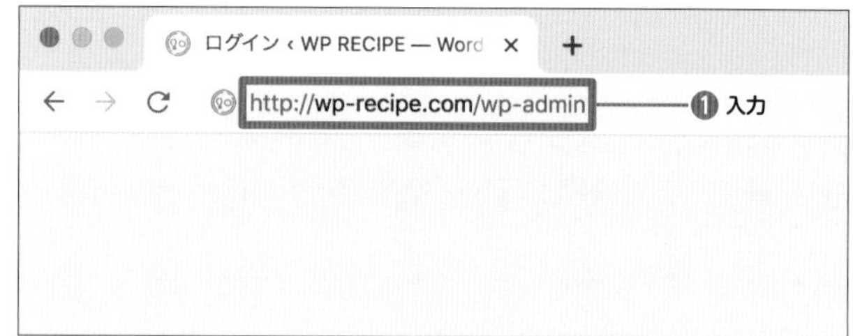

ログインする

ユーザー名またはメールアドレスと、パスワードを入力し❶、「ログイン」をクリックします❷。

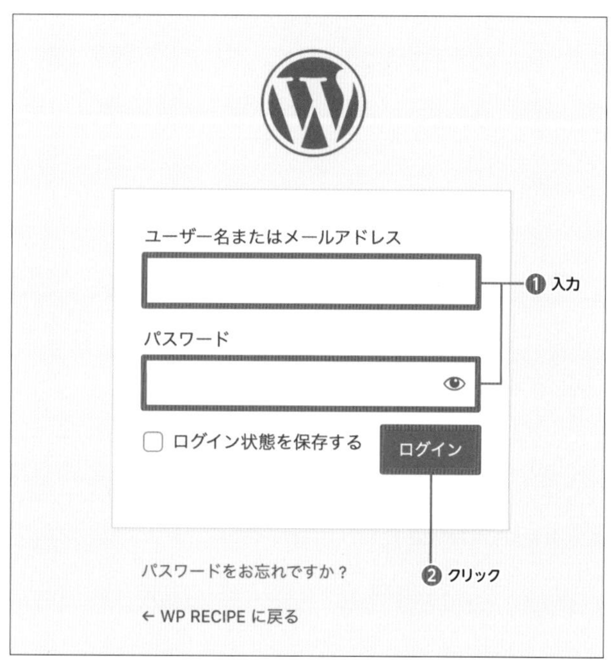

WordPressにログインするためのURL

WordPressにログインするためのURLには、ログイン画面のURLと管理画面のURLの2つがあります。たとえばWebサイトのURLが「http://wp-recipe.com」の場合、それぞれ以下のようになります。表示される画面に違いはありません。

■ログイン画面のURL
http://wp-recipe.com/wp-login.php

■管理画面のURL
http://wp-recipe.com/wp-admin

管理画面が表示される

ログインが完了し、管理画面が表示されます。

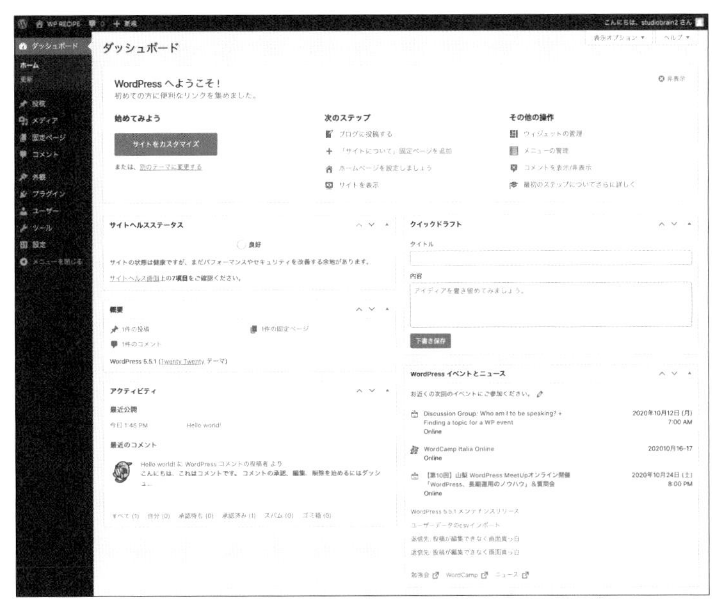

▣ パスワードを忘れた場合

パスワードの設定画面に進む

ログイン画面で「パスワードをお忘れですか？」をクリックします❶。

ユーザー名を入力する

ユーザー名またはメールアドレスを入力し❶、「新しいパスワードを取得」をクリックします❷。

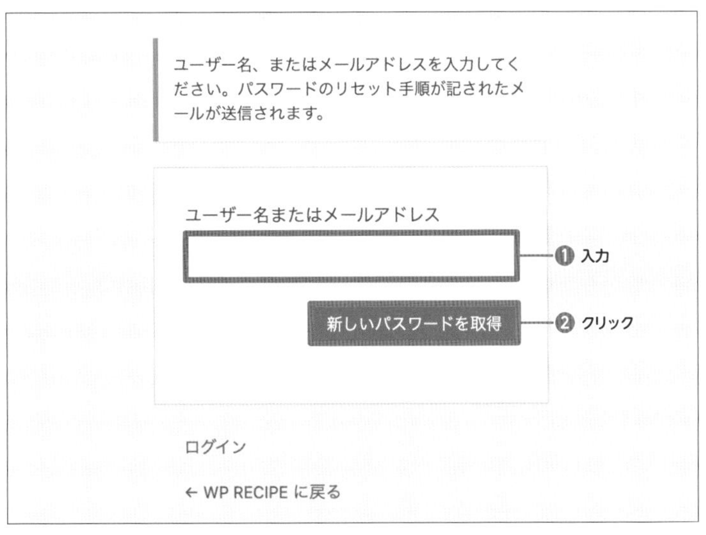

メールのURLを確認する

右の画面が表示され、メールが送信されます。メールに記載されている、パスワードをリセットするためのURLをクリックするか、Webブラウザで開きます。

パスワードを設定する

新しいパスワードがあらかじめ提案されるので、そのままパスワードとして採用するか、任意のパスワードを入力します❶。「パスワードをリセット」をクリックします❷。

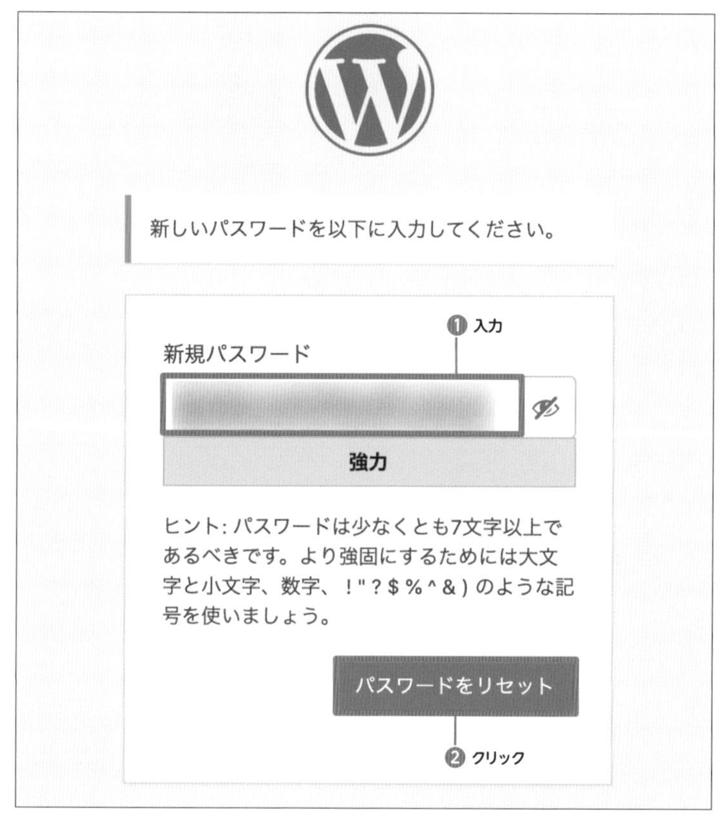

パスワードがリセットされる

パスワードがリセットされます。

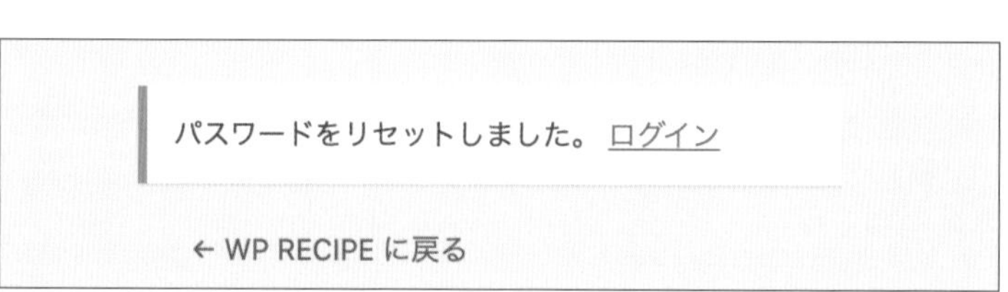

WordPressからログアウトする

WordPressからログアウトするには、管理画面右上の「こんにちは、○○さん」をクリックし❶、「ログアウト」をクリックします。

Chapter

3

WordPressの基本設定

WordPressにログインすると表示される管理画面で、Webサイトの基本情報の設定や、表示に関する設定、ユーザー管理などが行えます。管理画面の操作方法や、こうした基本設定について確認しましょう。

WordPressの管理画面と基本操作

WordPressにログインすると管理画面が表示され、この画面で各種の機能や設定を行うことができます。まずは管理画面の見方を確認し、Webサイトの基本情報の設定から行いましょう。

管理画面の見方

ログイン直後の管理画面では、トップページにあたる以下のような「ダッシュボード」が表示されます。このダッシュボードでは、Webサイトの概要や、直近のアクティビティ、イベント・ニュースの情報などが表示されます。そのほかの各画面も基本的な構成は同一のため、このダッシュボードを例に、管理画面の見方を解説します。

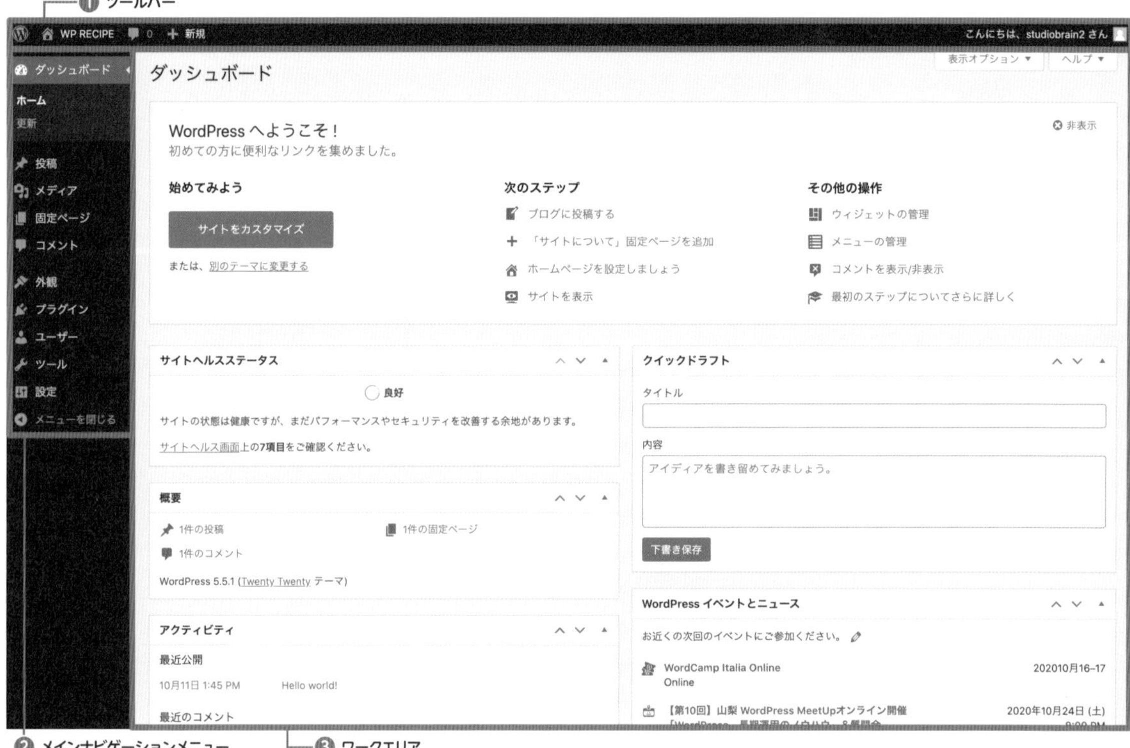

❶ツールバー

WordPressへのフィードバックや、Webサイトへのリンク、コメントの確認、アカウントの管理などが行えます。Webサイト名をクリックすると、Webサイトに移動できます。アカウントを管理するには、右端のアカウント名をクリックします。

❷メインナビゲーションメニュー

Webサイトの作成や設定などに関する各機能にアクセスできます。メニューの各項目をクリックすると、ワークエリアが切り替わります。

❸ワークエリア

メインナビゲーションメニューで選択した各項目の作業画面が表示されます。

▣ Webサイトの基本情報を設定する

「一般設定」画面を表示する

メインナビゲーションメニューで「設定」をクリックします❶。

基本情報を設定する

「一般」をクリックすると❶、「一般設定」画面が表示されます。この画面で、Webサイトの基本情報を設定します❷。設定が完了したら、「変更を保存」をクリックして保存します❸。なお、主要な設定項目の詳細は以下のとおりです。

■サイトのタイトル

Webサイトのタイトルを入力します。会社名や店名を含めるなどし、SEOも意識します。

■キャッチフレーズ

Webサイトの内容を簡潔に示す説明文を入力します。

■サイトアドレス

WordPressをインストールしたURLと異なるURLを指定する場合は、ここに入力します。レンタルサーバーによっては不具合の原因になるため、極力変更しないことを推奨します。

■メンバーシップ

新規ユーザーの追加権限を設定できます。

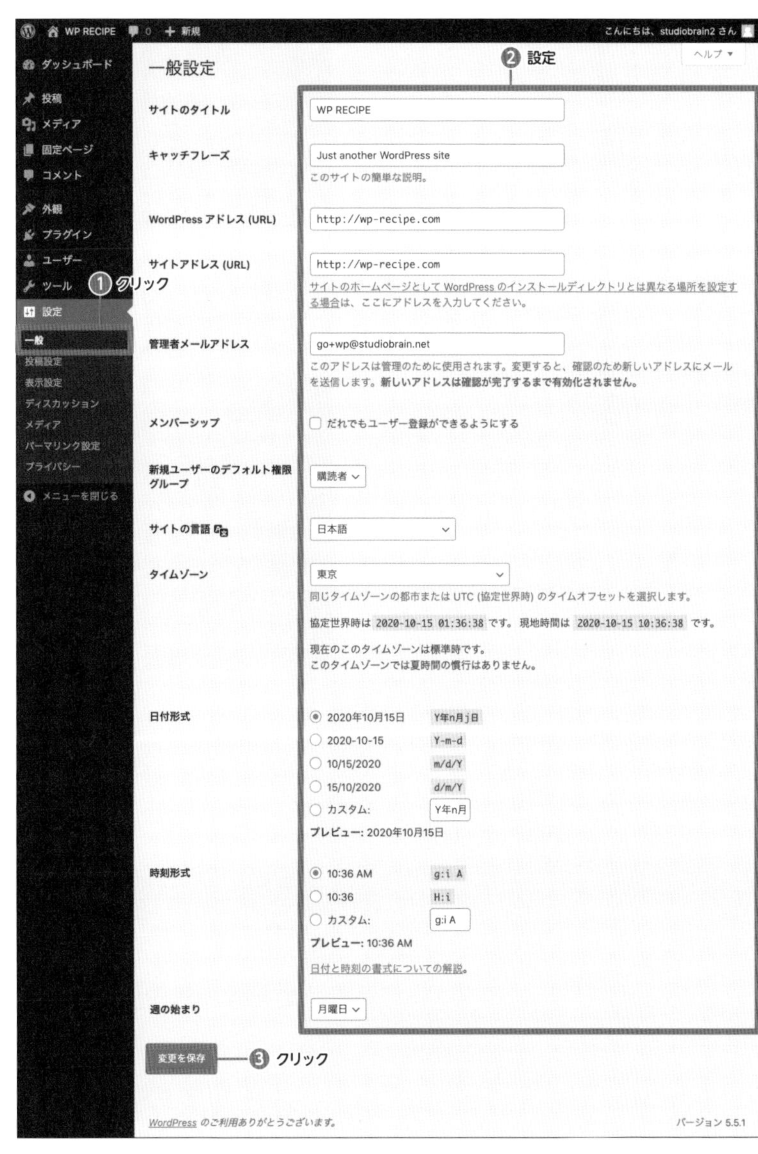

Section 002 投稿設定を行う

管理画面の「投稿設定」画面では、記事の投稿に関する設定が行えます。投稿はWebページを作成するうえでもっともひんぱんに使用される機能のため、あらかじめ最適な状態に設定しておきましょう。

投稿について設定する

「投稿設定」画面を表示する

メインナビゲーションメニューで「設定」をクリックします❶。

メインナビゲーションメニューで「投稿設定」をクリックすると❷、「投稿設定」画面が表示されます。

投稿用カテゴリーを設定する

「投稿用カテゴリーの初期設定」で、投稿を作成する際に自動的に付けられるカテゴリーを設定します❶。デフォルトでは「未分類」ですが、カテゴリーは自由に作成でき(P.96参照)、作成したカテゴリーを初期設定とすることができます。投稿用カテゴリーを設定しておくことで、投稿の際にカテゴリーを設定する作業が楽になります。たとえば、よく投稿するカテゴリーが「お知らせ」だとすれば、それを初期設定にしておきましょう。

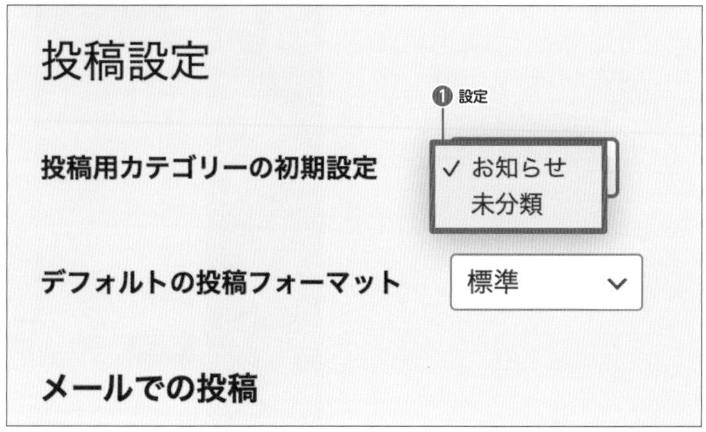

投稿フォーマットを設定する

「デフォルトの投稿フォーマット」で、投稿フォーマットを設定します❶。使用しているテーマによって、「アサイド」「チャット」「ギャラリー」「リンク」「画像」「引用」などの投稿フォーマットを選択できます。必要に応じて、よく使う投稿フォーマットを設定しておくとよいでしょう。

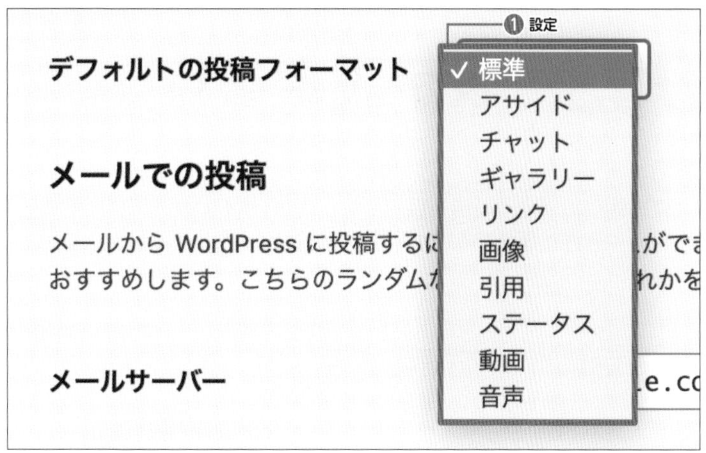

メールでの投稿について設定する

「メールでの投稿」では、メールで投稿するための設定を行います。メールサーバー情報などを入力したうえで❶、WordPressがメールサーバーにアクセスできるよう、メールサーバー側でも設定すれば実現できます。ただ、最近はスマートフォンでも管理できるため、メールで投稿する必要はあまりありません。

メールでの投稿

メールから WordPress に投稿するには POP3 アクセスができる秘密のメールアカウントを設定してください。このアドレスで受信したすべてのメールは投稿されるため、使用するアドレスは極秘にしておくことをおすすめします。こちらのランダムな文字列3つのいずれかを使うこともできます: C8acAr1d , Fobgzz8V , keqjKbLJ

❶設定

メールサーバー　mail.example.com　ポート　110

ログイン名　login@example.com

パスワード　password

メール投稿用カテゴリーの初期設定　未分類

更新情報サービスについて設定する

「更新情報サービス」では、投稿の際に、通知を届けたいサービスのURLを入力します❶。通常は、初期設定のURLのままで大丈夫です。すべての設定が完了したら、「変更を保存」をクリックします❷。

更新情報サービス

新しい投稿を公開すると、WordPress は次のサイト更新通知サービスに自動的に通知します。詳細は Codex の 更新通知サービス を参照してください。複数のサービスの URL を入力する場合は改行で区切ります。

❶入力

http://rpc.pingomatic.com/

変更を保存　❷クリック

Section 003 表示設定を行う

管理画面の「表示設定」画面では、Webサイトの表示に関する設定が行えます。Webサイトのトップページの見せ方だけでなく、フィードや検索エンジンでの表示についても設定できます。

■ 表示について設定する

「表示設定」画面を表示する

メインナビゲーションメニューで「設定」をクリックします❶。

メインナビゲーションメニューで「表示設定」をクリックすると❷、「表示設定」画面が表示されます。

ホームページの表示を設定する

「ホームページの表示」で、Webサイトのトップにあたる Webページの設定ができます。「最新の投稿」を選択すると、投稿（ブログの一覧）がホームページに表示されます。「固定ページ」を選択し、任意の固定ページを設定すると❶、そのページがホームページになります。さらに「投稿ページ」で、固定ページを投稿表示用に割り当てることができます。事前に「ホーム」と「ブログ」という固定ページを作成し（P.92～93参照）、ホームページを「ホーム」、投稿ページを「ブログ」とすることをおすすめします。

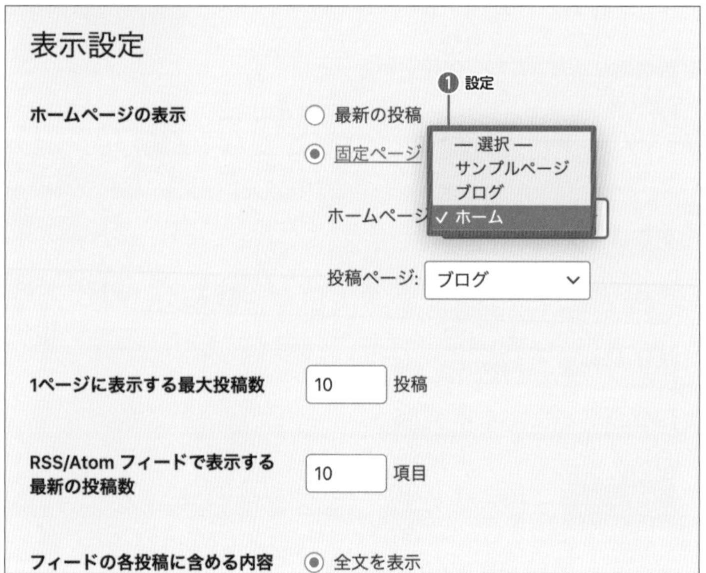

1ページの表示投稿数を設定する

「1ページに表示する最大投稿数」で、投稿ページで表示される投稿の件数を設定します❶。設定した件数よりも投稿が多い場合は、次のページが設けられて切り替えられるようになります❷。Webサイトのデザインを考慮して、見やすい数を入力してください。

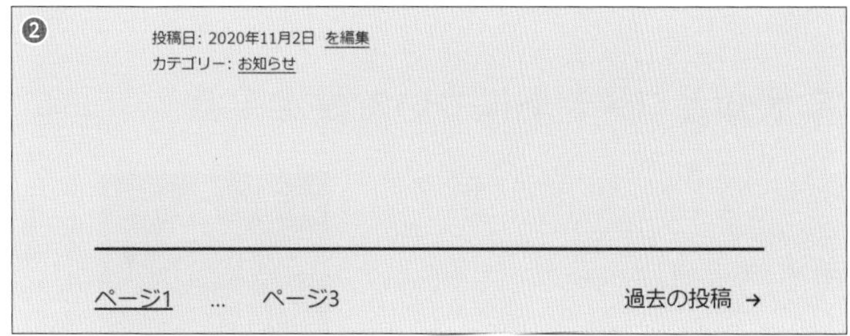

フィードの表示投稿数を設定する

RSS/Atomフィードとは、RSSリーダーに追加したWebサイトの新着投稿が通知されるしくみです。「RSS/Atomフィードで表示する最新の投稿数」で、このRSS/Atomフィードでの新着投稿の表示件数を設定します❶。

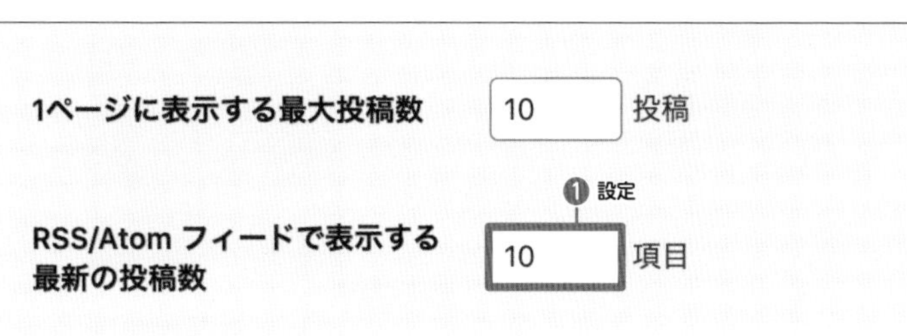

フィードに含める内容を設定する

「フィードの各投稿に含める内容」で、上記のRSS/Atomフィードで、1件の投稿に含める内容を、「全文を表示」と「要約」(最初の数行)から設定します❶。「要約」を選択すると、RSSリーダーには最初の数行のみしか表示されないため、続きが気になって全文を読みたいユーザーは、Webサイトにアクセスすることになります。

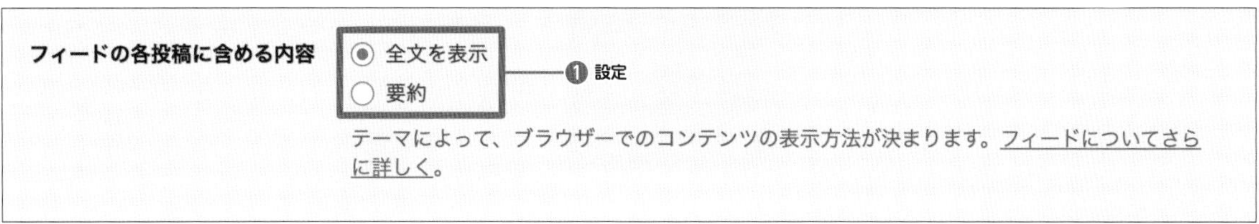

検索エンジンでの表示について設定する

「検索エンジンでの表示」で、「検索エンジンがサイトをインデックスしないようにする」にチェックを付けると❶、検索エンジンで自分のWebサイトが検索されないようにできます。すべての設定が完了したら、「変更を保存」をクリックします❷。

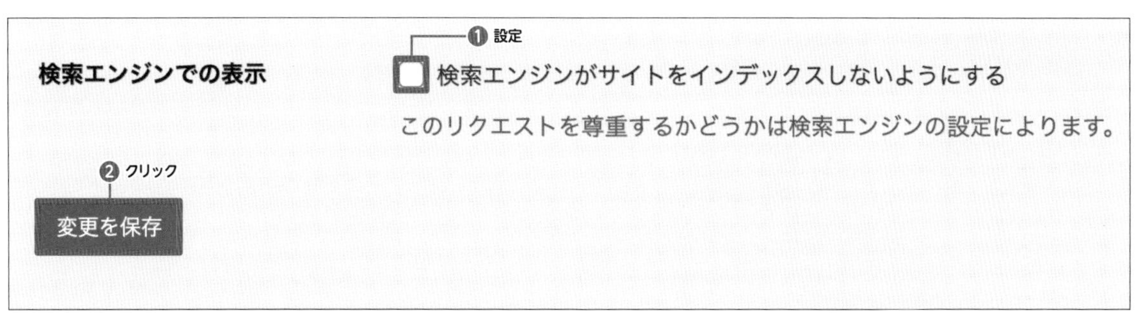

Section
004 ディスカッション設定を行う

管理画面の「ディスカッション設定」画面では、コミュニケーションに関する設定が行えます。外部サイトのリンクを掲載した場合に相手に通知するかや、投稿にコメントできるようにするかなどを設定しましょう。

通知とコメントについて設定する

「ディスカッション設定」画面を表示する

メインナビゲーションメニューで「設定」をクリックします❶。

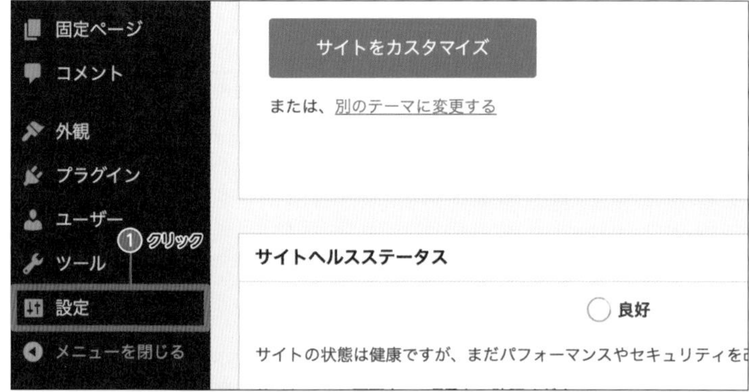

メインナビゲーションメニューで「ディスカッション」をクリックすると❷、「ディスカッション設定」画面が表示されます。

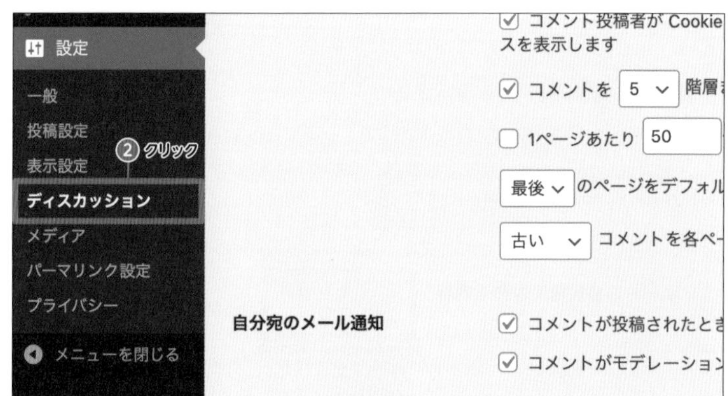

通知とコメントについて設定する

「デフォルトの投稿設定」で、通知とコメントについて設定します❶。「投稿中からリンクしたすべてのブログへの通知を試みる」にチェックを付けると、投稿内にリンクしたURLに対して、リンクしていることを通知できます。同じWordPressなら、相手が許可していれば、コメント欄にリンク元として掲載されます。「新しい投稿に対し他のブログからの通知（ピンバック・トラックバック）を受け付ける」にチェックを付けると、外部サイトからリンクされた場合に通知を受けることができます。リンク元としてコメント欄に掲載するかどうかは、個別に対応可能です。「新しい投稿へのコメントを許可」にチェックを付けると、投稿を見たユーザーが、コメントを書き込むことができるようになります。反対にコメントを無効にし、コメント欄を表示したくない場合は、このチェックを外します。

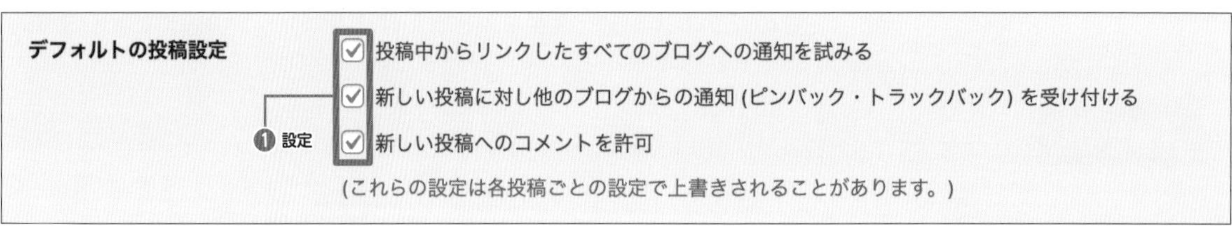

コメントの詳細を設定する

「デフォルトの投稿設定」でコメントを有効にしている場合、「他のコメント設定」を設定します❶。「コメントの投稿者の名前とメールアドレスの入力を必須にする」にチェックを付けると、名前とメールアドレスの入力を必須にできます。匿名にするとイタズラコメントが増えるため、必須にすることをおすすめします。「コメントを○階層までのスレッド（入れ子）形式にする」では、コメントに対する返信コメントを何階層まで入れ子構造にするかを設定できます。

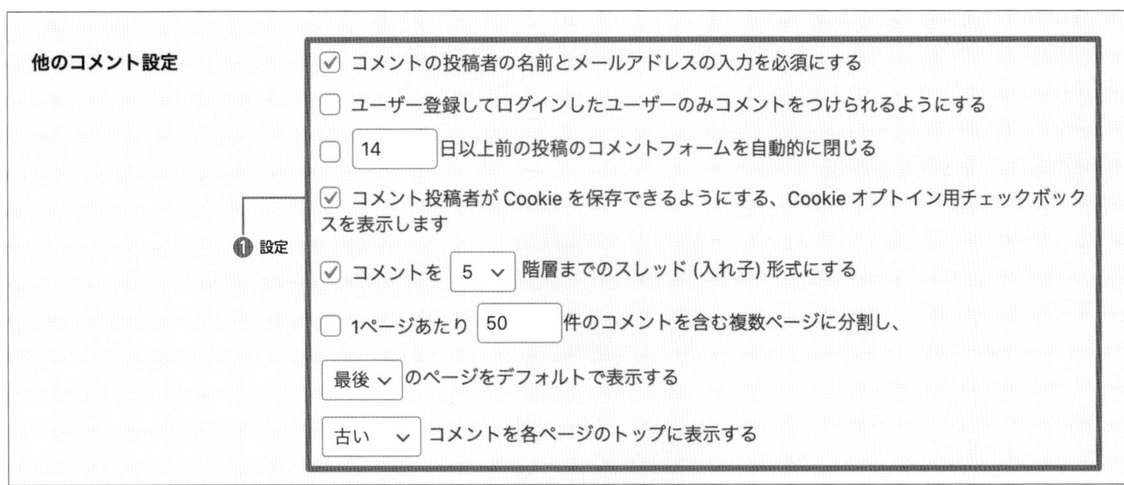

コメントの通知と表示件数を設定する

「自分宛のメール通知」で、コメントの通知について設定します❶。「コメントが投稿されたとき」にチェックを付けると、コメントの投稿時にメールで通知されます。「コメントがモデレーションのために保留されたとき」にチェックを付けると、条件によってコメントが保留になった場合に、メールで通知されます。コメントが表示される条件は、「コメント表示条件」で設定します❷。

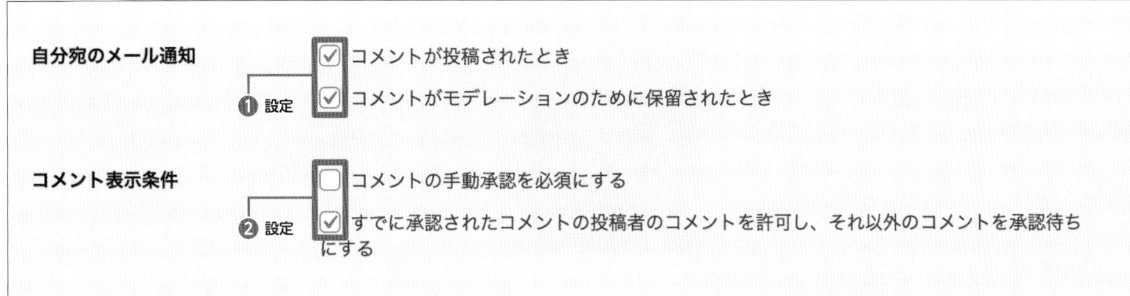

アバターについて設定する

「アバターの表示」で、コメントの横にアバターを表示するかを設定します❶。「評価による制限」で、アバターの画像の制限レベルを設定します❷。すべての設定が完了したら、「変更を保存」をクリックします❸。

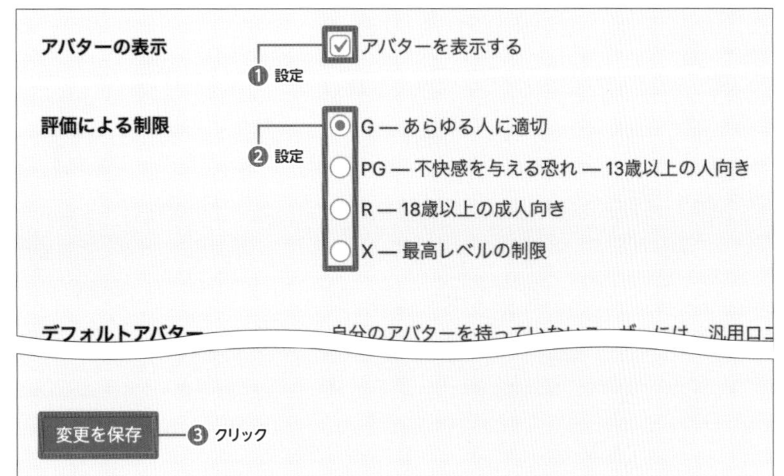

Chapter 3 WordPressの基本設定

Section **005**

メディア設定を行う

管理画面の「メディア設定」画面では、アップロードする画像に関する設定が行えます。WordPressは、アップロードされたデータをもとに、ここで指定された各種サイズの画像を自動的に生成します。

画像について設定する

「メディア設定」画面を表示する

メインナビゲーションメニューで「設定」をクリックします❶。

メインナビゲーションメニューで「メディア」をクリックすると❷、「メディア設定」画面が表示されます。

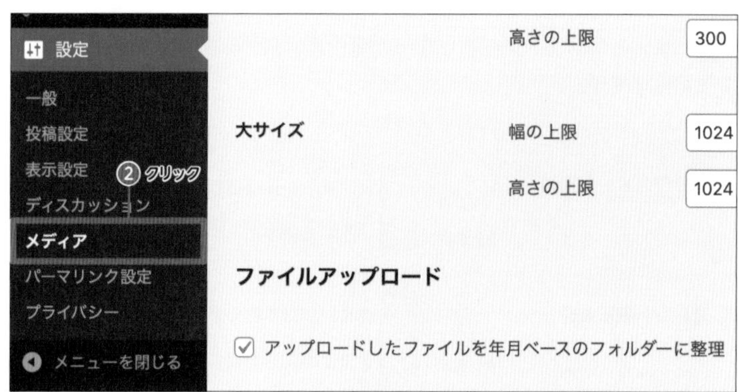

HINT 画像サイズの種類

投稿や固定ページで画像を挿入して画像をクリックすると、「画像サイズ」を選択することができます。画像サイズには、「サムネイル」「中」「大」「フルサイズ」があり、「メディア設定」画面では、これらのサイズをそれぞれ設定することができます。なお、フルサイズは無圧縮のままアップロードされます。

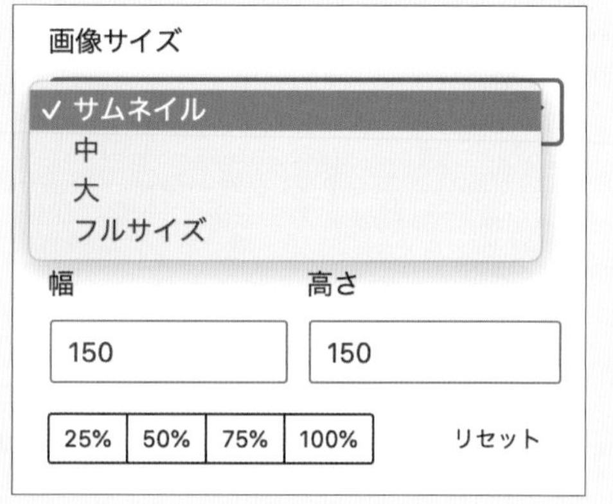

サムネイルのサイズを設定する

「サムネイルのサイズ」で、サムネイル（投稿一覧などで使用する画像）のサイズをピクセルで設定します。「幅」と「高さ」をそれぞれ入力することで設定します❶。ただし、テーマによっては独自にサムネイルのサイズが決まっている場合があり、その場合はこの設定は適用されません。なお、「サムネイルを実寸法にトリミングする」にチェックを付けると❷、縦横比を無視して設定したサイズでトリミングされ、チェックを外すと、縦横比を維持したまま縮小されます。

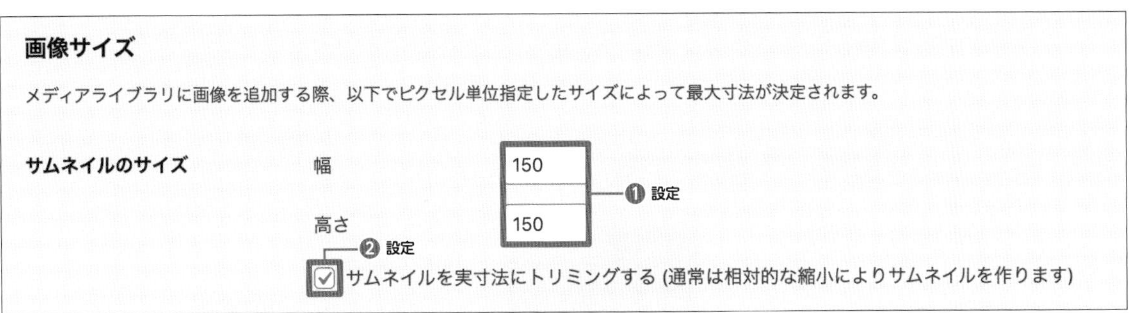

中サイズと大サイズを設定する

「中サイズ」の「幅の上限」と「高さの上限」のピクセルをそれぞれ入力して、中サイズを設定します❶。なお、これらの数値は上限のため、その数値に満たない小さい画像の場合は、中サイズの画像が生成されません。同様に「大サイズ」の「幅の上限」と「高さの上限」も設定します❷。

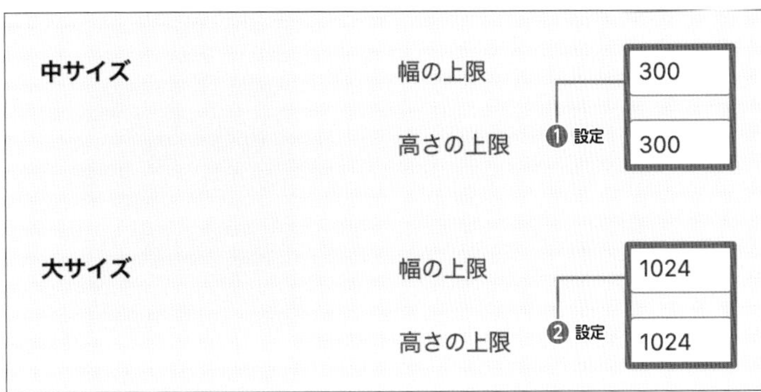

ファイル整理について設定する

「ファイルアップロード」でチェックを付けると❶、アップロードしたファイルをサーバー内で年月ベースのフォルダに整理できます。すべての設定が完了したら、「変更を保存」をクリックします❷。

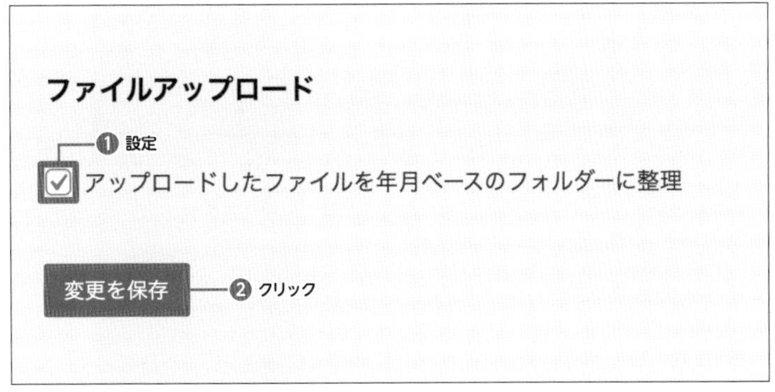

HINT 画像を生成しない場合

意図的に画像を生成したくない場合は、「サムネイルのサイズ」「中サイズ」「大サイズ」のそれぞれの数値を「0」に設定します。このようにして画像を生成しなければ、サーバー容量を最小限にすることができます。

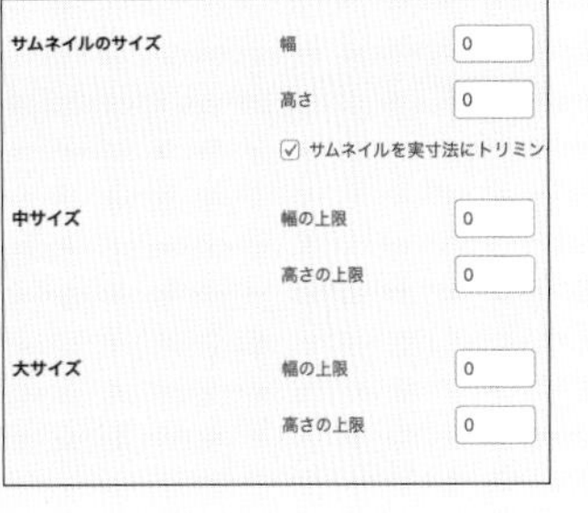

Section **006**

パーマリンク設定を行う

管理画面の「パーマリンク設定」画面では、Webサイト内の各ページのURLを指すパーマリンクに関する設定が行えます。投稿、固定ページ、カテゴリー、タグなどのページURLの構造を整理できます。

▣ パーマリンクについて設定する

「パーマリンク設定」画面を表示する

メインナビゲーションメニューで「設定」をクリックします❶。

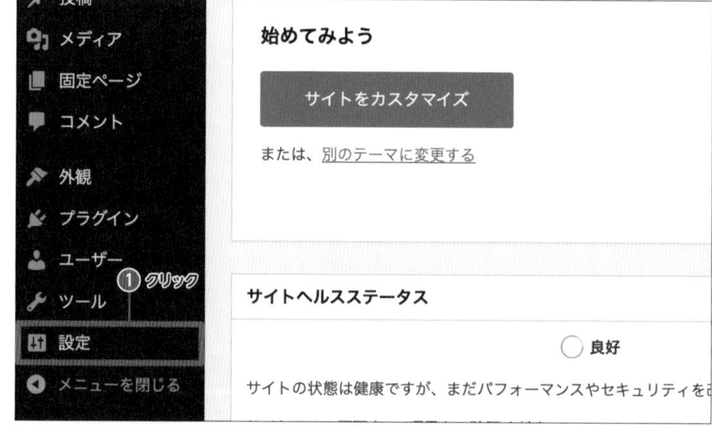

メインナビゲーションメニューで「パーマリンク設定」をクリックすると❷、「パーマリンク設定」画面が表示されます。

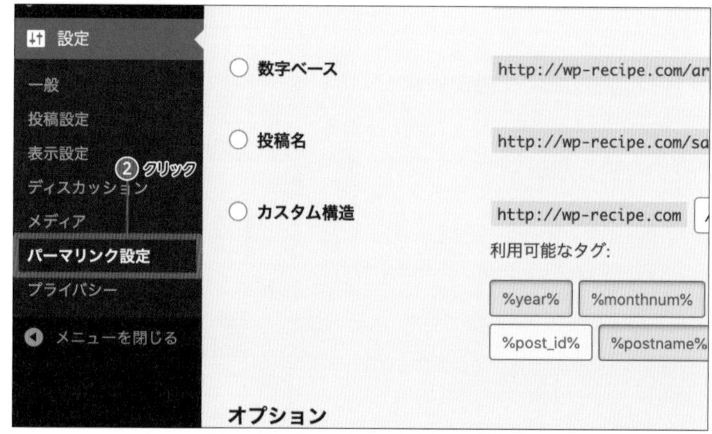

共通の構造を設定する

「共通設定」で、任意のURL構造を設定します❶。ただし、キャッシュプラグインを使う場合、標準的な「基本」だけはキャッシュが作れないため、それ以外を選ぶ必要があります。なお、キャッシュとはWebサイトの表示を高速化するための一時ファイルのことで、それを実現するものがキャッシュプラグインです。

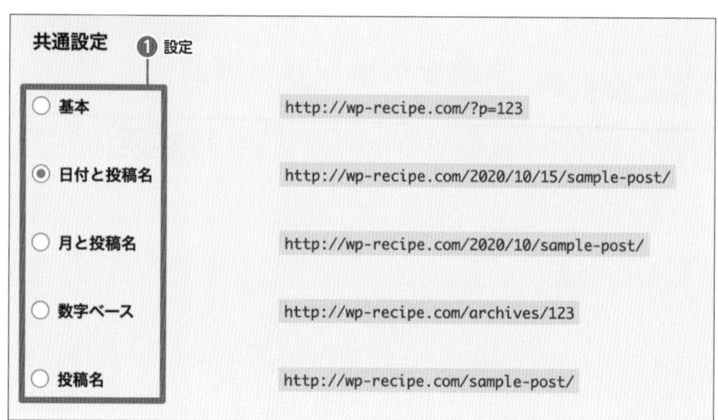

「数字ベース」で設定する

「共通設定」でのおすすめは、「数字ベース」です。投稿名に関係なく、「http://wp-recipe.com/archives/123」などのように、自動的に割り当てられた数字が入ります。「数字ベース」を選択すると❶、URLに「/archives」が挿入されてしまいますが、「カスタム構造」をクリックして❷、「/archives」の部分を削除すれば❸、「http://wp-recipe.com/123」のように、さらにシンプルに設定できます❹。

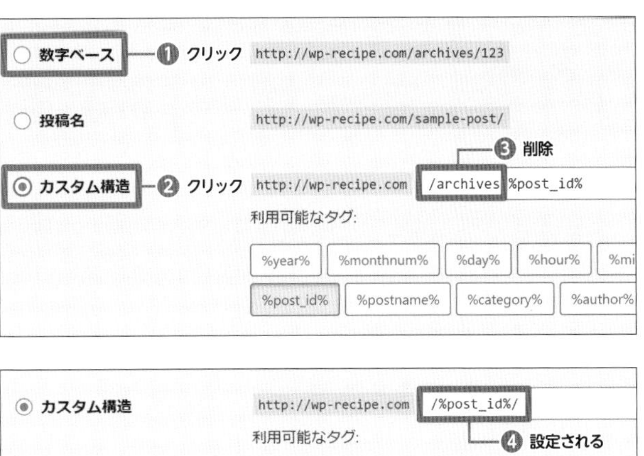

オプションを設定する

カテゴリーとタグのパーマリンクは、それぞれ初期設定では次のようになっています。

■ カテゴリーベース（標準、空欄の場合）
http://wp-recipe.com/category/news

■ タグベース（標準、空欄の場合）
http://wp-recipe.com/tag/test

これを変更したい場合は、「オプション」の「カテゴリーベース」と「タグベース」をそれぞれ設定してください❶。すべての設定が完了したら、「変更を保存」をクリックします❷。

オプション

カテゴリー・タグの URL 構造をカスタマイズすることもできます。たとえば、カテゴリーベースに topics を使えば、カテゴリーのリンクが http://wp-recipe.com/topics/uncategorized/ のようになります。デフォルトのままにしたければ空欄にしてください。

カテゴリーベース

タグベース

❶ 設定

変更を保存 ❷ クリック

HINT 投稿名を使う場合は日本語に注意

「共通設定」で投稿名が含まれるものを選択する場合、投稿名が日本語だと、URLをコピーした際に文字化けしてしまうことに注意しましょう。なお、個々の投稿の際に「パーマリンク」の「URLスラッグ」を英数に変更することで、文字化けを回避できます❶。

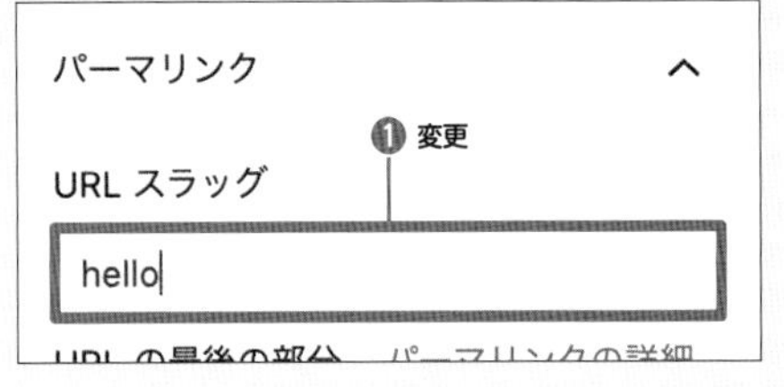

Section
007 ユーザー設定を行う

LEVEL

管理画面の「ユーザー」画面では、ユーザーに関する設定が行えます。企業や組織で複数人で運用する場合に、権限などの設定が重要になります。また、「プロフィール」画面で、プロフィールの設定も行いましょう。

ユーザーを設定する

「ユーザー」画面を表示する

メインナビゲーションメニューで「ユーザー」をクリックします❶。

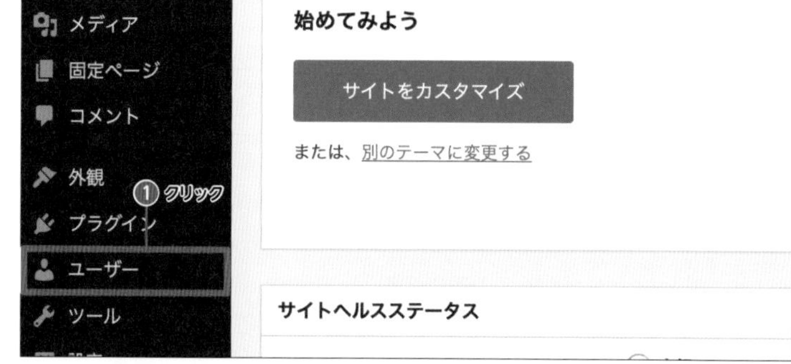

メインナビゲーションメニューで「ユーザー一覧」をクリックすると❷、「ユーザー」画面が表示されます。

ユーザーを確認する

「ユーザー」画面では、ユーザーが一覧表示されます。画面右上の検索欄にキーワードを入力し、「ユーザーを検索」をクリックして、ユーザーを検索することもできます。なお、ユーザーごとに設定されている権限を変更するには、ユーザーにチェックを付けて選択し、「権限グループを変更」をクリックして任意の権限を選択し、「変更」をクリックします。

ユーザー 新規追加

表示オプション ▼　ヘルプ ▼

すべて (1) | 管理者 (1 名)

ユーザーを検索

一括操作　適用　権限グループを変更...　変更　1個の項目

ユーザー名	名前	メール	権限グループ	投稿
studiobrain2 編集 | 表示	—	go+wp@studiobrain.net	管理者	1
ユーザー名	名前	メール	権限グループ	投稿

一括操作　適用　権限グループを変更...　変更　1個の項目

ユーザーを追加する

ユーザーを追加するには、「ユーザー」画面で「新規追加」をクリックするか、メインナビゲーションメニューで「新規追加」をクリックします❶。

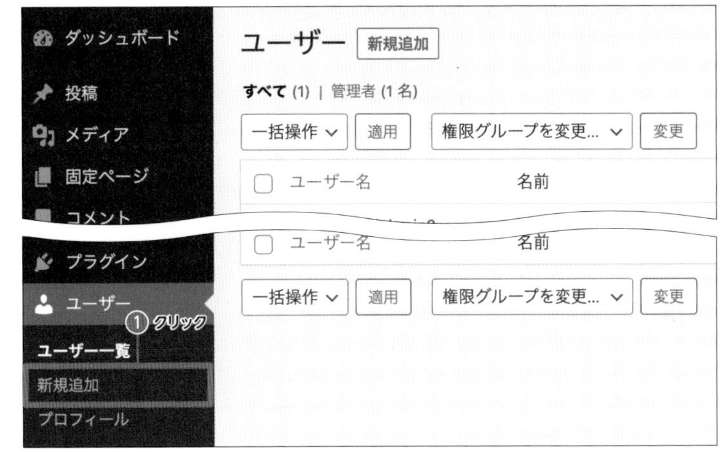

ユーザー情報を入力する

追加するユーザー情報を入力し❶、「新規ユーザーを追加」をクリックします❷。主要な設定項目の詳細は以下のとおりです。

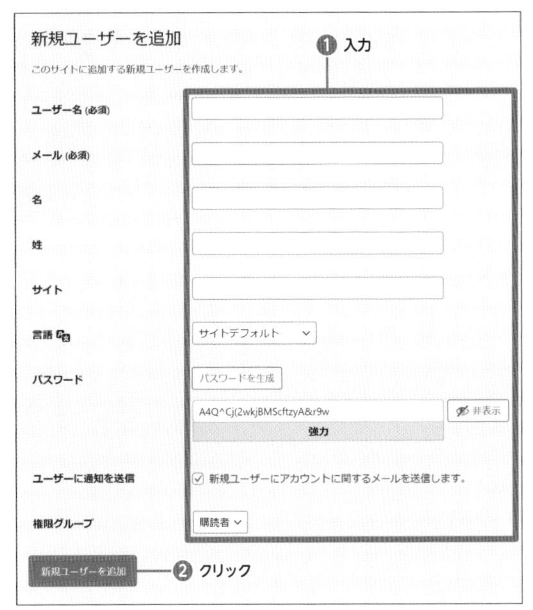

■ユーザー名(必須)

自由にユーザー名を設定します。ユーザー名は変更できません。

■メール(必須)

ユーザーとなる人のメールアドレスを入力します。

■名/姓/サイト

任意で設定してください。テーマやプラグインによっては、入力内容がWebサイトに表示される場合があります。

■言語

使用したい言語を選択してください。日本語環境のWebサイトであれば、「サイトデフォルト」のままで大丈夫です。

■パスワード

「パスワードを生成」をクリックすると生成されます。

■権限グループ

ユーザーに設定したい権限を選択します。

・購読者：非公開記事を含め記事を読むことができますが、記事の作成はできません。
・寄稿者：記事の作成はできますが、公開はできません。
・投稿者：自分の記事のみ、作成と公開ができます。
・編集者：すべてのユーザーの記事が編集できます。
・管理者：編集者権限に加えて、システムの管理ができます。

HINT 管理者権限は慎重に付与する

最上位権限ユーザーである管理者に不正ログインされると、改ざんなどのトラブルにつながるため、管理者権限は信頼のおけるユーザーにだけ発行し、安易なパスワードを付けないよう忠告するようにしましょう。

自分のプロフィールを設定する

「プロフィール設定」画面を表示する

メインナビゲーションメニューで「ユーザー」をクリックします❶。

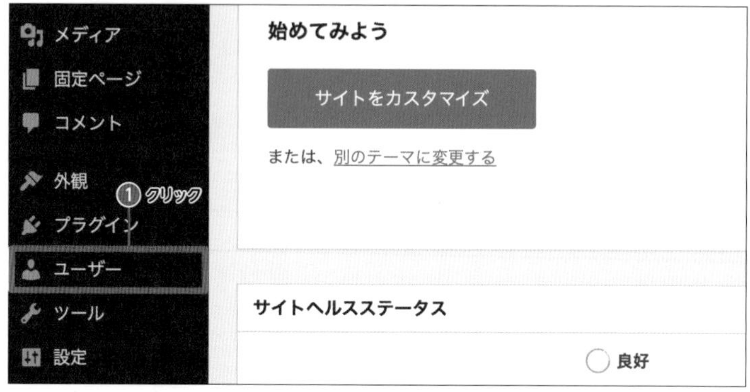

メインナビゲーションメニューで「プロフィール」をクリックすると❷、「プロフィール」画面が表示されます。

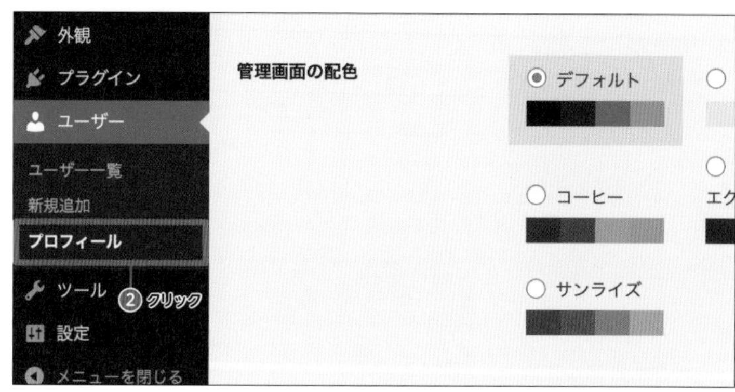

機能と配色を設定する

「個人設定」の「ビジュアルエディター」では、ビジュアルリッチエディターを無効にするかを設定します❶。ビジュアルリッチエディターとは、現在のWordPressで採用されているブロックエディターより以前のクラシックエディターの一種で、クラシックエディターでは、ビジュアルリッチエディターとテキストエディターを切り替えて使用することができました。ビジュアルリッチエディターを無効化し、テキストエディターだけで運用したい場合にここにチェックを付けます。

「シンタックスハイライト」では、テーマエディターやプラグインエディターで、ソースコードを直接編集する際に、ソースコードの間違いを視覚的に明示してくれるシンタックスハイライトを無効にするかを設定します❷。

「管理画面の配色」では、任意の配色を選択します❸。

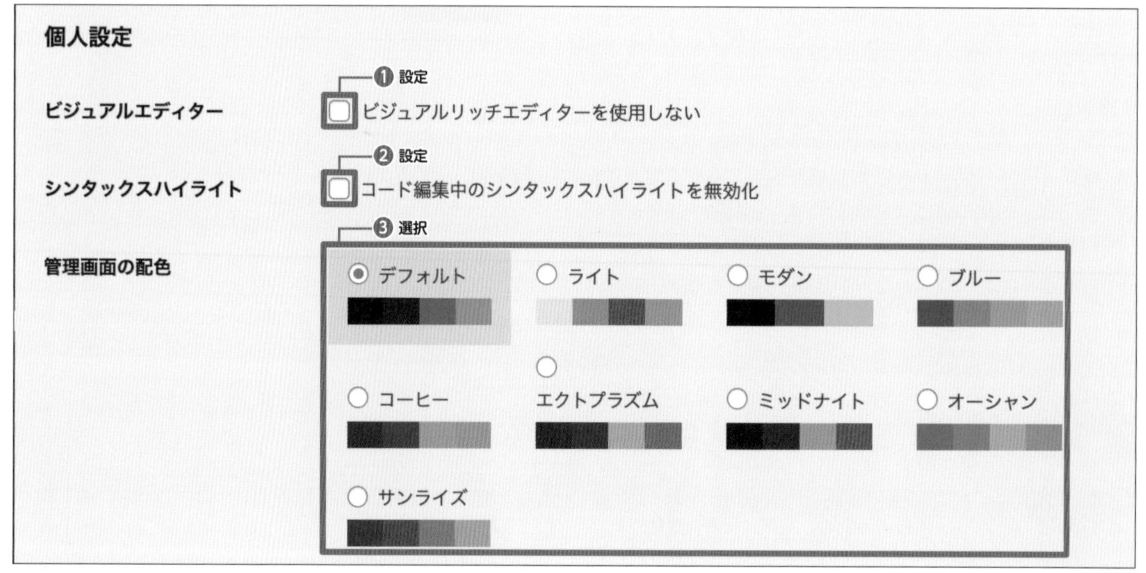

操作について設定する

「キーボードショートカット」では、コメント管理でショートカットキーを使用するかを設定します❶。

「ツールバー」では、上部のツールバーの表示／非表示を設定します❷。

「言語」では通常は「サイトデフォルト」に設定します❸。

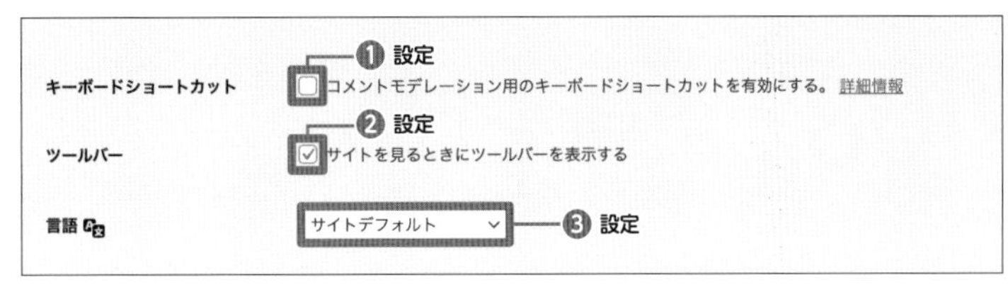

名前を設定する

「名前」では、「名」「姓」「ニックネーム」を入力できます❶。そこから生成された「ブログ上の表示名」を選択します❷。

連絡先を設定する

「連絡先情報」の「メール」では、メールアドレスを変更できます。メールアドレスを入力し❶、プロフィールを更新すると、確認メールが届くので内容を確認してください。

なお、テーマによっては、ユーザーのWebサイトURLを掲載できる場合があります。その場合は、「サイト」にWebサイトのURLを入力します❷。

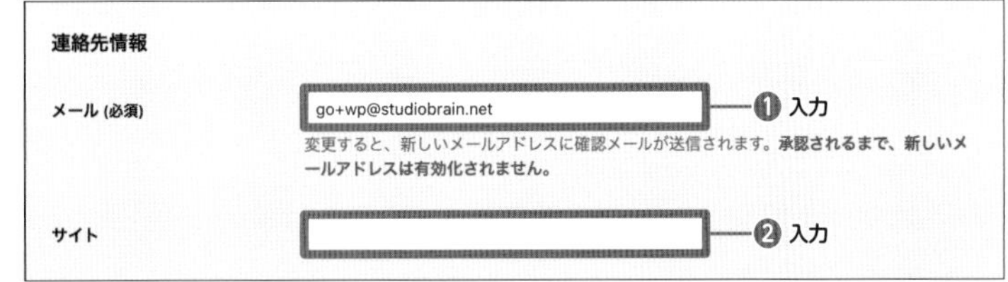

プロフィール文を設定する

テーマによっては、ユーザーのプロフィール文やプロフィール写真を掲載できる場合があります。その場合は、「あなたについて」の「プロフィール情報」にプロフィール文を入力し❶、「Gravatarでプロフィール画像～」をクリックして写真を設定します❷。

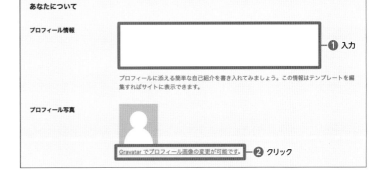

名前を設定する

「アカウント管理」では、新しいパスワードを生成したり、ユーザーが過去にログインしたすべての場所からログアウトしたりできます❶。最後に「プロフィールを更新」をクリックします❷。

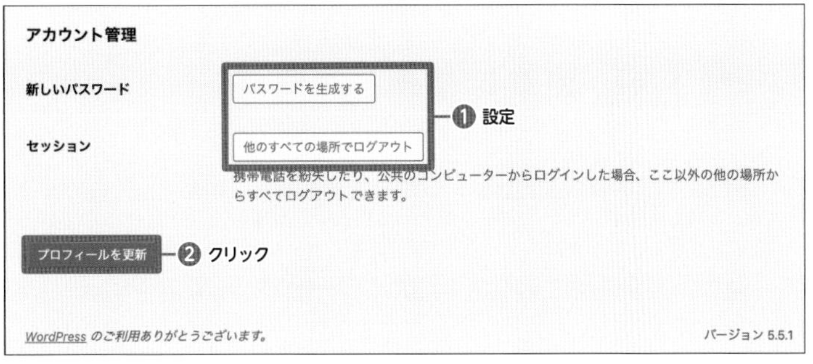

Section 008 更新を行う

WordPressは新しい機能や不具合の修正など、日々更新が行われています。基本的には自動的に更新が行われますが、更新の通知が届いたときは、手動ですばやく更新するようにしてください。

WordPressを更新する

更新情報を確認する

メインナビゲーションメニューで「更新」をクリックします❶。

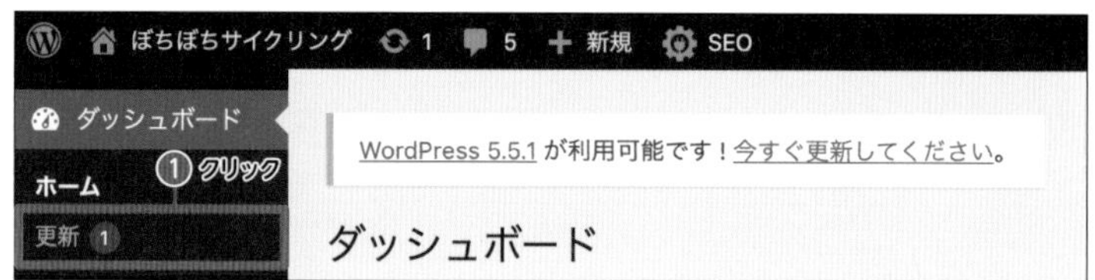

WordPressを更新する

「WordPressの新しいバージョンがあります。」と表示されたら、WordPress本体に新しいバージョンがあります。内容を確認し、「今すぐ更新」をクリックして更新します❶。

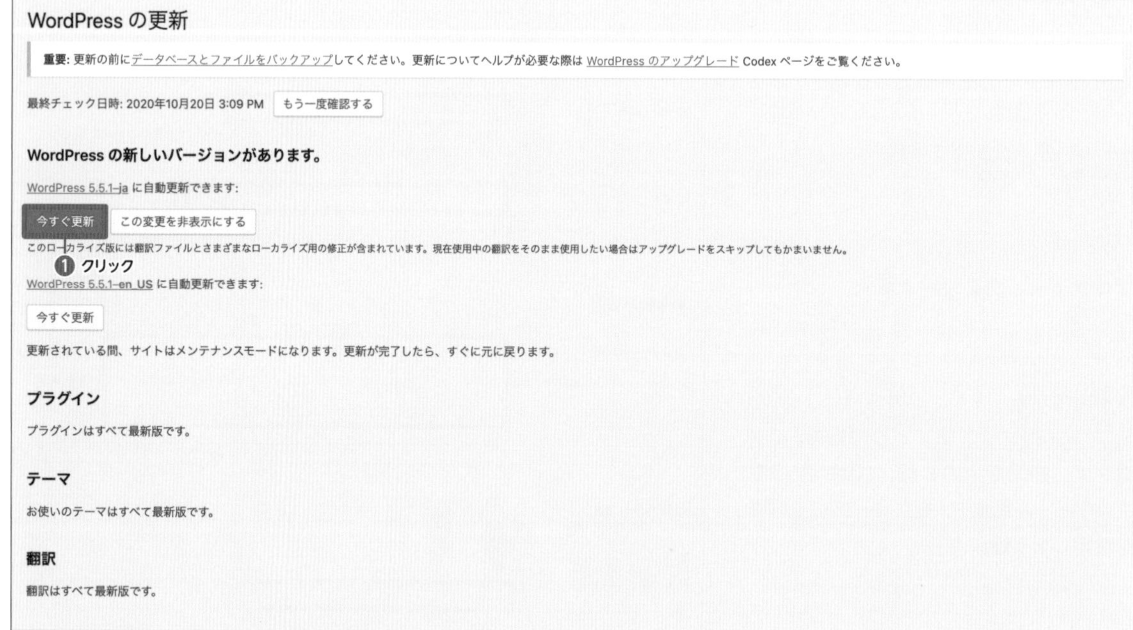

HINT 更新の種類と注意点

WordPressの更新には、安全のために行うセキュリティアップデートと、不具合を修正したメンテナンスアップデートがあり、これらは通常マイナーアップデートと呼ばれ、自動的に更新が実施されます。さらに、新しい機能を追加したメジャーアップデートもありますが、こちらは自動更新がされないため、各自の判断で更新します。メジャーアップデートによって、違和感があるほど大きく見た目が変わってしまったり、テーマをカスタマイズしている場合は、表示が崩れたりするかもしれません。そのような場合に備えて、事前にバックアップを取り、もとに戻せるようにした状態で、更新を行うことを強くおすすめします。

◪ プラグインを更新する

更新情報を確認する

メインナビゲーションメニューで「更新」をクリックします❶。

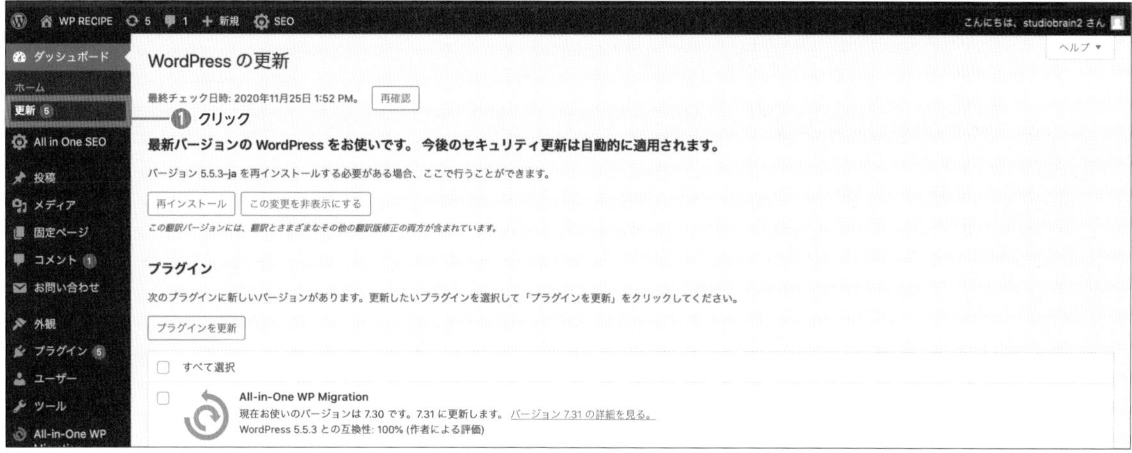

プラグインを更新する

「プラグイン」の「すべて選択」をクリックしてすべての更新を選択し❶、「プラグインを更新」をクリックします❷。

更新が開始される

右のように表示され、順番に更新が開始されます。件数にもよりますが、数十秒から数分で更新が完了します。

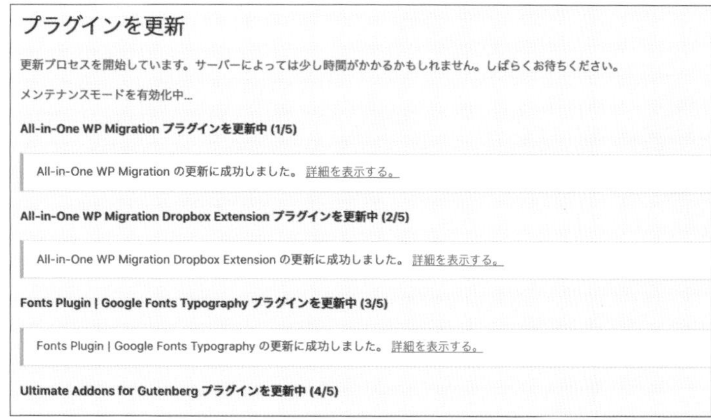

▣ プラグインの自動更新を設定する

「プラグイン」画面を表示する

プラグインは、それぞれ自動的に更新されるよう設定することができます。すべてのプラグインに自動更新を設定しておくと、更新の手間が省けて、常に安全な状態を維持することができます。

プラグインの自動更新を設定するには、メインナビゲーションメニューで「プラグイン」をクリックし、「プラグイン」画面を表示します❶。

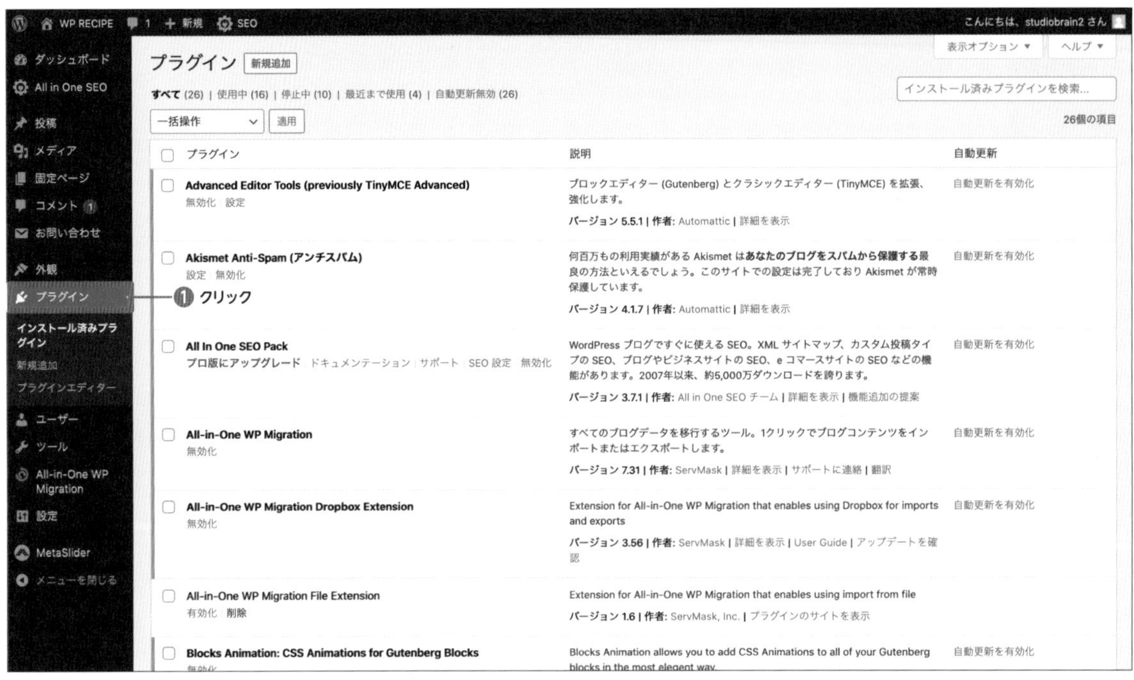

自動更新を有効化する

自動更新を有効化したいプラグインを選択し❶、「一括操作」をクリックして「自動更新を有効化」をクリックし❷、「適用」をクリックします❸。これで、自動更新が有効化されたプラグインは常に最新バージョンに更新されます。

Chapter 4

テーマの基本

WordPressでは、テーマを選択するだけで、Webサイトのデザインのベースが整うようになっています。さまざまなデザインのテーマが取り揃えられており、自由なカスタマイズも可能です。

Section 001 テーマとは

WordPressでは、テーマを切り替えるだけでデザインを設定することができます。自分で好きなテーマを追加したり、自分でオリジナルのテーマを作成したりすることも可能です。

テーマのしくみ

Webサイトは、カバー画像や見出し、メニューや検索機能など、デザインや機能に関するさまざまな要素によって構成されます。WordPressのテーマとは、こうしたWebサイトのデザインと機能の諸要素をセットにしたものです。WordPressをインストールすると、主要なテーマが同時にあわせて導入され、自由に選択することができます。このように選択されたテーマをベースとし、そこに編集やカスタマイズを加えて、自分だけのWebサイトを作っていくのです。

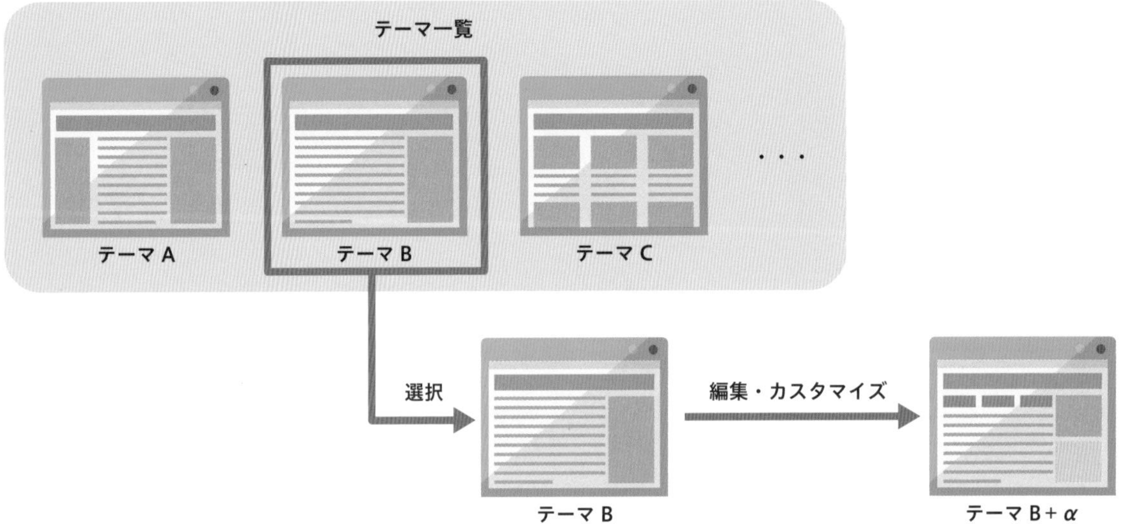

▲まずテーマを選択し、そこに編集・カスタマイズを加えていく

無料のテーマだけでも膨大

WordPress公式ディレクトリに登録されているテーマは、2020年12月時点で約8,000個です。これらはすべて無料でありながら、一定のクオリティの基準を満たしているものなので、安心して利用できます。

▲https://ja.wordpress.org/themes/

有料テーマも利用可能

WordPress公式ディレクトリに登録されている無料のテーマ以外にも、さらにデザイン性や機能性の高い有料のテーマが各社から発売されており、これらのテーマを購入して利用することもできます。有料テーマを購入して利用すれば、プロに個別にデザインを発注する場合よりもコストを抑えて、高いクオリティのWebサイトを構築できます。また、プロのWebデザイナーが、Webサイトの制作時間を短縮したり、高い機能性を手早く導入したりするうえでもメリットがあります。

▲ビジネス用サイトに最適な有料テーマ「Lightning Pro」

自分でオリジナルテーマを作成できる

WordPressのテーマは、多くのテンプレートファイルで構成されていますが、このテンプレートファイルは、HTML、CSS、PHP、JavaScriptといった、複数の言語によって作られています。反対にいえば、これらの言語を扱える上級者になれば、一からオリジナルのテーマを作成することも可能なのです。

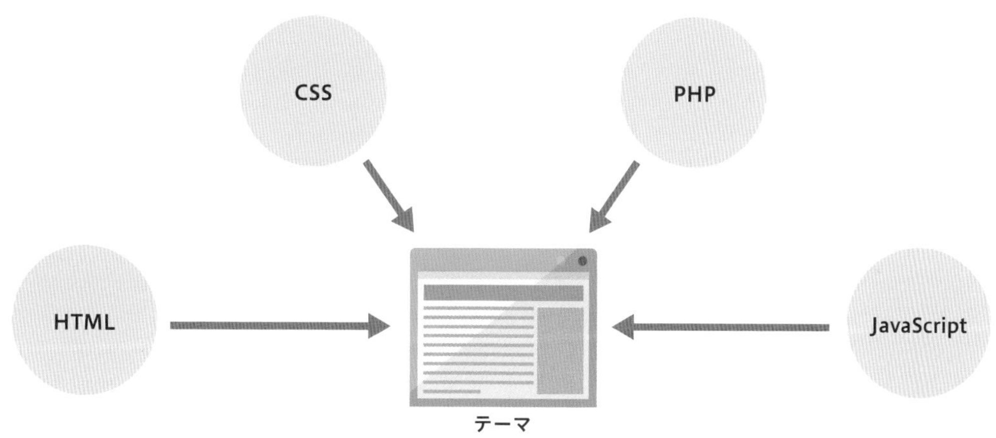

HINT GPLライセンスとは

有料テーマでよく「GPLライセンス」という言葉を見かけますが、これは、配布や改変が自由に行えるライセンスのことです。GPLライセンスでは、二次著作物もまたGPLライセンスが適用されますが、WordPress本体がGPLライセンスで配布されているため、その一部分であるテーマにもこのGPLライセンスが適用されます。つまり、GPLライセンスで配布されているテーマは自由に配布や改変が行えるということです。クライアントのWebサイトを制作する際にも権利上の問題はありません。

Section
002 テーマを設定する

LEVEL

WordPressの管理画面で、WordPressにあらかじめインストールされているテーマを設定するところから始めましょう。WordPress公式ディレクトリから、新しいテーマをインストールする手順も確認します。

▣ インストール済みのテーマを切り替える

「テーマ」画面を表示する

メインナビゲーションメニューで「外観」→「テーマ」をクリックします❶。

テーマを選択する

「テーマ」画面にインストール済みのテーマが一覧表示されます。切り替えたいテーマにマウスポインターを合わせ、「有効化」をクリックします❶。

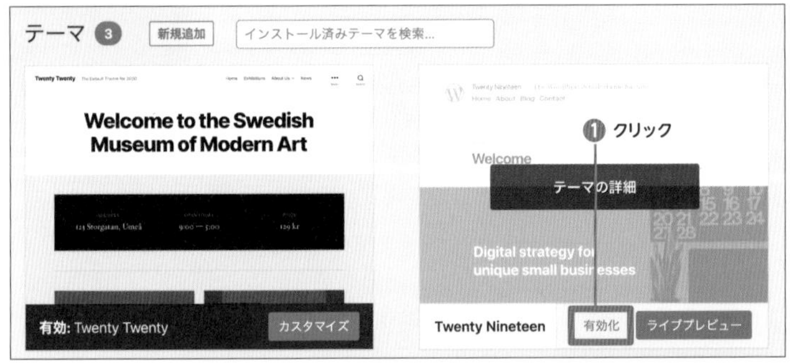

テーマの適用を確認する

管理画面左上のWebサイト名をクリックすると、テーマが切り替えられたことが確認できます。

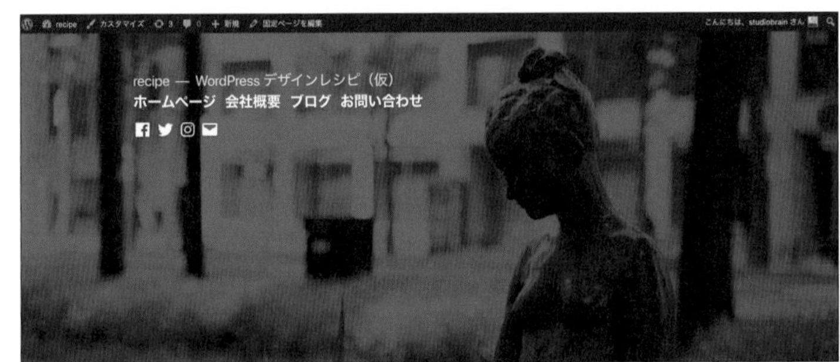

HINT テーマをプレビュー画面で確認する

テーマは適用前にプレビュー画面で確認できます。「テーマ」画面で任意のテーマにマウスポインターを合わせ、「ライブプレビュー」をクリックすると、テーマが適用されたイメージがプレビュー画面に表示されます。

■ テーマをインストールする

「テーマを追加」画面を表示する

メインナビゲーションメニューで「外観」→「テーマ」をクリックします❶。「新規追加」（または「新しいテーマを追加」）をクリックします❷。

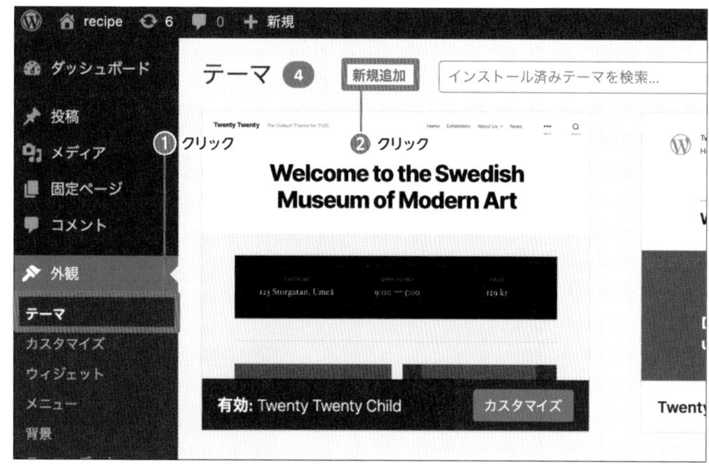

テーマをインストールする

「テーマを追加」画面にインストール可能なテーマが一覧表示されます。任意のテーマにマウスポインターを合わせ、「インストール」をクリックしてインストールします❶。

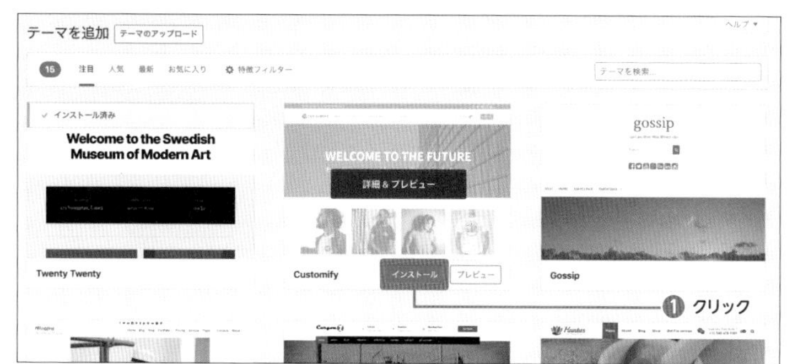

■ 外部で購入したテーマなどをアップロードする

テーマファイルをアップロードする

「外観」→「テーマ」→「新規追加」→「テーマのアップロード」をクリックします❶。「ファイルを選択」をクリックし❷、外部で購入したテーマや自分で作成したテーマのZIPファイルを選択して、「今すぐインストール」をクリックすると❸、テーマを使用できるようになります。

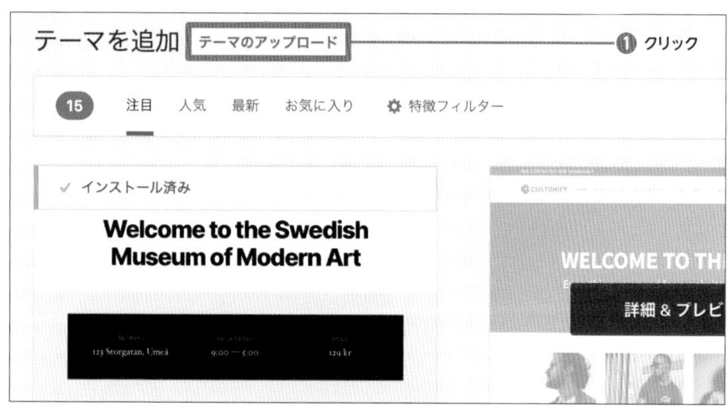

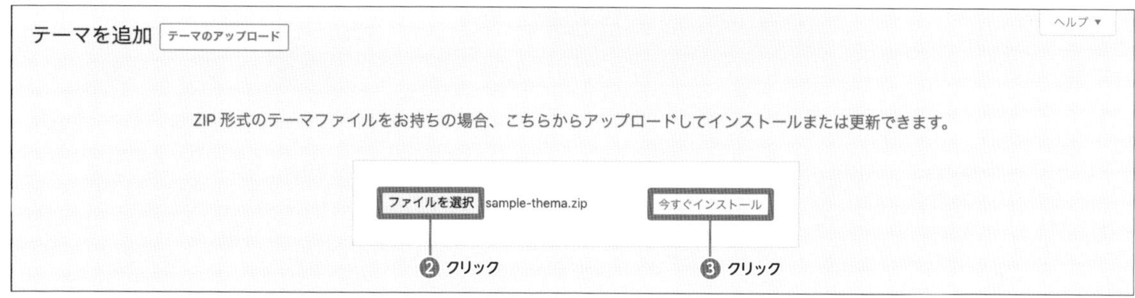

Chapter 4 テーマの基本

Section 003 テーマカスタマイザーの基本操作

有効化されたテーマのカスタマイズは、テーマカスタマイザーで行えます。なお、このカスタマイズはテーマごとに設定されるもののため、テーマを変更すると、その設定は引き継がれないことに注意しましょう。

テーマカスタマイザーでカスタマイズする

テーマカスタマイザーを開く

メインナビゲーションメニューで「外観」→「カスタマイズ」をクリックします❶。

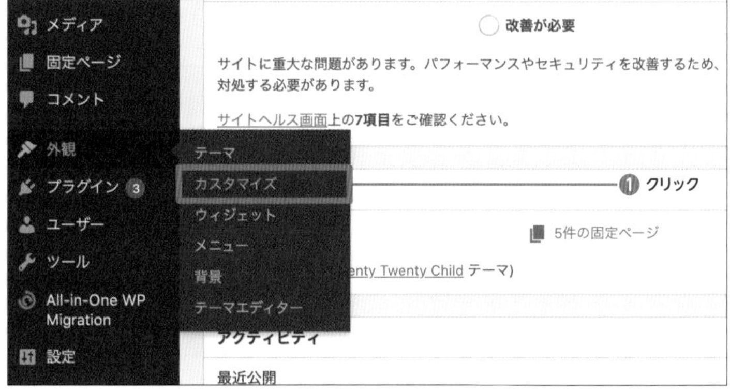

設定項目を選択する

テーマカスタマイザーが開きます。左側のメニューに、「サイト基本情報」「メニュー」「ウィジェット」「ホームページ設定」など、テーマ固有の主要な設定項目が並んでいます。これらの設定項目には、WordPressの管理画面のメインナビゲーションメニューから直接アクセスできるものもあります。カスタマイズしたい項目（ここでは「サイト基本情報」）をクリックします❶。なお、右側のイメージ上の✎をクリックしてカスタマイズすることもできます。

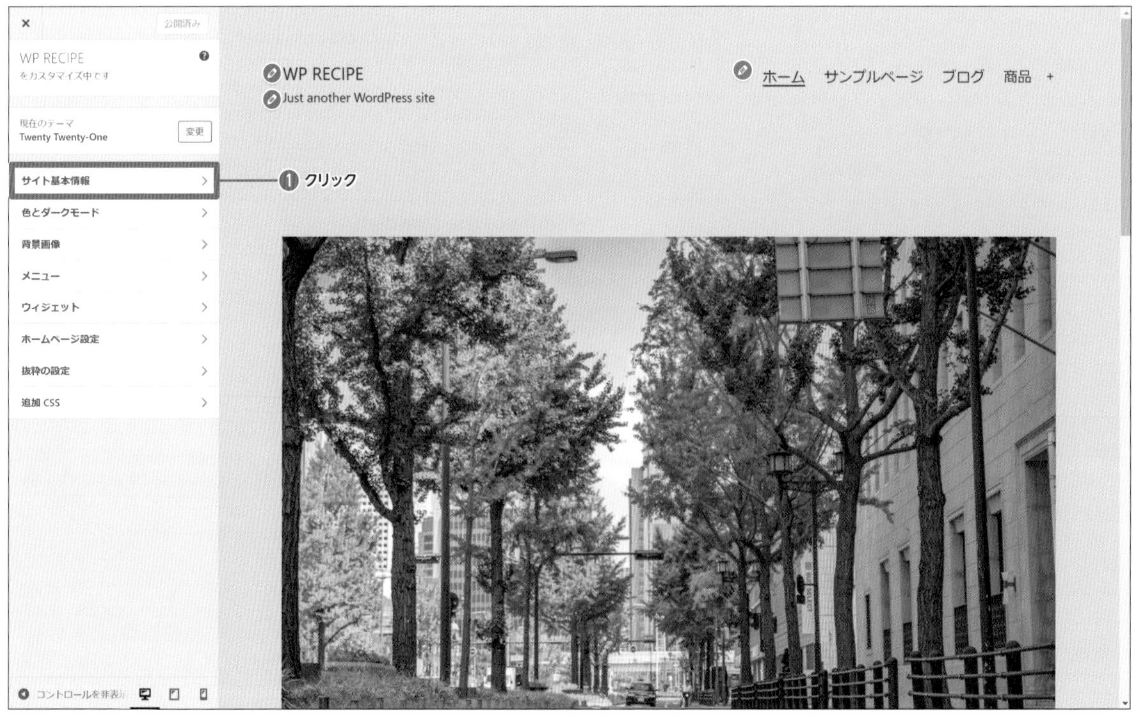

カスタマイズする

任意の部分をカスタマイズします❶。設定を反映させるには、「公開」(または「下書き保存」「予約公開」)をクリックします❷。メニューに戻るには、<をクリックします❸。

表示を切り替える

タブレット用の表示に切り替えるには□を、スマートフォン用の表示に切り替えるには□をクリックします❶。パソコン用の表示に戻すには□をクリックします❷。

テーマカスタマイザーを閉じる

「×」をクリックすると、テーマカスタマイザーが閉じます❶。

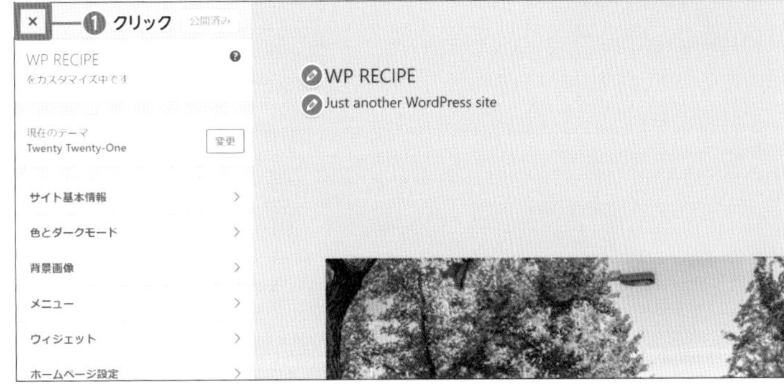

HINT CSSを追加する

テーマカスタマイザーのメニューで「追加CSS」をクリックすると、CSSを書き込むことができます。ただし、追加したCSSは現在のテーマにのみ適用されるもので、ほかのテーマでは適用されないことに注意しましょう。

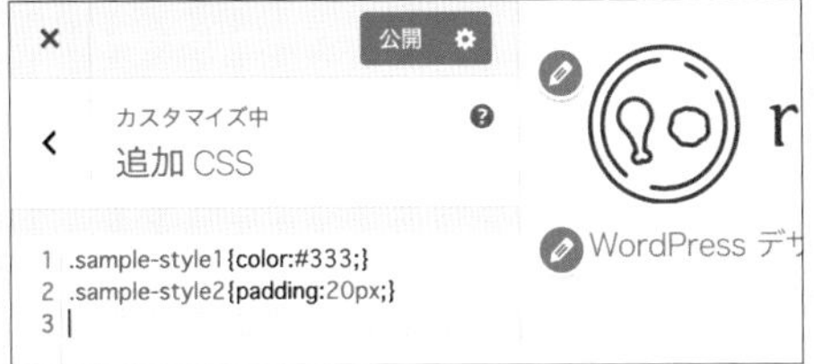

Chapter 4 テーマの基本

Section
004 子テーマを作成する

LEVEL

DLデータ
sample074

それぞれのテーマには、子テーマを作成することができます。では、子テーマとはどのようなもので、どのような場合に必要になるのでしょうか。子テーマの作成方法とあわせて確認しましょう。

子テーマを作成する

公式の無料テーマも有料テーマも、多くは将来的に更新されるものです。この更新を実行すると、テーマ内のテンプレートファイルが最新の状態となります。そのため、もし自分でテンプレートファイルに手を加えて保存していた場合、テーマのアップデートを行うと、その変更した部分が消えてしまうのです。こうした問題を解決するために、親テーマのテンプレートを継承する「子テーマ」を作成しておき、自分が変更を加えたテンプレートはその子テーマに保存するという方法が、一般的にはよく用いられます。

CSSファイルを作成する

子テーマを作成するには、まず、テキストエディター(P.156参照)で次のようなコメントを記入したファイルを作成します。

【CSS】style.css (sample074→074)

```
/*
Theme Name:Twenty Twenty Child
Template:twentytwenty
Version:1.0.0
*/
```

「Theme Name:」には、任意の子テーマ名を記述します。ここでは、「Twenty Twenty」というテーマの子テーマを作成するので、「Twenty Twenty Child」としました。「Template:」には、親テーマのディレクトリ名(サーバー上のフォルダ名のこと。P.79～80参照)を記述します。「Version:」は任意の数字などを記述します。ファイルは「style.css」という名前で保存します。

PHPファイルを作成する

テキストエディターで次のようなコメントを記入したファイルを作成し、「functions.php」という名前で保存します。

【PHP】functions.php (sample074)

```
<?php

add_action( 'wp_enqueue_scripts', 'theme_enqueue_styles' );
function theme_enqueue_styles() {
wp_enqueue_style( 'parent-style', get_template_directory_uri().'/style.css' );
}
```

画像ファイルを用意する

テーマを識別するためのかんたんな画像を用意します。ここでは、親テーマである「Twenty Twenty」をもとにした画像を、「screenshot.png」というファイル名で保存します。

ファイルをアップロードする

作成したCSSファイル、PHPファイル、画像ファイルを、任意の名前のディレクトリ（フォルダ）に入れ、ZIP形式で圧縮します。これを、P.71を参考に、WordPressのテーマディレクトリ（/wp-content/themes）にアップロードします。

アップロードが完了したら、P.70を参考に子テーマを有効化します。

変更したファイルを子テーマに保存する

その後、テンプレートファイルを変更する場合は、そのファイルを子テーマのディレクトリに保存します。たとえば、親テーマのfooter.phpというファイルに変更を加えた場合、そのfooter.phpは、親テーマのディレクトリではなく、子テーマのディレクトリにアップしていきます。同じ名前のファイルが子テーマに存在する場合は、子テーマのほうが優先されます。サーバーでのディレクトリの扱い方については、P.79〜80を参照してください。

ただし、子テーマのファイルが継承されるstyle.cssとfunctions.phpに限っては、変更を加えたソースコード部分のみを、子テーマのstyle.cssやfunctions.phpに追加していく形で大丈夫です。たとえば、style.cssにソースコードを追加したい場合は、右のように追加した部分だけを保存します❶。子テーマのstyle.cssが優先されますが、親テーマのstyle.cssもあわせて読み込まれます。

【CSS】style.css（sample074→075）

```
/*
Theme Name:Twenty Twenty Child
Template:twentytwenty
Version:1.0.0
*/

/* Site Header */

@media ( min-width: 1000px ) {

    .header-titles-wrapper {
        max-width: 40%;
    }

}
```

❶ 追加

テーマが崩れた場合

むやみに子テーマにテンプレートを追加していくと、親テーマの更新と互換性がなくなっていき、Webサイトの表示が崩れる場合があります。そのような場合は、最新の親テーマからテンプレートを参照し、子テーマのテンプレートを修正しましょう。

Chapter 4 テーマの基本

Section

005 テーマを更新／削除する

LEVEL

公式の無料テーマも有料テーマも、しばしば更新されます。新しい機能が追加されたり、不具合を修正したりしたもののため、ぜひ更新を行いましょう。また、不要になったテーマの削除方法も押さえましょう。

テーマを更新する

「テーマ」画面を開く

メインナビゲーションメニューで「外観」→「テーマ」をクリックし❶、「テーマ」画面を開きます。

更新する

更新できるテーマには「新しいバージョンが利用できます。」と表示されています。「今すぐ更新」をクリックします❶。

更新が完了する

「更新しました。」と表示され、更新が完了します。

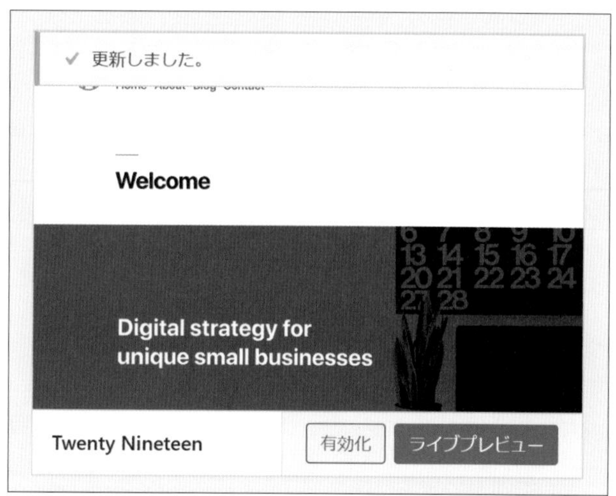

テーマを削除する

WordPressにはいくつものテーマをインストールできますが、有効化できるテーマは、特殊なWebサイトを除いて、通常は1つです。しかし、たくさんのテーマを試してそのまま放置されているケースがよくあります。そのままにしておくと、すべてにアップデートの通知がきてとても紛らわしいため、使わなくなったテーマは削除することをおすすめします。

ただし、子テーマを作成している場合は、親テーマを削除しないように注意してください。たとえば、「Twenty Twenty」を親テーマとする子テーマを作成している場合、その「Twenty Twenty」は削除してはいけません。

テーマを選択する

「テーマ」画面で、削除したいテーマをクリックします❶。

テーマを削除する

テーマの詳細が表示されます。右下の「削除」をクリックします❶。

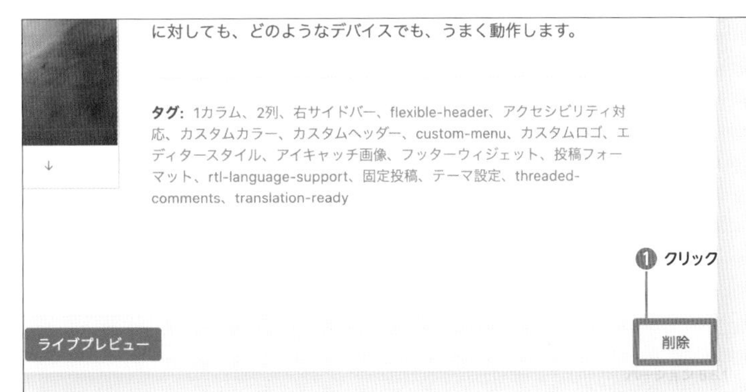

確認画面が表示されます。「OK」をクリックすると❷、テーマが削除されます。

HINT テンプレートファイルをカスタマイズしている場合は要注意

P.74～75でも解説したとおり、テーマのテンプレートファイルを直接編集している場合は、テーマの更新によって、変更部分が上書きされます。そのため、事前に子テーマを作成するなどして変更部分をバックアップしておくことをおすすめします。

Section

006 テンプレートを編集する

CSSやPHPなどのソースコードが扱える場合は、テーマのテンプレート自体を直接編集してみましょう。WordPressのテーマエディターで編集する方法と、サーバー経由で編集する方法があります。

テーマエディターで編集する

テーマエディターを開く

メインナビゲーションメニューで「外観」→「テーマエディター」をクリックし❶、テーマエディターを開きます。

注意事項が表示されます。ここで重要なのは、ソースコードを変更すると、もとに戻せないことです。誤った変更を加えてしまうと、Webサイトが修復不能になってしまう可能性もあることに注意してください。「理解しました」をクリックします❷。

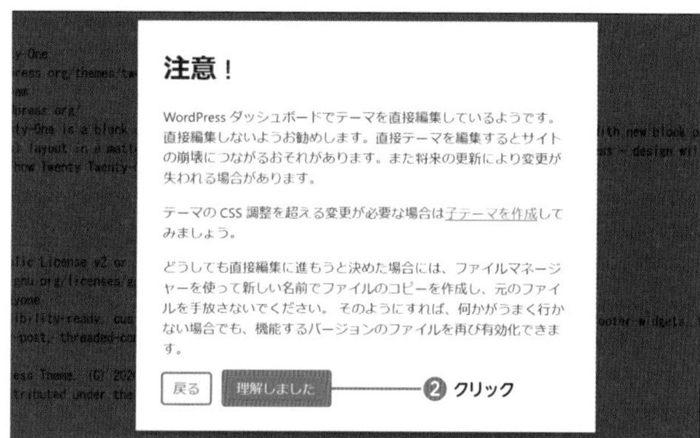

テンプレートファイルを編集する

「編集するテーマを選択」でテーマを選択し❶、「選択」をクリックします❷。右側の一覧からテンプレートファイルをクリックし❸、ソースコードを編集します❹。編集が完了したら、「ファイルを更新」をクリックして保存します❺。

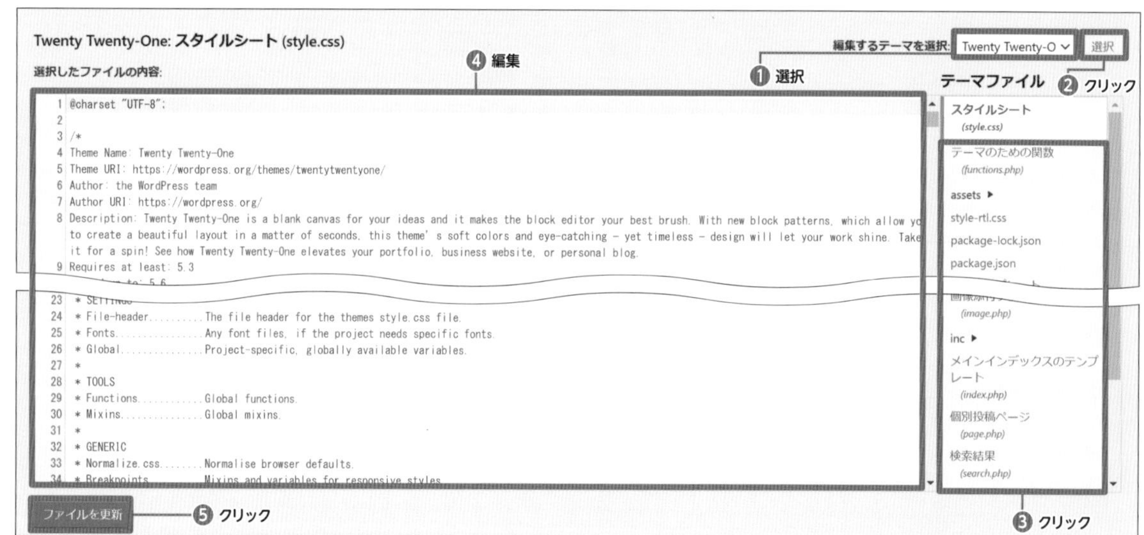

◙ サーバー経由で編集する

サーバーからログインしてファイルを操作するファイルマネージャを使用して、テーマのテンプレートファイルを編集することもできます。間違ったファイルを保存しても、修正してもとに戻せる安全な方法のため、おすすめです。

ここでは例として、エックスサーバーのファイルマネージャから編集する手順を紹介します。

ファイルマネージャにログインする

エックスサーバーのファイルマネージャのログインページ「https://www.xserver.ne.jp/login_file.php」にアクセスし、登録時に与えられたFTPユーザーIDとパスワードを入力し❶、「ログイン」をクリックします❷。

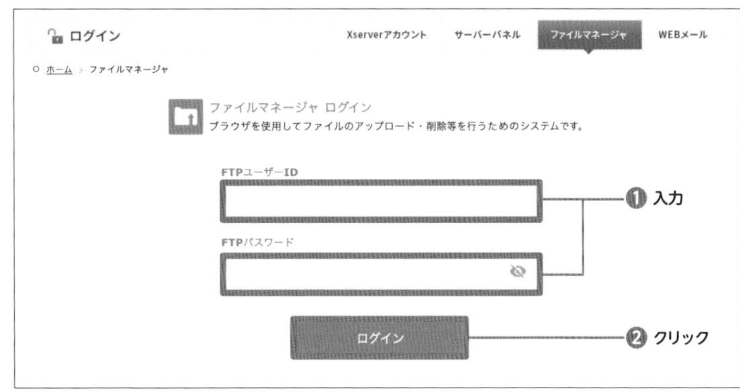

ドメインを選択する

右ようなディレクトリ構造が表示されます。操作したいドメイン(ここでは「wp-recipe.com」)をクリックします❶。

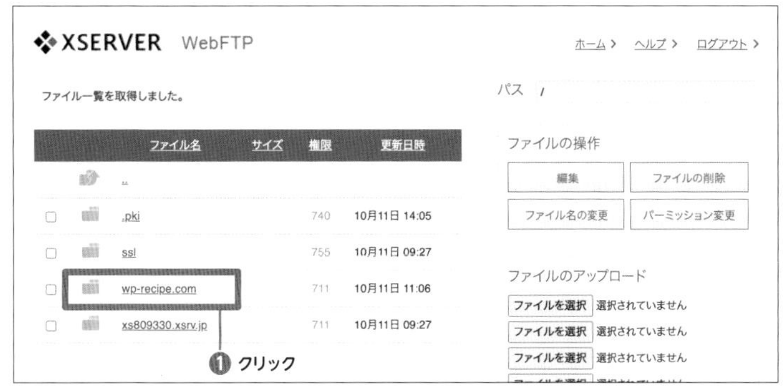

「public_html」を選択する

操作したいドメインをクリックすると、さらにファイルが一覧表示されます。ここでは、「public_html」をクリックします❶。

「wp-content」を選択する

サイトを表示するために必要なファイルが一覧表示されます。テーマを編集する場合は、「wp-content」→「themes」をクリックします❶。

テーマを選択する

現在、インストールされているテーマが一覧表示されます。今回は、現在有効化している「twentytwenty-child」をクリックします❶。

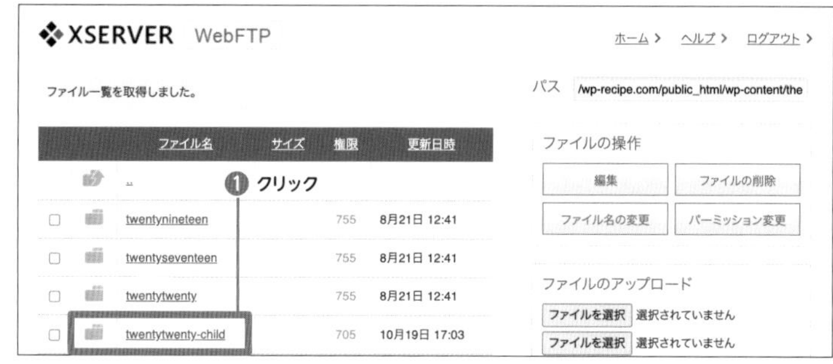

テンプレートファイルを選択する

テーマの中に保存されているテンプレートが一覧表示されます。編集したいファイルにチェックを付け❶、「ファイルの操作」の「編集」をクリックします❷。

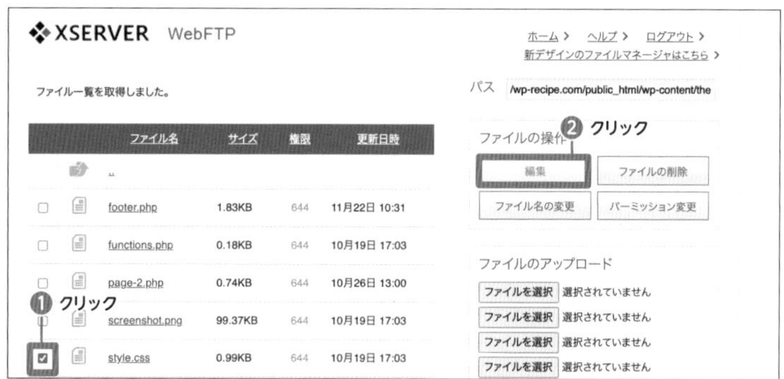

テンプレートファイルを編集する

ソースコードを編集し❶、「保存する」をクリックして保存します❷。なお念のため、編集する前に、もとの状態をバックアップしておきましょう。

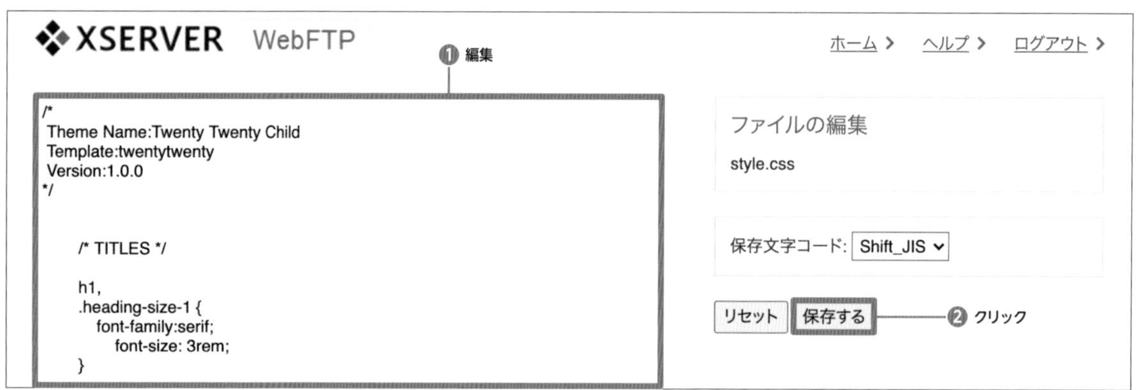

FTPクライアントを利用する

FTPクライアントを使えば、ファイルマネージャよりもファイルのダウンロードやバックアップがしやすくなります。macOS用では「Cyberduck」「FileZilla」、Windows用では「FFFTP」「Cyberduck」「FileZilla」などが無料で利用できます。詳しい操作方法は、P.154〜155を参照してください。

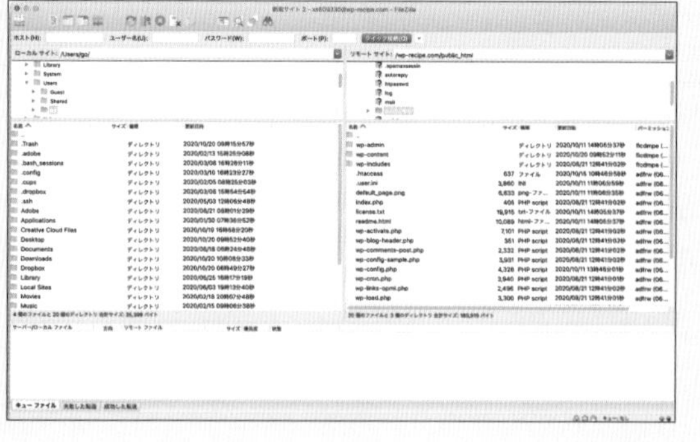

Chapter

5

投稿・固定ページの基本

WordPressでは主に、ブログの記事のような投稿と、内容が固定的な固定ページという、2つのWebページのタイプを使い分けてWebサイトを制作します。まずはそれぞれの基本的な扱い方を押さえましょう。

Section
001 投稿とは

LEVEL

まずは、投稿がどのような性質を持つもので、どういった機能があるのかを押さえておきましょう。投稿に適したWebサイトの種類や用途も、あわせて確認していきます。

投稿のしくみ

投稿とは、ブログやコラムなどの記事の作成に適した、Webページのタイプです。では、具体的にどのような特徴があるのでしょうか。

個々の投稿が時系列順に並ぶ

投稿は、1つのWebページというよりは、その名のとおり、投稿された個々の記事そのものに近いイメージです。そのため、右のように複数の投稿を1つのWebページ上に並べて表示することもできます。個々の投稿は時系列に従って並ぶことに特徴があり、最新の投稿が自動的にWebページの最上部に追加されていくしくみになっています。つまり、最新のコンテンツを更新したり確認したりしやすい仕様だといえるでしょう。

また、1ページに表示する投稿の最大件数を指定することができるほか、特定の投稿をトップに固定することもできます。Webサイトの用途や投稿内容に応じて、最適なカスタマイズが可能なのです。

坊ちゃん

夏目漱石：1906年 夏目漱石：1906年 夏目漱石：1906年 親譲りの無鉄砲で小供の時から損ばかりしている。小学校に居る時分学校の二階から飛び降りて一週間ほど腰を抜かした事がある。なぜそんな無闇をしたと聞く人があるか… 続きを読む

投稿日: 2020年11月9日 を編集
カテゴリー: 未分類

こんにちは

親譲りの無鉄砲で小供の時から損ばかりしている。小学校に居る時分学校の二階から飛び降りて一週間ほど腰を抜かした事がある。なぜそんな無闇をしたと聞く人があるかも知れぬ。別段深い理由でもない。新築の二階から首を出していたら、同… 続きを読む

投稿日: 2020年11月2日 を編集
カテゴリー: お知らせ

▲複数の投稿が時系列順に縦方向に並んでいる例

▲投稿を管理する「投稿」画面では、個々の投稿が一覧表示される

カテゴリーで分類ができる

それぞれの投稿にはカテゴリーを設定することができ、Webサイト内でカテゴリーはいくつでも作れます。さらに、親カテゴリーと子カテゴリーを作成することで細分化させることもできます。

たとえば、ユーザー向けに最新情報を知らせるために投稿を利用している場合、投稿の件数が多いにもかかわらず、「お知らせ」という大きなカテゴリーしかない状態では、「投稿」画面での一覧表示で管理しづらくなる可能性があるでしょう。そのような場合は、さらに「営業日」や「新製品」といった子カテゴリーを作成することで、一覧表示を整理することができます。

名前	説明	スラッグ
お知らせ	当社よりお客様への大切なお知らせです。	お知らせ
— 営業日	—	営業日
— 新製品	—	新製品
未分類	—	未分類

▲「お知らせ」という親カテゴリーの下に、「営業日」「新製品」という子カテゴリーを作った例

タグで分類ができる

それぞれの投稿にはタグを設定することができます。タグは、カテゴリーと同様にいくつでも作れますが、カテゴリーが縦に分類するものであるのと異なり、タグは横に分類するイメージです。カテゴリーの分類だけで十分な場合は、タグの分類を使う必要はありません。しかし、投稿が多くなり、カテゴリーを横断する形で別の分類を作成したい場合は、タグの分類を使用してみましょう。

たとえば、お花屋さんのWebサイトで、右のようにタグで色の分類を作るのも1つです。「製品紹介」「お花のサンプル」「花言葉」といった具体的なカテゴリーの分類に比べて、より抽象的な分類で使いやすいでしょう。

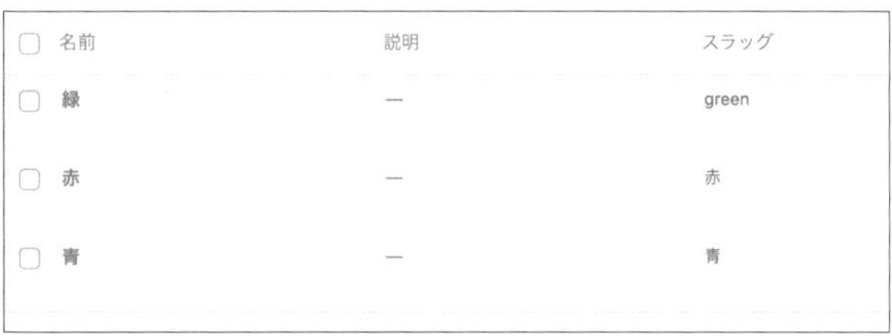

名前	説明	スラッグ
緑	—	green
赤	—	赤
青	—	青

▲「緑」「赤」「青」といったタグでの分類例

ブログや最新情報に最適

投稿は時系列順に最新記事が表示できるため、ブログはもちろん、お知らせや新着情報、イベントの情報、事例や実績の紹介、お客様の声などに適しています。これらは投稿件数が多くなりがちなコンテンツですが、カテゴリーとタグで適切に分類し、見やすい状態を保ちましょう。

▲ブログとしての活用例

Section 002 投稿を作成／編集する

管理画面の「投稿」画面から、投稿を作成したり編集したりできます。ここでは、その基本的な操作について押さえましょう。なお、詳細な操作や個々の機能については、Chapter 6から詳しく解説していきます。

投稿を新規作成する

「新規追加」をクリックする

メインナビゲーションメニューで「投稿」→「新規追加」をクリックします❶。

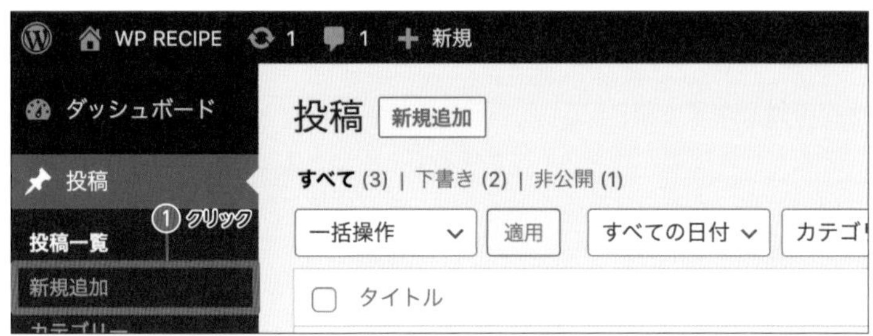

ブロックエディターが開く

「ブロックエディター」と呼ばれる編集画面が表示されます。このブロックエディターの基本的な画面構成と操作方法は、投稿と固定ページの双方で共通しており、メインカラム❶、上部メニュー❷、設定メニュー❸を操作して内容を作成していきます。詳細な操作や個々の機能についてはChapter 6から詳しく解説していくため、ここでは基本的な操作方法に絞って解説します。なお、ここではテーマは「Twenty Twenty」を使用しています。

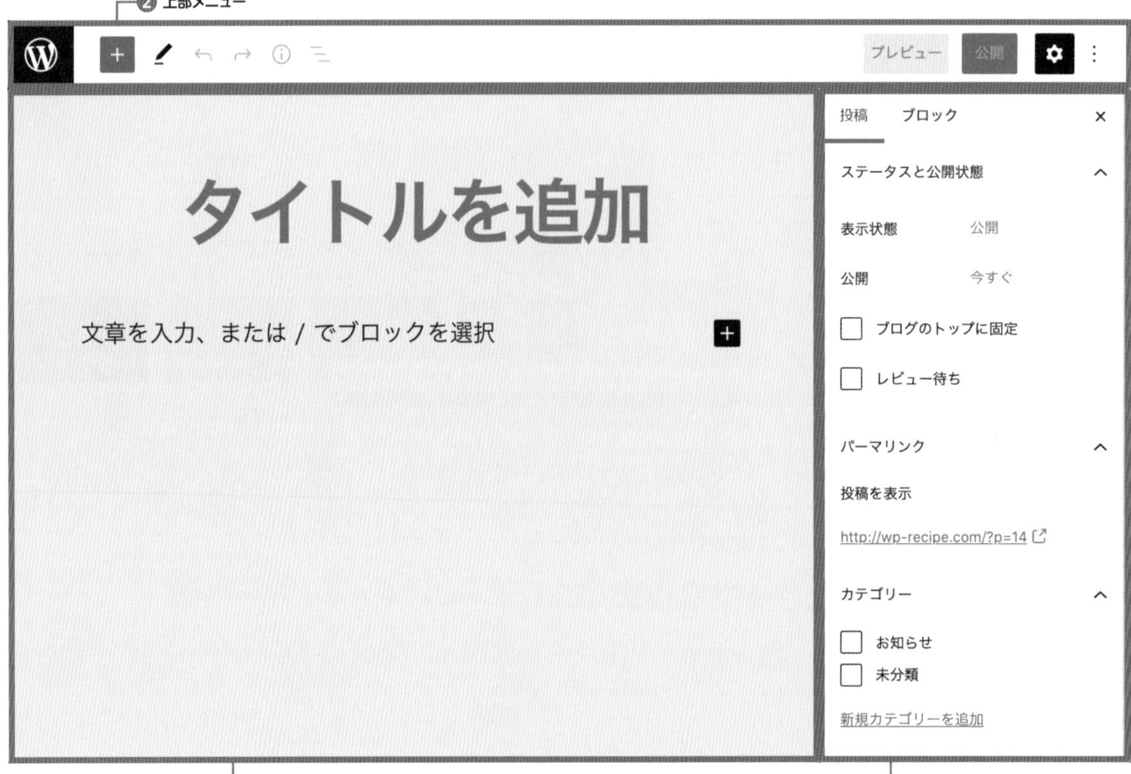

メインカラムを操作する

メインカラムには、実際のWebページのイメージに近い内容が表示されます。見出しや本文など、Webページを構成するそれぞれの要素が「ブロック」として扱われ、ブロックごとに編集していきます。基本的には、ブロックをクリックしてテキストを入力します❶。入力済みのブロックをクリックすると❷、ブロック付近にメニューが表示され、ブロックの詳細な設定ができます❸。

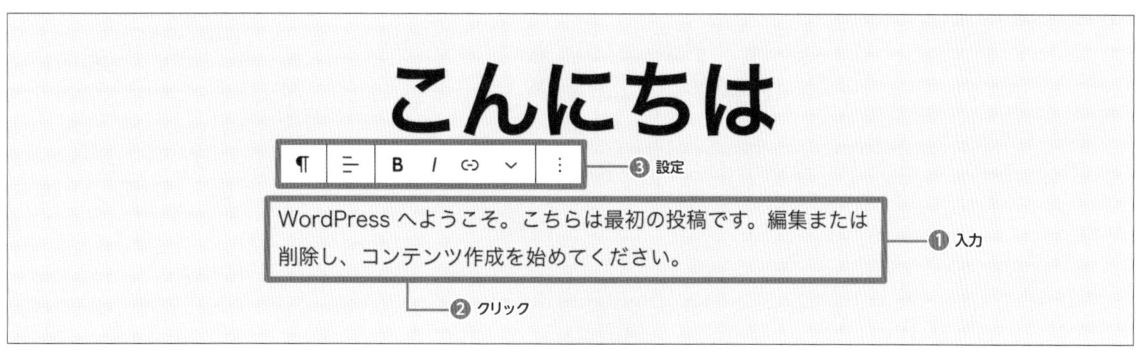

上部メニューを操作する

上部メニューの左側部分では、＋でブロックの追加❶、✎で編集／選択モードの切り替え❷、↶で操作の取り消し❸、↷で操作のやり直し❹、ⓘでブロック数などの確認❺ができます。☰でブロックが一覧表示されるブロックナビゲーションが表示でき❻、一覧からブロックをクリックすることで選択できます。

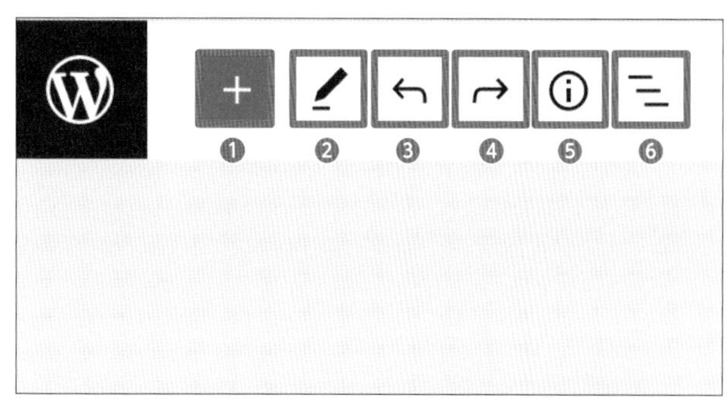

上部メニューの右側部分では、「下書き保存」で下書きの保存❼、「プレビュー」でプレビュー表示❽、「公開」でWebへの公開❾、⚙で設定メニューの表示切り替え❿、⋮で高度な設定⓫ができます。

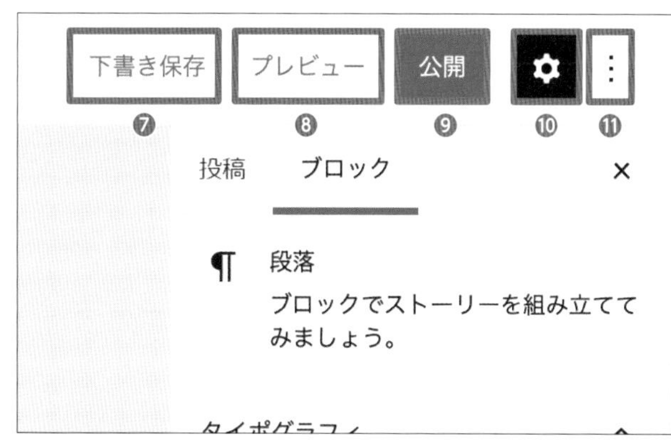

投稿が非公開の状態では、「下書きへ切り替え」ですでに公開済みの投稿を下書きに戻せます⓬。また、「更新」で編集内容を保存できます⓭。

設定メニューを操作する

設定メニューでは、「投稿」で投稿全体に関する設定❶、「ブロック」で各ブロックの設定❷が行えます。特定のブロックの設定を変更するには、ブロックをクリックして選択し❸、設定メニューの各項目で設定します❹。なお、ブロックの種類によって、設定メニューの項目は異なります。

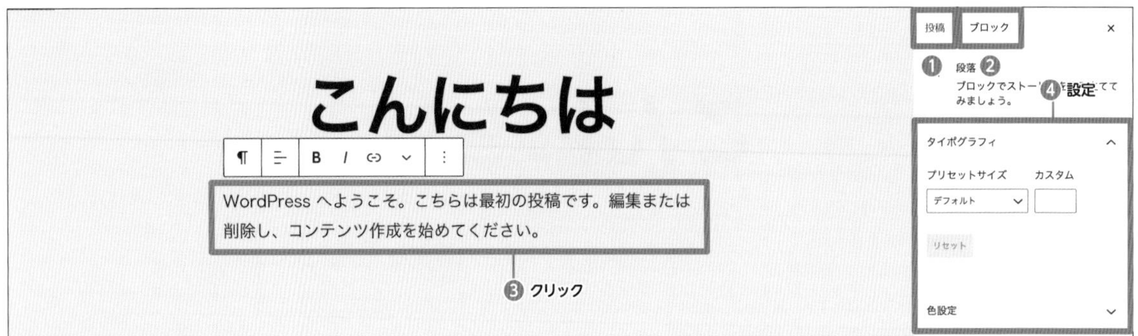

パーマリンクを設定する

パーマリンク設定で投稿名が含まれるものを指定している場合（P.58参照）、上部メニューで「下書き保存」をクリックして下書き保存すると、URLスラッグ（URLの一部となる、投稿や固定ページなどの名前）が変更できるようになります。設定メニューで「投稿」をクリックし、「パーマリンク」の「URLスラッグ」に任意の名前を入力しましょう❶。日本語を指定すると、URLが文字化けのようになるため、英数で指定するとよいでしょう。

カテゴリーを設定する

設定メニューで「投稿」をクリックし、「カテゴリー」で分類したい既存のカテゴリーにチェックを付けます❶。新規カテゴリーを設定するには、「新規カテゴリーを追加」をクリックし❷、「新規カテゴリー名」にカテゴリー名を入力して❸、「新規カテゴリーを追加」をクリックします❹。なお、子カテゴリーにしたい場合は、「親カテゴリー」で親カテゴリーを選択します。なお、固定ページではカテゴリーは設定できません。

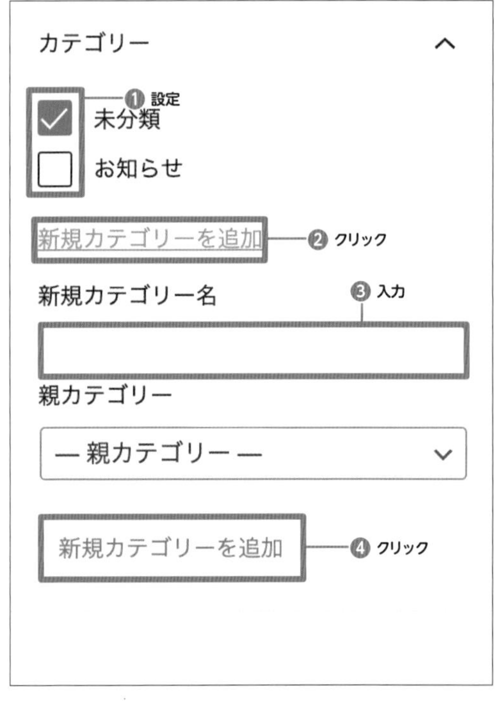

タグを設定する

設定メニューで「投稿」をクリックし、「タグ」の「新規タグを追加」に、設定したいタグを入力して、「Enter」キー（または「，」キー）を押すと❶、タグが追加できます。なお、⊗をクリックすると、タグを削除できます。また、固定ページではタグは設定できません。

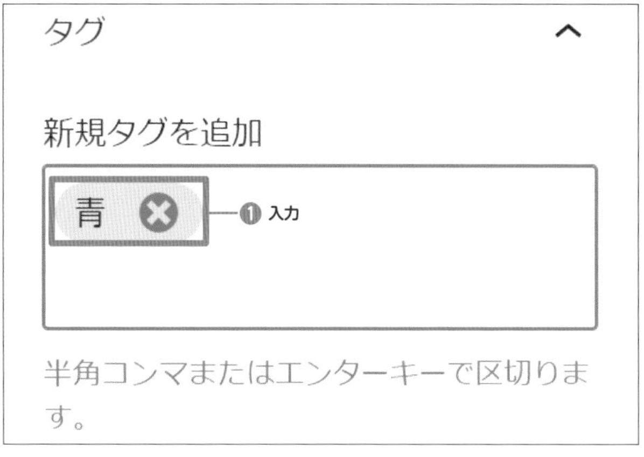

ブロックエディターを閉じる

編集作業を終了するには、上部メニューで下書き保存などを行ったうえで、画面左上のⓌをクリックして❶、管理画面に戻ります。

▣ 作成済みの投稿を編集する

「投稿」画面を表示する

メインナビゲーションメニューで「投稿」→「投稿一覧」をクリックします❶。

投稿を選択する

「投稿」画面が表示され、投稿が一覧表示されます。編集したい投稿にマウスポインターを合わせ、「編集」をクリックします❶。なお、日付やカテゴリーを選択し、「絞り込み」をクリックして、投稿を絞り込むこともできます。

投稿を編集する

ブロックエディターが表示されるので、投稿を編集します。

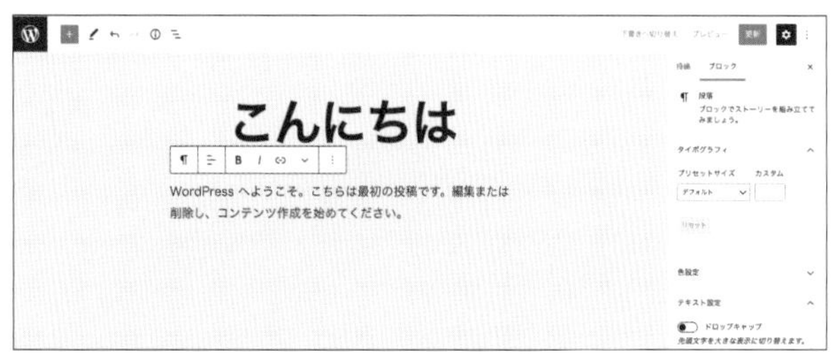

Chapter 5 投稿・固定ページの基本

Section
003 カテゴリーとタグを作成する

LEVEL

カテゴリーとタグは各投稿の作成時にも設定できますが、あらかじめ用意しておけば、より効率的に設定できます。投稿がわかりやすく分類できるように、カテゴリーとタグを作成しておきましょう。

カテゴリーを作成する

「カテゴリー」画面を表示する

メインナビゲーションメニューで「投稿」→「カテゴリー」をクリックします❶。

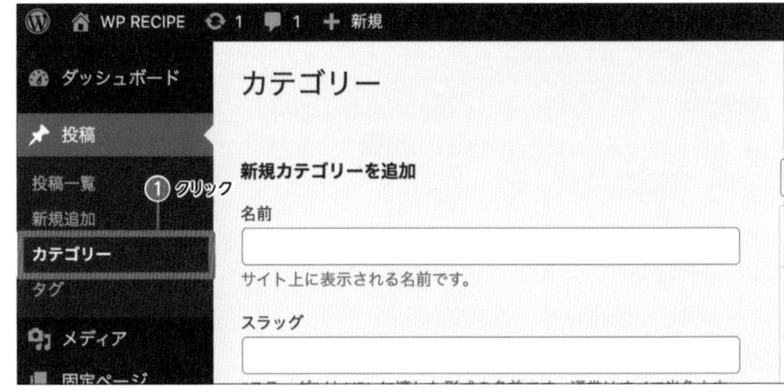

カテゴリーを追加する

「カテゴリー」画面が表示されます。ここであらかじめ必要なカテゴリーを作成しておけば、投稿のブロックエディターでカテゴリーを選ぶことができます。「名前」にカテゴリー名を入力し❶、「スラッグ」にURLスラッグ（URLの一部となる、投稿や固定ページなどの名前）を入力します❷。やはり日本語を指定すると、URLが文字化けのようになるため、英数で指定するとよいでしょう。子カテゴリーにしたい場合は、「親カテゴリー」で親カテゴリーを選択します❸。「説明」にカテゴリーの説明を文章で入力すると、テーマによっては表示される場合があるため、必要があれば入力します❹。「新規カテゴリーを追加」をクリックすると❺、右側のカテゴリー一覧に追加されます❻。

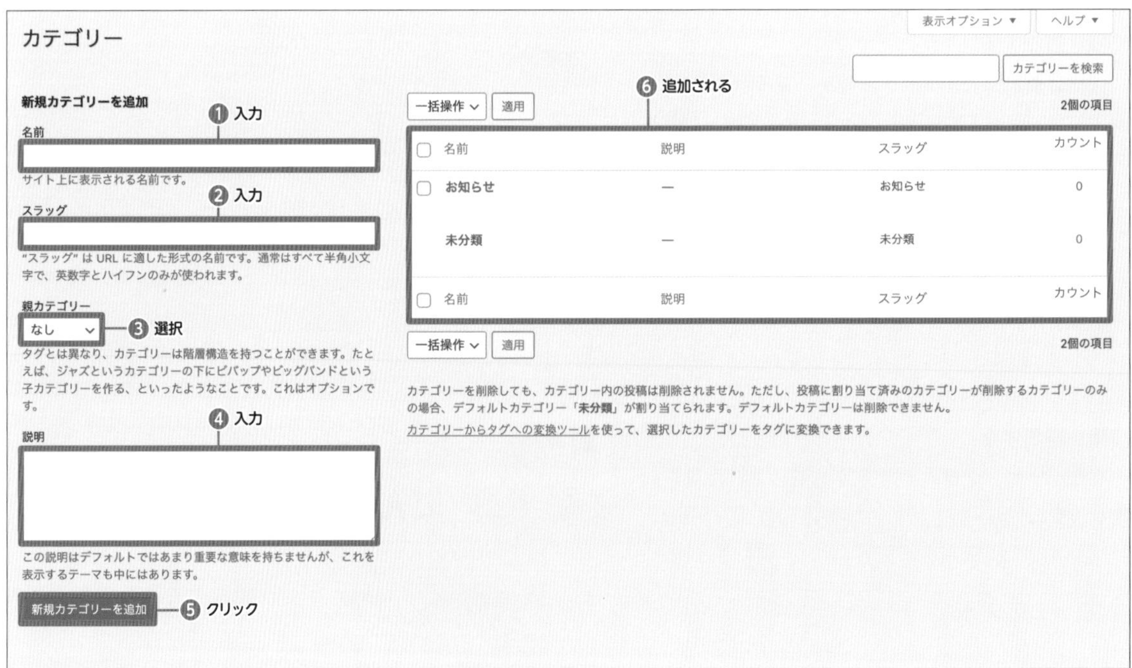

カテゴリーを編集する

作成したカテゴリーを編集するには、右側のカテゴリー一覧で任意のカテゴリーにマウスポインターを合わせ、「編集」をクリックします❶。「カテゴリーの編集」画面で編集し、「更新」をクリックして更新します。なお、カテゴリーを削除したい場合は、カテゴリー一覧で「削除」をクリックします。

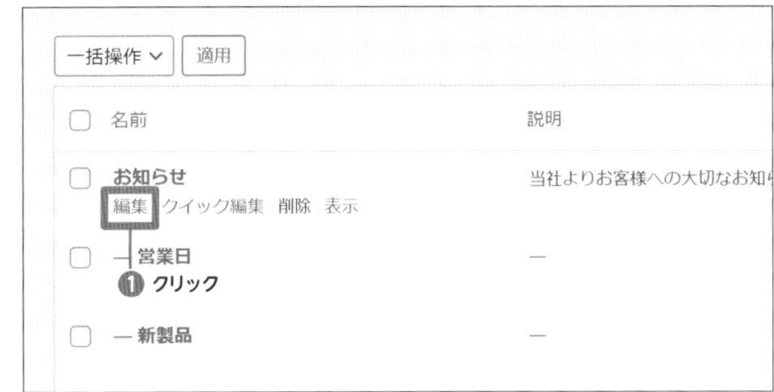

▣ タグを作成する

「タグ」画面を表示する

メインナビゲーションメニューで「投稿」→「タグ」をクリックします❶。

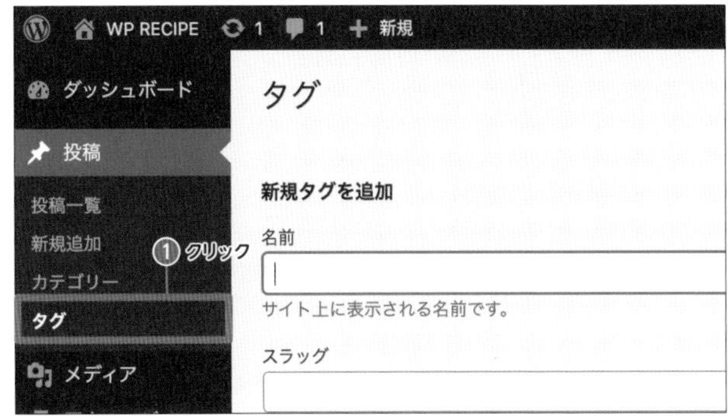

タグを追加する

「タグ」画面が表示されます。ここであらかじめ必要なタグを作成しておけば、投稿のブロックエディターでタグを選ぶことができます。「名前」にカテゴリー名を入力し❶、「スラッグ」にURLスラッグを入力します❷。必要に応じて「説明」にタグの説明を入力し❸、「新規タグを追加」をクリックすると❹、右側のタグ一覧に追加されます❺。

なお、カテゴリーと同様に、タグもマウスポインターを合わせて「編集」や「削除」をクリックすることで、編集や削除が行えます。

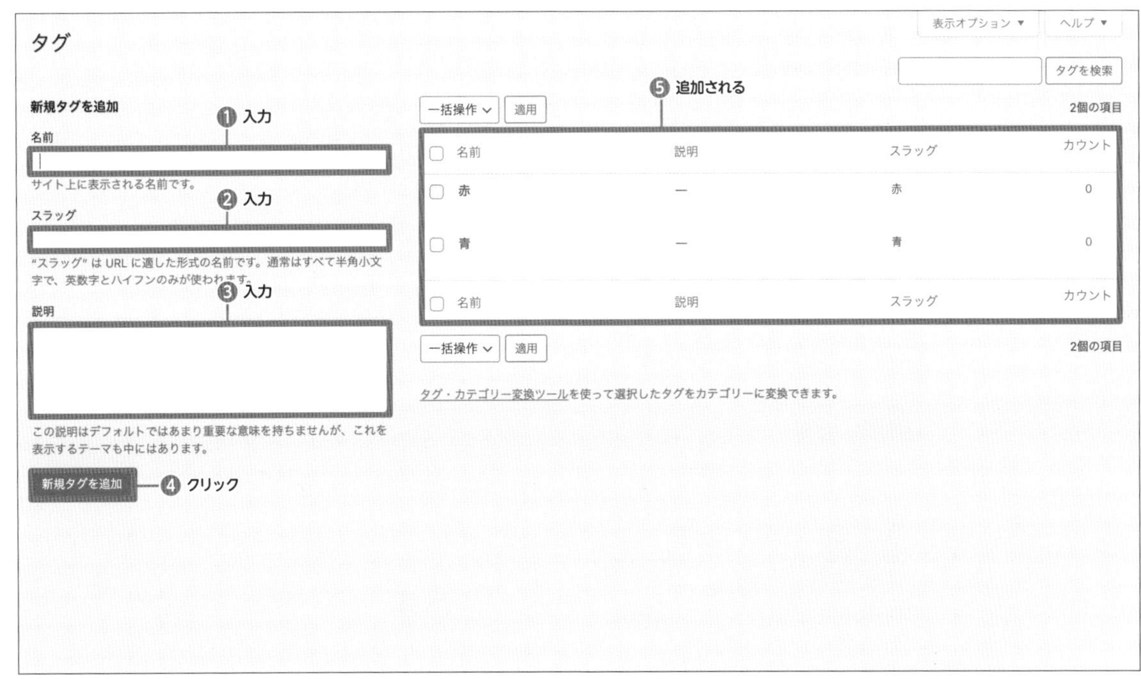

Section
004 固定ページとは

これまでは、投稿を中心に解説してきましたが、対となる固定ページはどのような性質を持ち、どういった機能を備えているのでしょうか。適したWebサイトの種類や用途も、あわせて確認します。

固定ページのしくみ

固定ページとは、更新頻度の低い固定的なWebページの作成に適した、Webページのタイプです。具体的な特徴を確認しましょう。

投稿のように時系列で並ばない

投稿では、新しい投稿から順番に複数のコンテンツが表示されますが、固定ページは時系列によって複数並ぶものではありません。基本的に1つの固定ページで1つのWebページが完結しています。そのため、Webサイトのトップページやお問い合わせページ、会社や店舗の紹介ページ、商品やサービスの詳細情報ページなど、単独で完結した更新頻度のあまり高くないコンテンツに適しています。

▲Webサイトのトップページの例

親ページと子ページで階層が作れる

固定ページでは、親ページの下に子ページを設定することで、Webサイトを階層化できます。たとえば、商品を紹介する固定ページを作る場合、商品数が多ければ、複数のページに分けて作成することになるでしょう。そうした子ページをまとめる親ページを作り、ユーザーにわかりやすくすることができるのです。

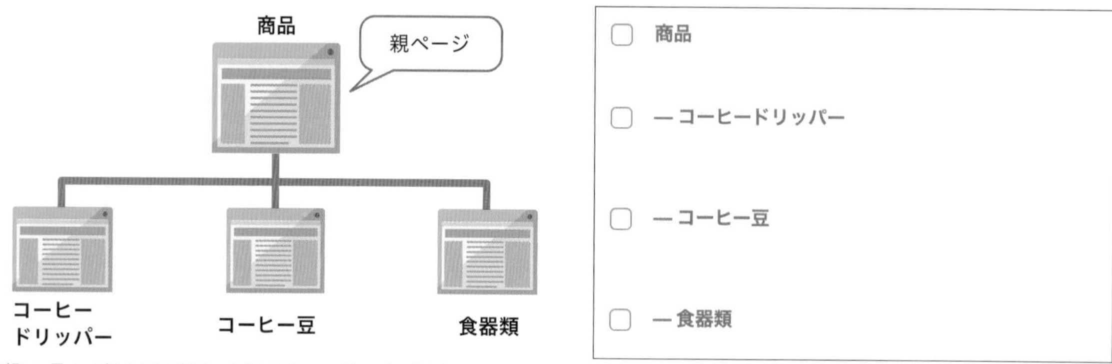

▲細かい子ページをまとめる親ページがあれば、ユーザーにわかりやすい

▣ 固定ページを新規作成する

「カテゴリー」画面を表示する

メインナビゲーションメニューで「固定ページ」→「新規追加」をクリックします❶。

ブロックエディターが開く

ブロックエディターが開きます。基本的な画面構成と操作方法は投稿のものと同じなので、同様にコンテンツを作成します。ただし、投稿の設定メニューの「投稿」が、固定ページでは「固定ページ」と表記され❶、内容もやや異なります。

階層を設定する

設定メニューの「固定ページ」の「ページ属性」では、ページの階層を設定することができます。子ページにしたい場合は「親ページ」で親ページを選択し❶、「順序」に子ページとしての順序を入力します❷。

編集作業の終了方法は、投稿と同様です。

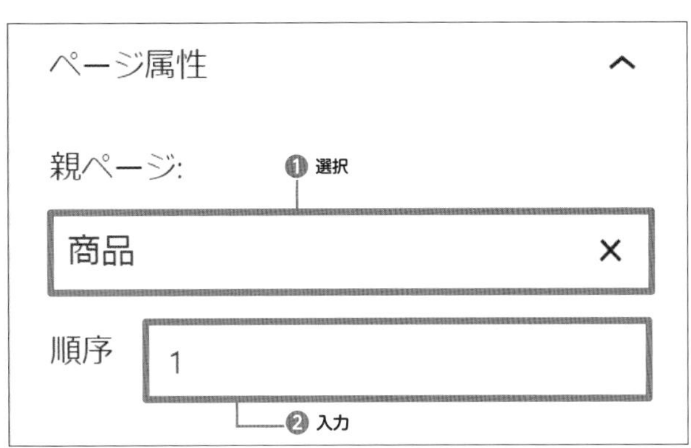

▣ 作成済みの固定ページを編集する

固定ページを編集する

メインナビゲーションメニューで「固定ページ」→「固定ページ一覧」をクリックして「固定ページ」画面を表示します。編集したい固定ページにマウスポインターを合わせ、「編集」をクリックしてブロックエディターを開きます❶。

Section
005

固定ページでトップページを作成する

LEVEL

Webサイトのトップページを作成してみましょう。親ページと子ページによる階層化ができる強みを活かせるように、固定ページでトップページを作成する方法を紹介します。

固定ページをトップページにする

Webサイトのトップページは、ブログであれば、投稿の一覧とするのが一般的です。しかし、コーポレートサイトなどといったホームページとして運用するのであれば、固定ページをトップページとしたほうが都合がよいでしょう。なぜなら、固定ページにはさまざまなブロックが挿入でき、作り込みがしやすくなるからです。スライドショーや、新着記事などの要素もブロックエディターで作成できます。これらの詳細についてはChapter 11を参照してください。

初期状態を確認する

管理画面左上のWebサイト名をクリックし、初期状態では投稿が並んでいるだけであることを確認します。

トップページとなる固定ページを作成する

P.91を参考に、トップページとなる固定ページを作成します。タイトルは何でも構いませんが、わかりやすいように、ここでは「ホーム」としておきます❶。

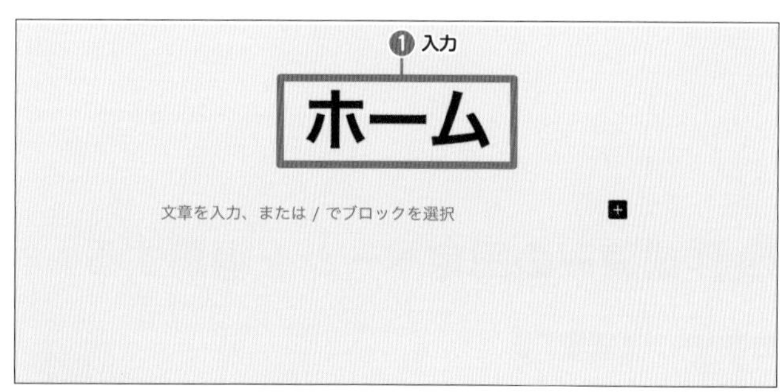

設定メニューの「固定ページ」の「パーマリンク」の「URLスラッグ」に、文字化けのようにならないように「home」などと英数で入力します❷。

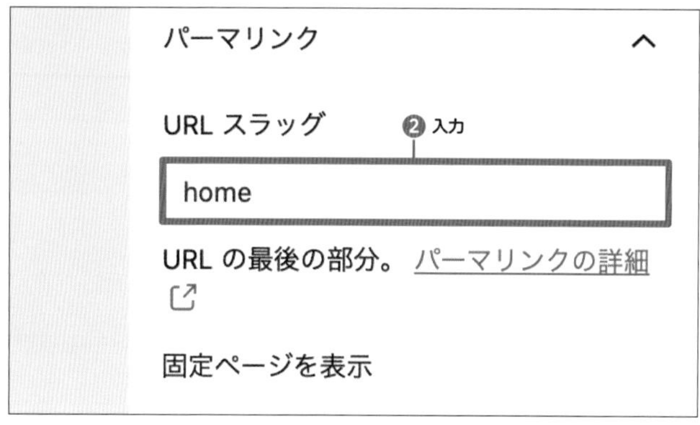

画面右上の「公開」をクリックして❸、いったん固定ページを公開状態にします。

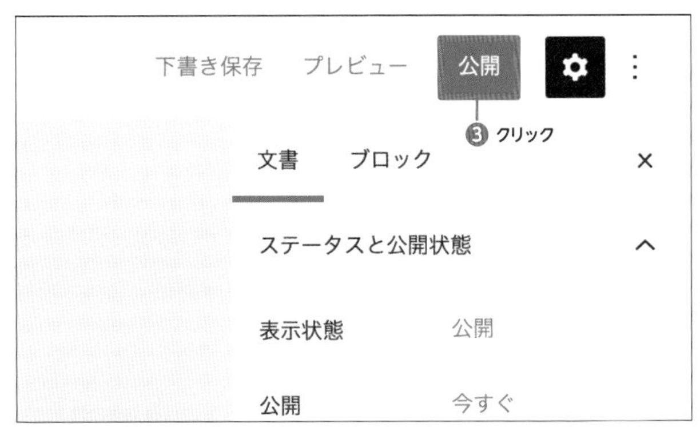

「表示設定」画面を表示する

メインナビゲーションメニューで「設定」→「表示設定」をクリックします❶。

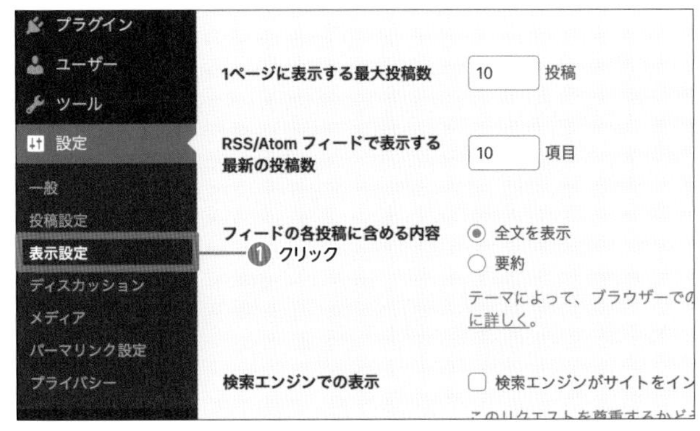

ホームページを設定する

「ホームページの表示」で「固定ページ」をクリックして選択します❶。「ホームページ」では、先ほど作成した固定ページの「ホーム」を選択します❷。「変更を保存」をクリックして保存します❸。

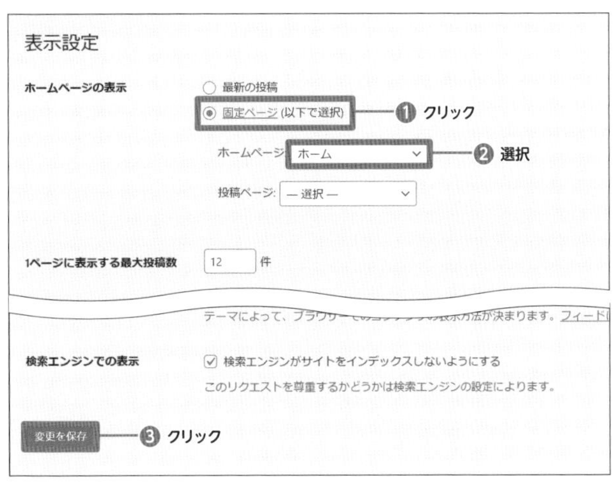

トップページを確認する

管理画面左上のWebサイト名をクリックし、固定ページの「ホーム」がトップページに設定されていることを確認します。

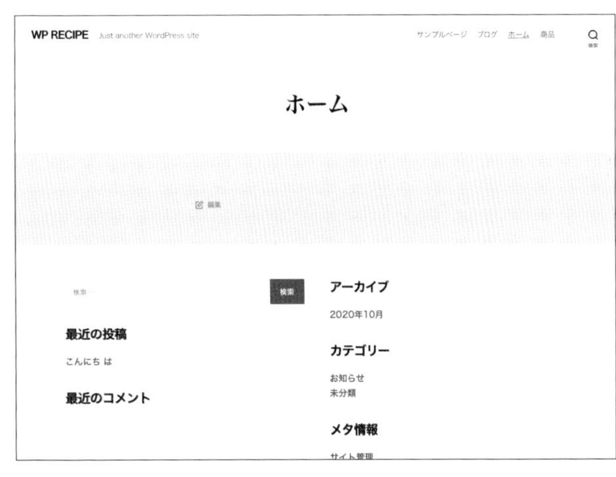

Section
006 テーマのテンプレートを切り替える

LEVEL

テーマによっては、デフォルトテンプレートのほかに、複数のテンプレートが用意されています。投稿や固定ページに応じて最適なテンプレートを適用して、デザインのクオリティを高めましょう。

既存のテンプレートから切り替える

ここで例として取り上げる「Twenty Twenty」というテーマには、デフォルトテンプレートのほかに、「カバーテンプレート」と「全幅テンプレート」の2種類のテンプレートが用意されています。デフォルトテンプレートや全幅テンプレートは投稿などに適しており、カバーテンプレートはトップページなどに適しています。このように使用できるテンプレートはテーマによって異なりますが、用意されたテンプレートをうまく活用すれば、ニーズに最適なWebページを作成することができます。

初期状態を確認する

管理画面左上のWebサイト名をクリックし、デフォルトテンプレートのデザインを確認します。

テンプレートを変更する

テンプレートを変更したい投稿または固定ページをブロックエディターで開き、設定メニューの「投稿」または「固定ページ」の「ページ属性」の「テンプレート」で、「全幅テンプレート」を選択して保存します。

ページ属性
テンプレート:
❶選択
全幅テンプレート
親ページ:
順序

テンプレートを確認する

管理画面左上のWebサイト名をクリックし、テンプレートが「全幅テンプレート」に切り替わっていることを確認します。デフォルトテンプレートよりも、横幅が広くなっています。

テンプレートを変更する

テンプレートを変更したい投稿または固定ページをブロックエディターで開き、設定メニューの「投稿」または「固定ページ」の「ページ属性」の「テンプレート」で、「カバーテンプレート」を選択して保存します。

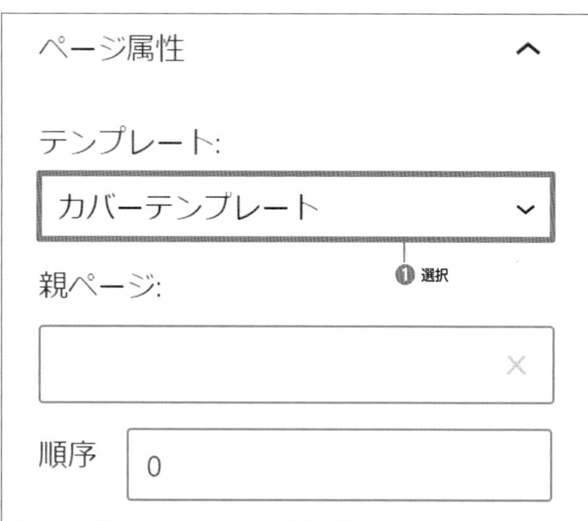

テンプレートを確認する

管理画面左上のWebサイト名をクリックし、テンプレートが「カバーテンプレート」に切り替わっていることを確認します。アイキャッチ画像が最上部に表示されるデザインです。

Chapter 5 投稿・固定ページの基本

Section

007 カスタムテンプレートを作成する

DLデータ
sample096

専用のテンプレートを作成すれば、HTMLを自由に使って固定ページを作成することができます。ソースコードを扱える人は、自分だけのカスタムテンプレートをぜひ作成してみましょう。

固定ページ専用のテンプレートを作成する

通常、固定ページでは「page.php」というテンプレートが共通で使用されており、このpage.phpを変更すれば、すべての固定ページに変更内容が適用されます。そこで、特別な1ページを作成するためには、その固定ページ専用のテンプレートを用意して、自由なHTMLが書き込めるようにします。

初期状態を確認する

管理画面左上のWebサイト名をクリックし、現在のテンプレートの状態を確認します。ここでは、「Twenty Twenty」というテーマを使用しています。

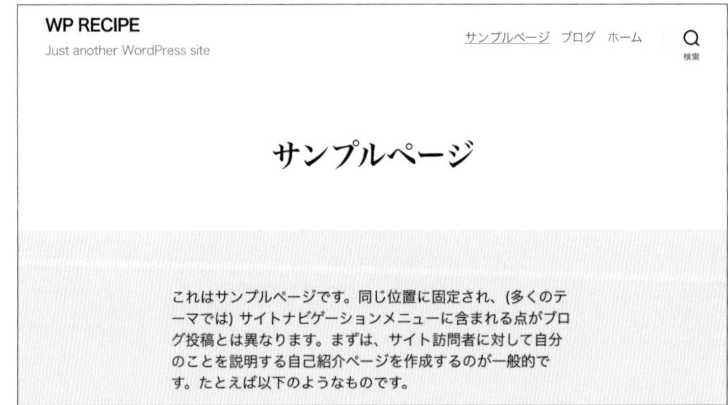

PHPファイルをダウンロードする

「Twenty Twenty」にはpage.phpがないため、さらにその上位にあたる「index.php」を複製して「page-2.php」を作成します。使用しているテーマにpage.phpがあれば、それを使ってください。なお、「page-2.php」の2という数字は、固定ページのIDです。IDは、Webブラウザのurlの「post=」で確認でき、「post=2」ならIDは2です。

P.79～80を参考に、サーバーの「wp-recipe.com/public_html/wp-content/themes/twentytwenty/」にアクセスし、「index.php」をダウンロードします❶。ここではファイル名を「page-2.php」に変更し、テキストエディターで開きます。

templates		755	8月21日 12:41	
.stylelintrc.json	0.26KB	644	8月21日 12:41	
404.php	0.8KB	644	8月21日 12:41	
comments.php	3.14KB	644	8月21日 12:41	
footer.php	1.78KB	644	8月21日 12:41	
functions.php	26.35KB	644	8月21日 12:41	
header.php	4.95KB	644	8月21日 12:41	
index.php	2.84KB	644	10月26日 12:38	❶ ダウンロード
package-lock.json	0.46MB	644	8月21日 12:41	
package.json	2.02KB	644	8月21日 12:41	
print.css	2.51KB	644	8月21日 12:41	
readme.txt	3.94KB	644	8月21日 12:41	

PHPファイルを編集する

ソースコードの不要な部分を削除したり、必要なコードを追記したりすることで、固有のデザインが作成できます。今回は、<main>と</main>に囲まれた部分を削除し、さらにその削除したスペースに、次のように追記します❶。

【PHP】page-2.php（sample096）

```
<?php
/**
 * The main template file
 *
 * This is the most generic template file in a WordPress theme
 * and one of the two required files for a theme (the other being style.
css).
 * It is used to display a page when nothing more specific matches a query.
 * E.g., it puts together the home page when no home.php file exists.
 *
 * @link https://developer.wordpress.org/themes/basics/template-hierarchy/
 *
 * @package WordPress
 * @subpackage Twenty_Twenty
 * @since Twenty Twenty 1.0
 */

get_header();
?>

<main id="site-content" role="main">

<div class="section-inner">
<p>
ここに自由なHTMLを作成します。
</p>
</div>

</main><!-- #site-content -->

<?php get_template_part( 'template-parts/footer-menus-widgets' ); ?>

<?php
get_footer();
```

❶ 編集

PHPファイルをアップロードする

もともとindex.phpがあったサーバーのディレクトリにpage-2.phpをアップロードします。このとき、子テーマを作成している場合は、子テーマのディレクトリにアップロードしてください。Webサイトを確認すると、右のようにカスタマイズされていることが確認できます。

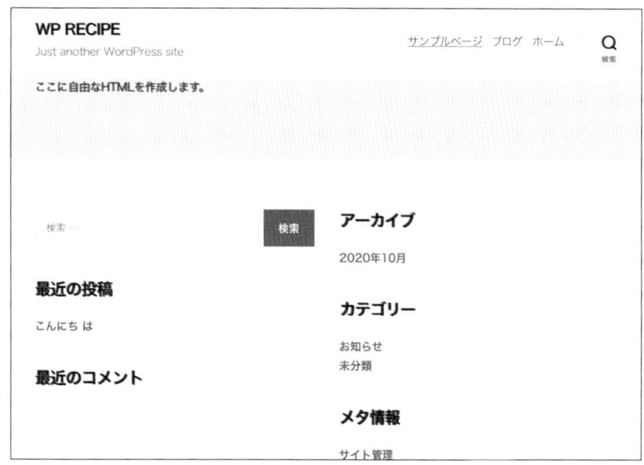

Section

008 公開状態を設定する

投稿や固定ページがある程度完成したら、いよいよインターネット上に公開しましょう。公開と非公開は、投稿や固定ページごとに設定できます。また、パスワードをかけることもできます。

◙ 投稿を公開する

公開状態を設定する

公開状態を設定したい投稿または固定ページをブロックエディターで開き、設定メニューの「投稿」または「固定ページ」をクリックします❶。「ステータスと公開状態」の「表示状態」の表示（ここでは「公開」）をクリックします❷。

「公開」を選択する

「公開」をクリックして選択します❶。公開とは、下書きや非公開と違って、URLを知っていれば誰でも閲覧できる状態です。閲覧者に指定したパスワードの入力を求めるようにしたい場合は、「パスワード保護」をクリックします。

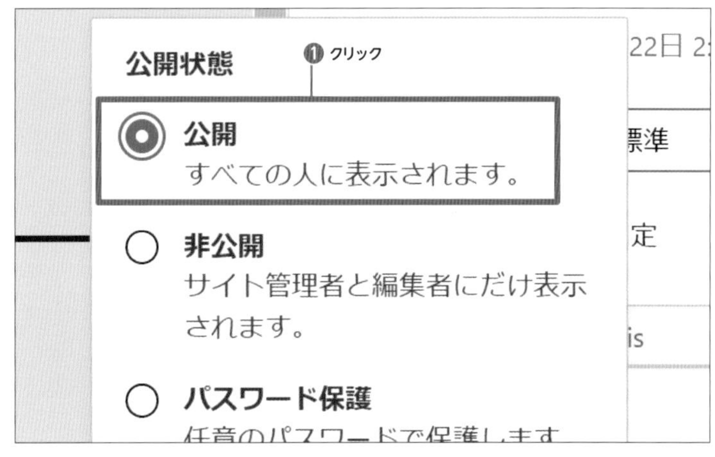

オプションを設定する

投稿の場合はそのほかのオプションが設定できます。「投稿フォーマット」でフォーマットを選択し❶、投稿をいちばん上に固定表示させたい場合は「ブログのトップに固定」にチェックを付けます❷。

公開する

画面右上の「公開」をクリックします❶。

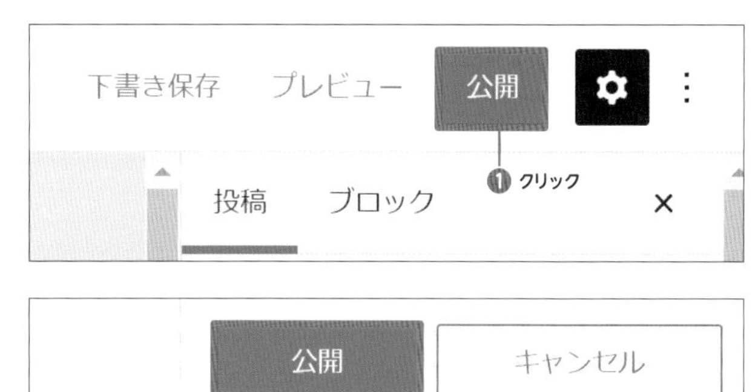

「公開」をクリックすると、公開されます❷。

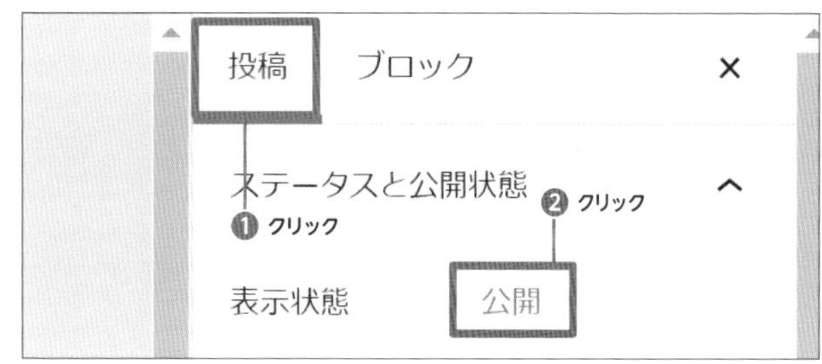

◘ 投稿を非公開にする

公開状態を設定する

非公開にしたい場合は、設定メニューの「投稿」または「固定ページ」をクリックします❶。「ステータスと公開状態」の「表示状態」の表示(ここでは「公開」)をクリックします❷。

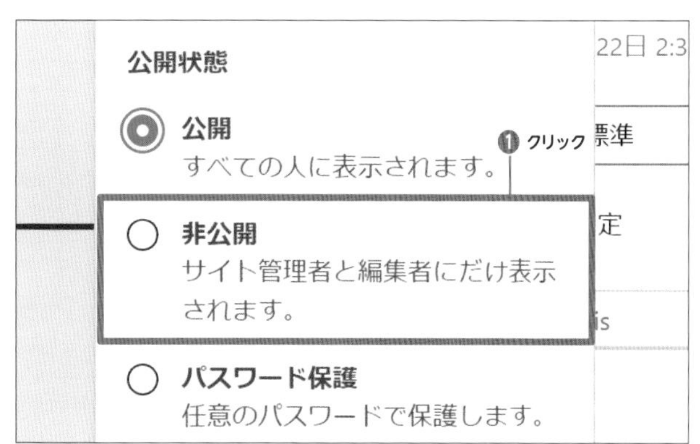

「非公開」を選択する

「非公開」→「OK」をクリックすると❶、非公開になります。

HINT 公開日時を指定する

通常は公開状態を設定するとすぐに公開されますが、公開する日時を指定して予約投稿することもできます。その場合は、設定メニューの「投稿」または「固定ページ」をクリックし、「公開」の「今すぐ」をクリックして、右の画面で日時を指定します。なお、過去の日時を指定して時系列を調整することもできます。

Chapter 5 投稿・固定ページの基本

Section

009 投稿をすばやく編集する

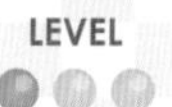

管理画面の「投稿」画面や「固定ページ」画面では、投稿や固定ページの一覧に備わっている「クイック編集」という機能で、すばやく内容を編集できます。複数の投稿を一括して編集することもできます。

クイック編集を活用する

クイック編集画面を開く

ここでは、メインナビゲーションメニューで「投稿」→「投稿一覧」をクリックして、「投稿」画面を表示します。編集したい投稿にマウスカーソルを合わせ、「クイック編集」をクリックします❶。

タイトルやURLスラッグを編集する

「タイトル」「スラッグ」「日付」「パスワード」を編集します❶。なお、日付は固定ページではあまり関係がありませんが、投稿では時系列で表示が変わるため、必要に応じて変更しましょう。

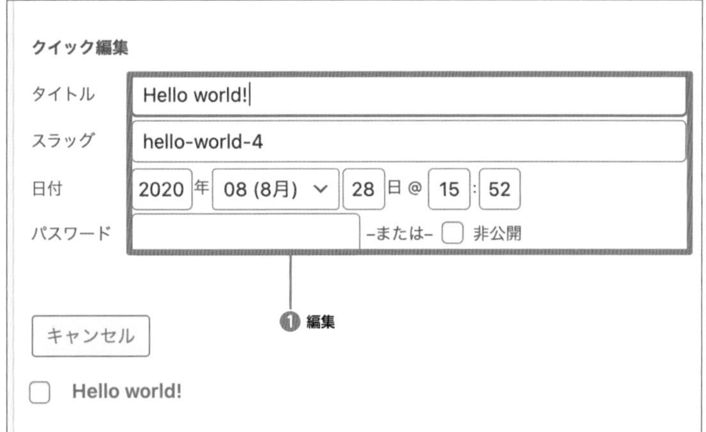

カテゴリーを設定する

「カテゴリー」で、既存のカテゴリーから、設定したいカテゴリーを選択します❶。なお、新規カテゴリーの作成はできません。

カテゴリー
未分類
❶ 選択
テンプレート
タグ
コメントを許可
ステータス
公開済み

テンプレートやタグを設定する

テーマによっては「テンプレート」でテンプレートの種類を選択できます❶。「タグ」で追加したいタグを入力します❷。「，」を挟んで複数のタグを入力することもできます。「ステータス」では、「公開済み」、「レビュー待ち」（公開待ち）、「下書き」といった、投稿の状態を選択できます❸。最後に「更新」をクリックして更新します❹。

複数の投稿を一括編集する

投稿を選択する

一括編集をうまく活用すれば、カテゴリーの付け替えや、新しいタグの追加など、面倒で時間のかかる作業を一瞬で終えることができます。

まず、「投稿」画面で一括編集したい投稿にチェックを付けます❶。左上の「一括操作」をクリックして「編集」を選択し❷、「適用」をクリックします❸。

カテゴリーを選択する

「カテゴリー」で既存のカテゴリーから、設定したいカテゴリーを選択します❶。なお、新規カテゴリーの作成はできません。

そのほかの設定を行う

「タグ」で追加したいタグを入力し❶、「投稿者」「コメント」「ステータス」などをそれぞれ設定します❷。最後に「更新」をクリックして更新します❸。

▣ 一覧表示の内容を編集する

表示オプションを開く

「投稿」画面や「固定ページ」画面で一覧表示される内容を編集することもできます。画面右上の「表示オプション」をクリックします❶。

表示内容を編集する

「カラム」で、表示項目を選択します❶。たとえば、タグやコメントをあまり使っていない場合はチェックを外します。「ページ送り」では、1ページに表示する最大件数を入力します❷。「適用」をクリックします❸。

表示が変更される

一覧表示の内容が変更されます。

Chapter

ブロック・プラグインの基本

投稿や固定ページの作成は、ブロックを中心に行われます。この章では、そうしたブロックの基本的な操作方法を押さえましょう。さらに、WordPressの機能を拡張するプラグインの扱い方も解説します。

Section
001 ブロックの基本的な使い方

投稿や固定ページの作成は、ブロックエディターでブロック単位で行います。まずは、ブロックエディターの操作方法とあわせて、テキストや画像など、よく使う基本的なブロックの扱い方を覚えましょう。

タイトルと本文を入力する

タイトルを入力する

ブロックエディターを開くと、メインカラムに「タイトルを追加」と表示されています。ここをクリックします❶。

タイトルを入力します❷。このタイトルは、投稿や固定ページの一覧表示でも使用されます。また、検索エンジンやSNSのシェアなどでも使用されるため、内容がわかりやすくなるよう簡潔にしましょう。

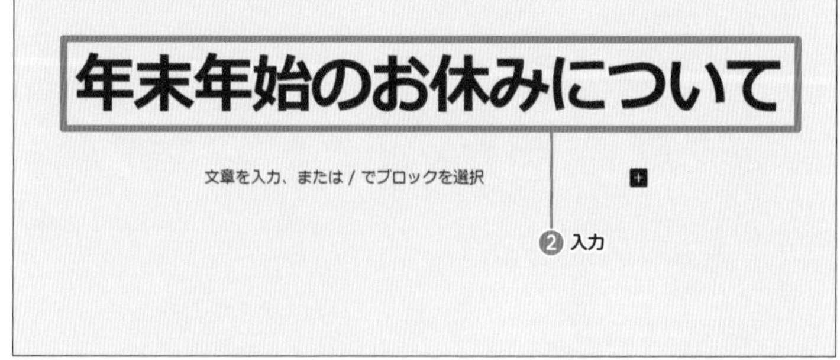

本文を入力する

タイトルの下の、「文章を入力、または / でブロックを選択」をクリックします❶。

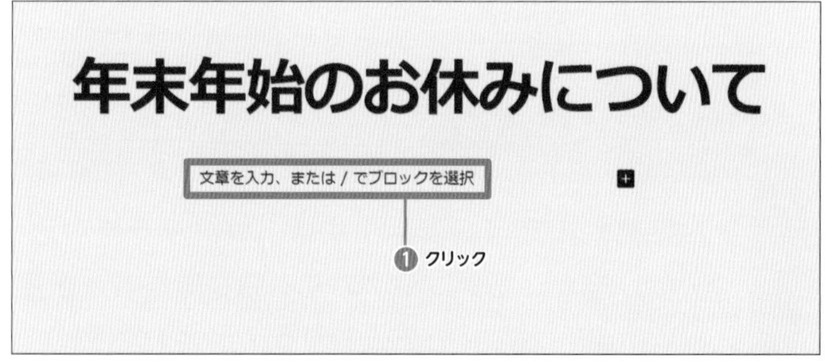

本文を入力します❷。途中で改行する場合は、「Shift」+「Enter」キーを押します❸。

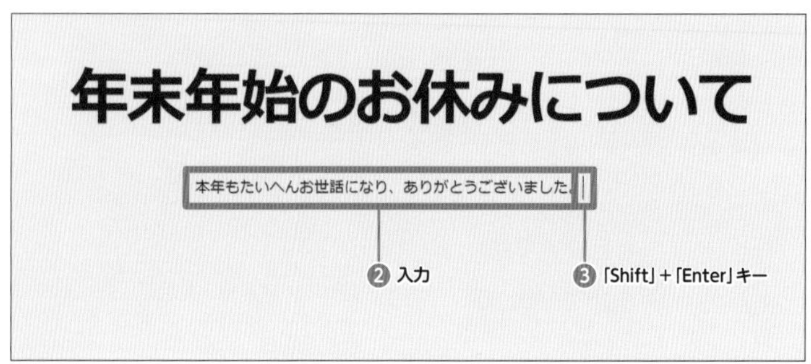

カーソルが改行されたことを確認し、続けて本文を入力します❹。

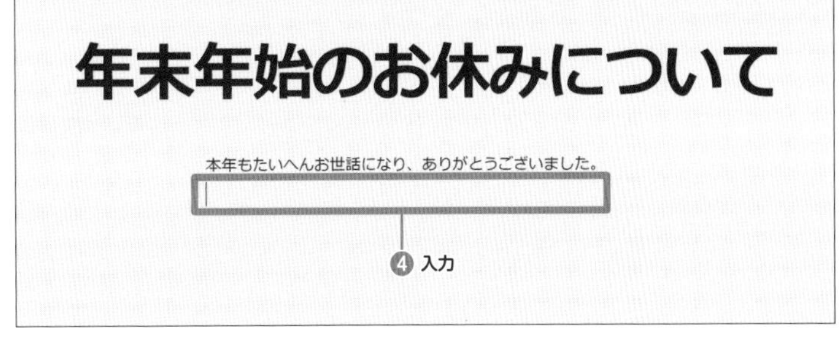

改行されて本文が入力されます。

■ 段落を作成する

新しい段落を作成する

新しいブロックとして段落を作成するには、段落の区切りにしたい部分にカーソルがある状態で、「Enter」キーを押します❶。

上の段落と間隔の開いた新しい段落が作成されます。

新しい段落に入力して選択すると❷、ブロックのメニューが表示され❸、別のブロックとして扱えます。

年末年始のお休みについて
本年もたいへんお世話になり、ありがとうございました。
ていただきます。
❸ 表示される
12月30日～1月4日まで。お休みさせていただきます。
❷ 入力

ブロックを移動させる

すぐ上下に移動させる

移動させたいブロックをクリックして選択し❶、下に移動させたい場合は⌄をクリックします❷。

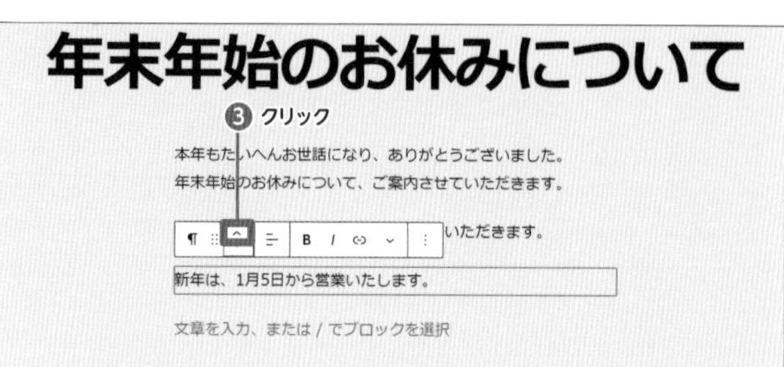

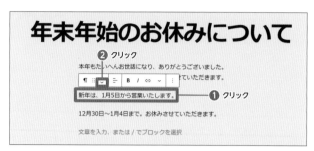

ブロックが下に移動します。上に移動させたい場合は⌃をクリックします❸。

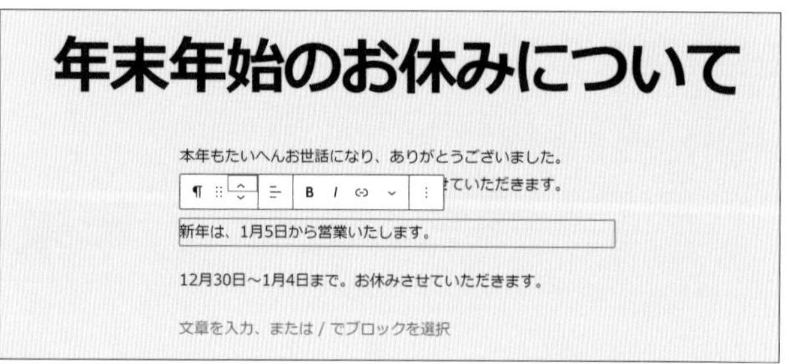

ブロックが上に移動します。

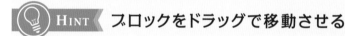

ブロックをドラッグで移動させる

ブロックをドラッグで移動させたい場合は、ブロックをクリックしてメニューを表示し、⠿を上下にドラッグします❶。

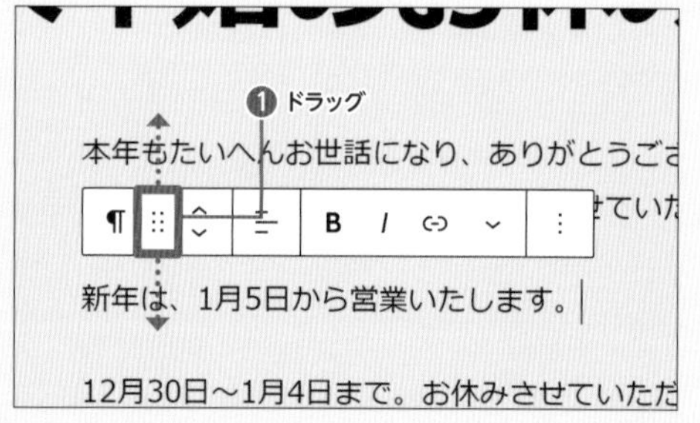

位置を指定して移動させる

移動させたいブロックをクリックし❶、⋮をクリックして❷、「移動」をクリックします❸。

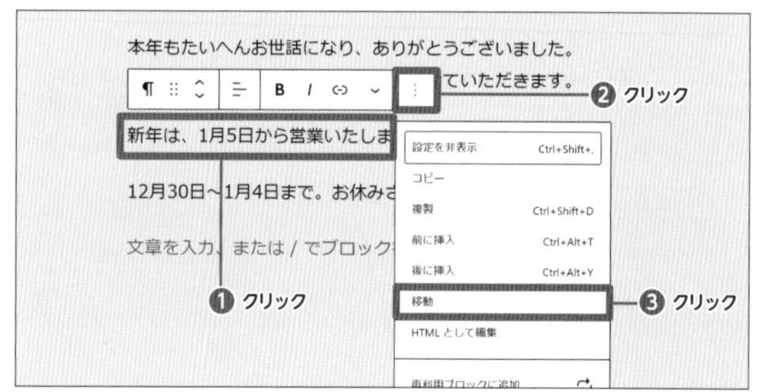

青いバーが表示されます。移動させたい位置をクリックして青いバーの位置を移動させ、「Enter」キーを押します❹。

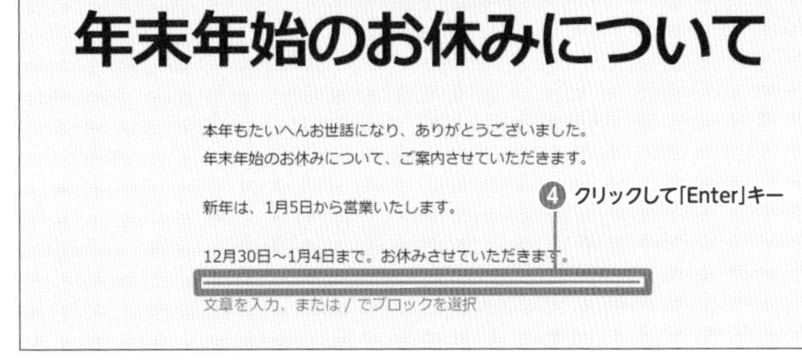

指定した位置にブロックが移動します。

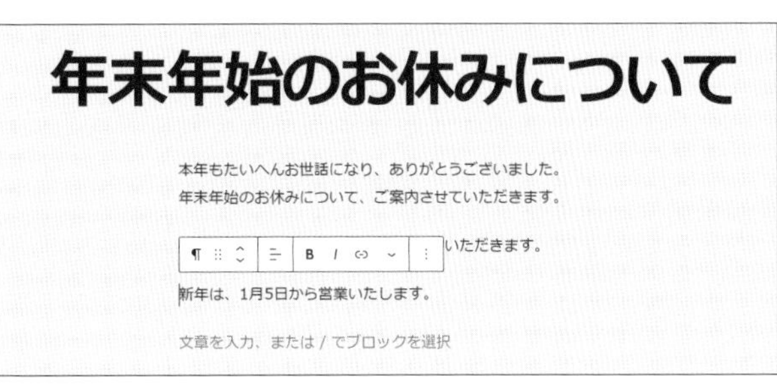

◘ ブロックを複製する

ブロックをすぐ下に複製する

複製したいブロックをクリックし❶、⋮をクリックして❷、「複製」をクリックします❸。

すぐ下にブロックが複製されます。

HINT ブロックをコピーして貼り付ける

ブロックをコピーして、指定した位置に貼り付けたい場合は、ブロックのメニューで「コピー」をクリックし❶、貼り付けたい位置を右クリックして、「貼り付け」をクリックします。

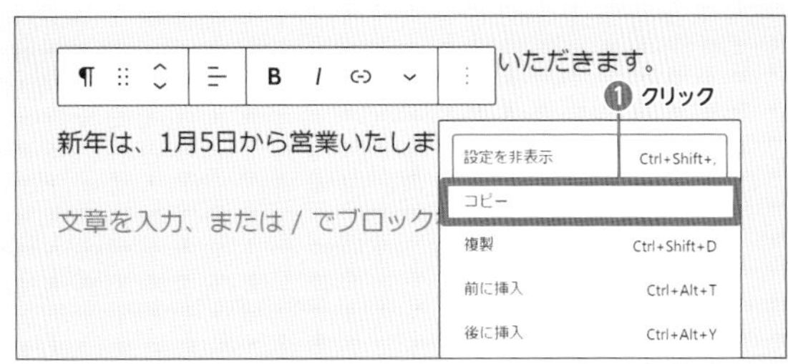

▣ ブロックを削除する

ブロックを選択する

削除したいブロックをクリックしたりドラッグしたりして選択します❶。

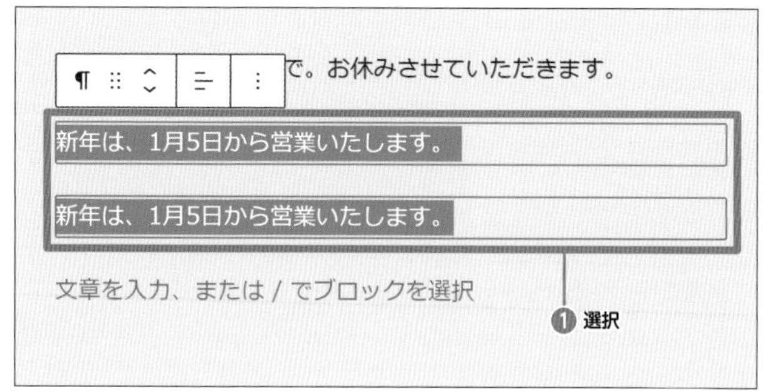

ブロックを削除する

⋮をクリックして❶、「ブロックを削除」をクリックします❷。

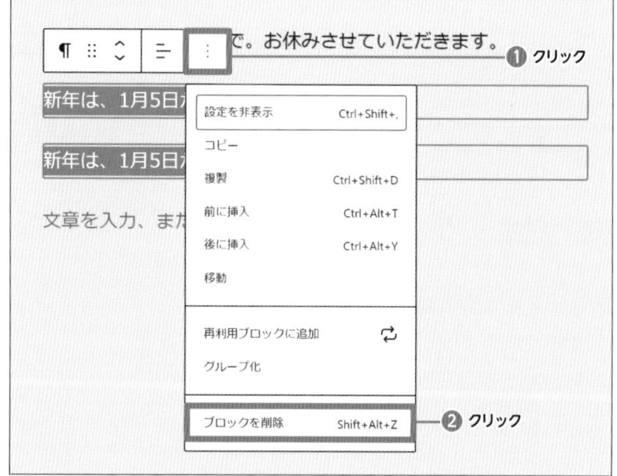

ブロックが削除されます。

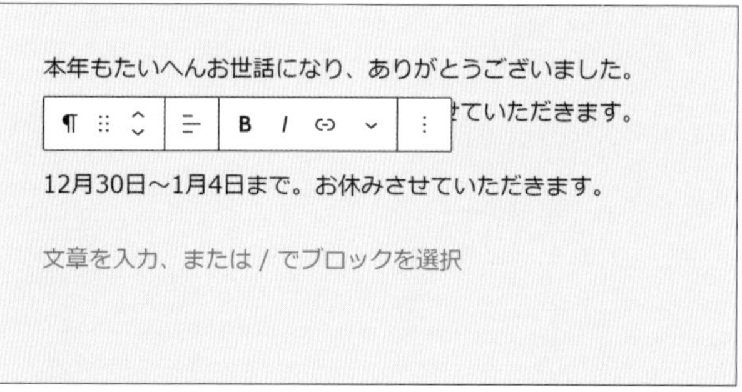

▣ ブロックをグループ化する

ブロックを選択する

グループ化したいブロックをドラッグして選択します❶。

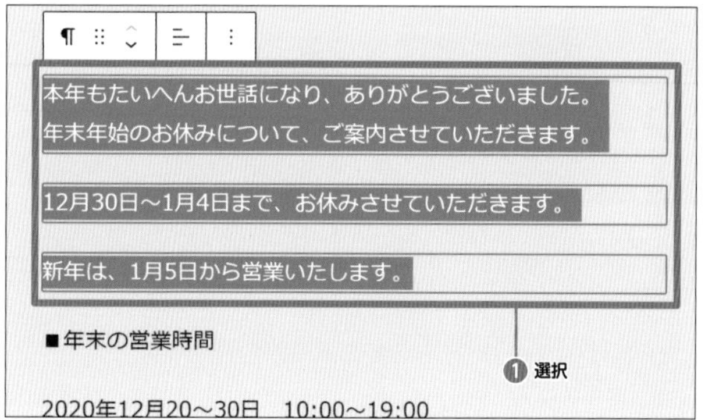

グループ化する

⋮をクリックして❶、「グループ化」をクリックします❷。

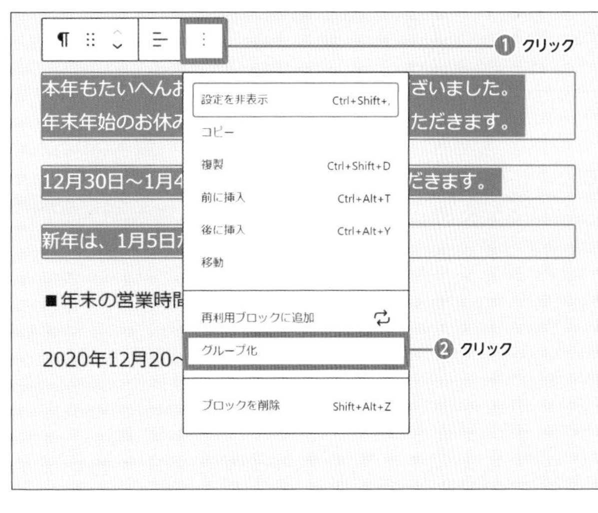

グループを操作する

ブロックがグループ化し、まとめて操作できるようになります。ここでは、⠿を下方向にドラッグします❶。

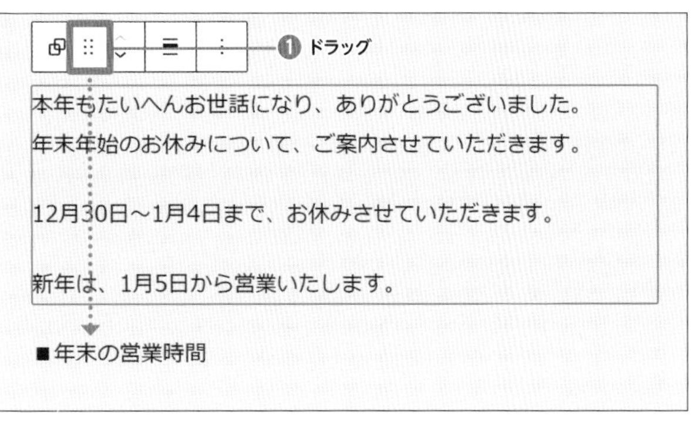

グループ化したブロックが移動します。

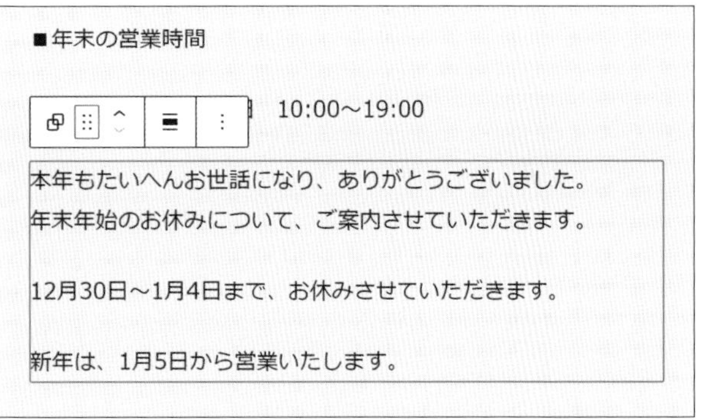

グループを解除する

グループを解除するには、⋮をクリックして❶、「グループ解除」をクリックします❷。

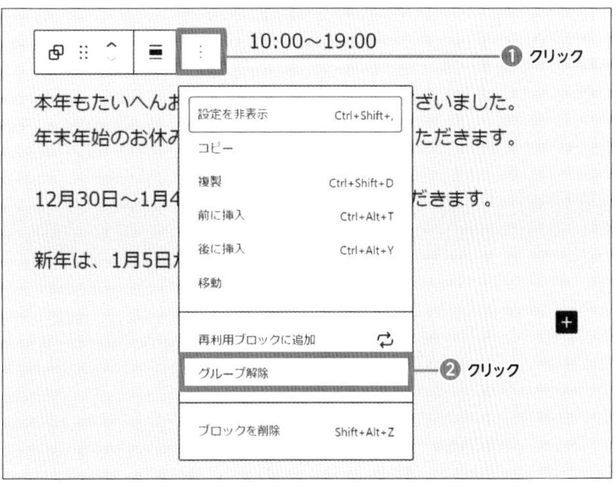

◘ ブロックを追加する

追加位置をクリックする

ブロックを追加したい位置をクリックして選択し❶、＋をクリックします❷。なお、＋をクリックしたり、「/」を入力したりして、ブロックを追加することもできます。

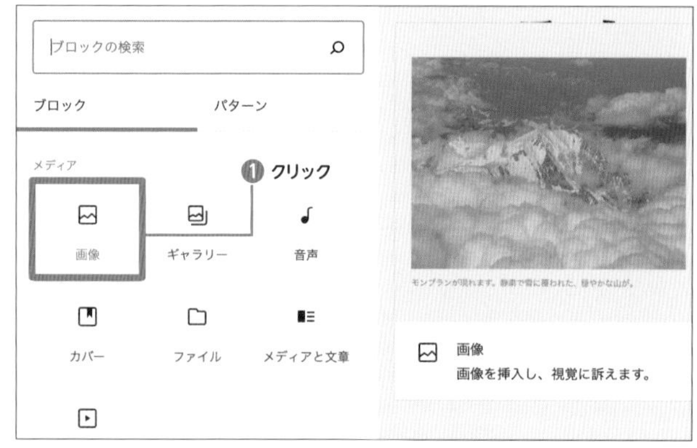

ブロックの種類を選択する

追加できるブロックの種類が一覧表示されます。ここでは、「画像」をクリックします❶。

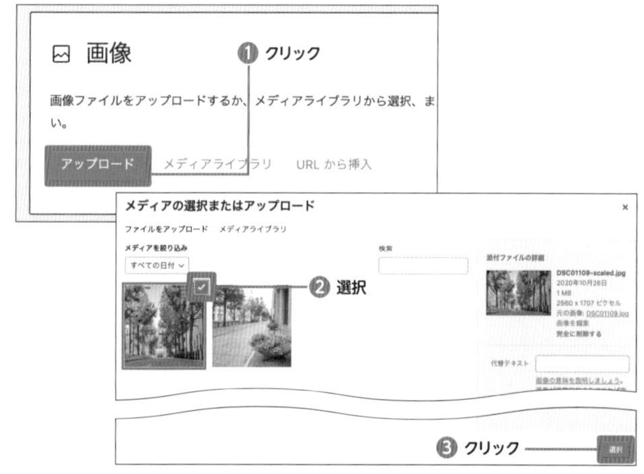

画像を選択する

「アップロード」をクリックし❶、画像ファイルを選択して❷、「選択」をクリックします❸。なお、一度アップロードした画像を選択する場合は、「メディアライブラリ」をクリックして選択します。外部URLから挿入する場合は、「URLから挿入」をクリックします。

画像が追加される

画像が追加されます。●をドラッグして画像のサイズを調整します❶。なお、「キャプションを入力」をクリックして、キャプションを入力することもできます。

◘ ギャラリーを追加する

ギャラリーを追加する

　複数の画像を一括表示させたい場合は、ギャラリーというブロックが便利です。➕をクリックして、「ギャラリー」をクリックします❶。

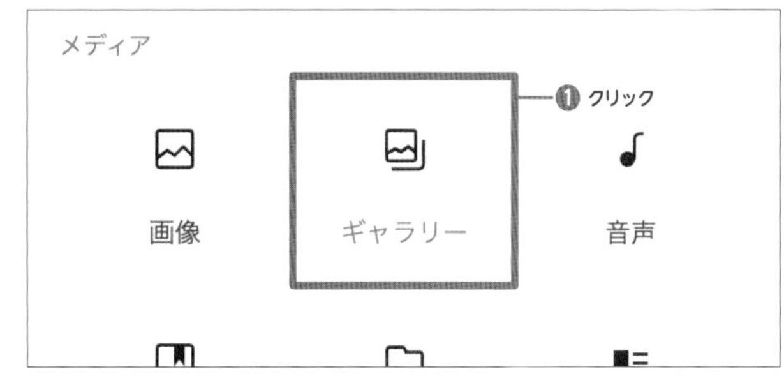

画像を選択する

　「アップロード」または「メディアライブラリ」をクリックします❶。

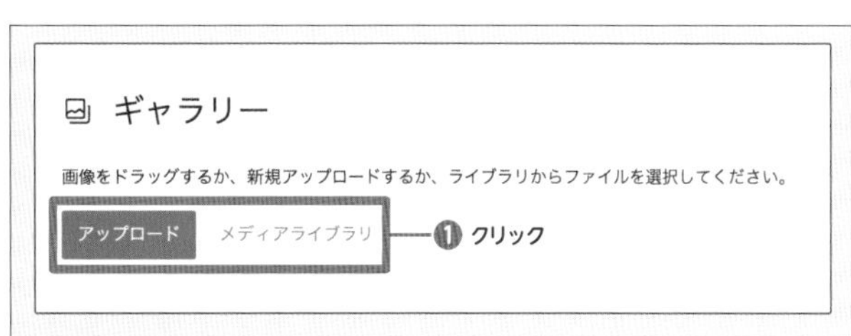

　画像を選択し❷、「ギャラリーを作成」をクリックします❸。

　必要に応じて、画像の並び順をドラッグで編集し❹、「ギャラリーを挿入」をクリックします❺。なお、「×」をクリックすると画像を削除できます。

ギャラリーが追加される

　ギャラリーが追加されます。ここでは3カラムの表示ですが、「ギャラリー設定」の「カラム」で任意のカラム数が設定できます❶。ただし、テーマによってはスマートフォン表示では3カラム以上を設定しても2カラムまでとなります。

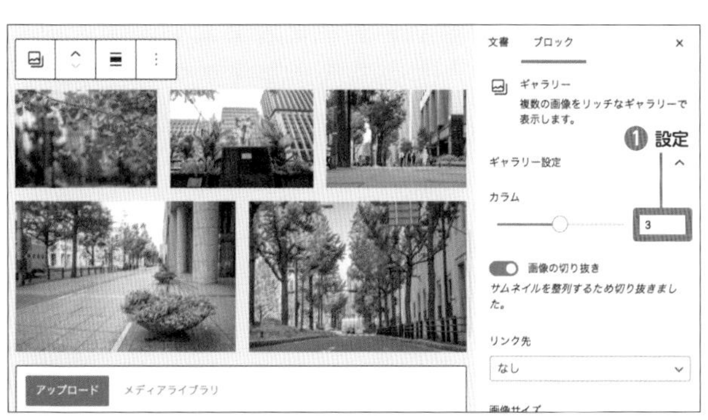

Section
002 プラグインとは

LEVEL

ブロックエディターだけでも十分な機能が備わっていますが、プラグインを活用すれば、さまざまな機能を拡張することができます。まずは、プラグインでどのようなことができるのかを確認しましょう。

WordPressの機能を拡張するプラグイン

WordPressは、初期状態でも基本的な機能が幅広く取り揃えられているツールといえますが、高度な機能に関しては、必ずしも十分とはいえません。しかし、豊富に用意されているプラグインを導入することによって、こうした機能をしっかりと追加することができます。

WordPressの公式ディレクトリでは、2020年12月時点で、58,000個以上のプラグインが無料で提供されています。Webサイトを制作するうえで「あったらいいな」と思われるような機能はほとんど提供されているため、自分にぴったりのプラグインを見つけて、ぜひ活用してみましょう。

▲https://ja.wordpress.org/plugins/

管理画面やブロックが拡張される

プラグインには大きく2種類のタイプがあります。1つは、管理画面に組み込まれるもので、メインナビゲーションメニューなどが拡張されます。もう1つは、ブロックエディターに組み込まれるもので、ブロックなどが拡張されます。

ULTIMATE ADDONS BLOCKS

Advanced Heading
Post Grid
Post Masonry
Post Carousel
Section
Multi Buttons
Info Box
Testimonial
Team

▲メインナビゲーションメニューが拡張された例(左)と、ブロックが拡張された例(右)

■ プラグインでできること

実際にプラグインによって実現できる機能の例を紹介します。

テキストの色の部分的な変更

標準のブロックエディターでは、ブロック単位でしか色の設定ができませんが、プラグインによってテキストの色の部分的な変更が可能になります(P.222参照)。

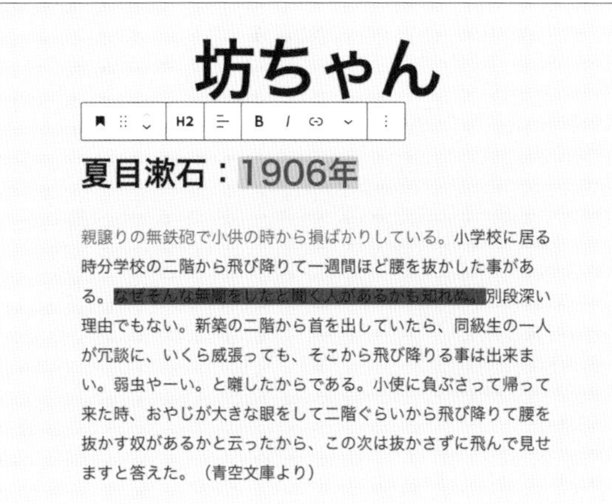

メール送信フォームの導入

プラグインによって、お問い合わせページなどでよく使われる、メール送信フォームを導入することもできます(P.226参照)。

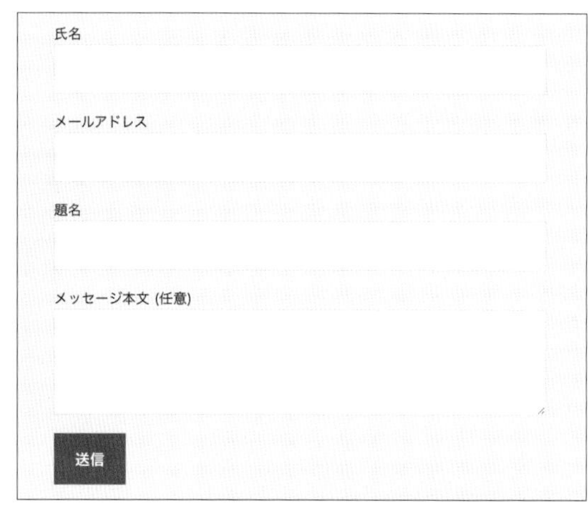

タイムラインの作成

「ご注文の流れ」などで見られるタイムライン表示も、プラグインがあればかんたんに作成できます(P.236参照)。

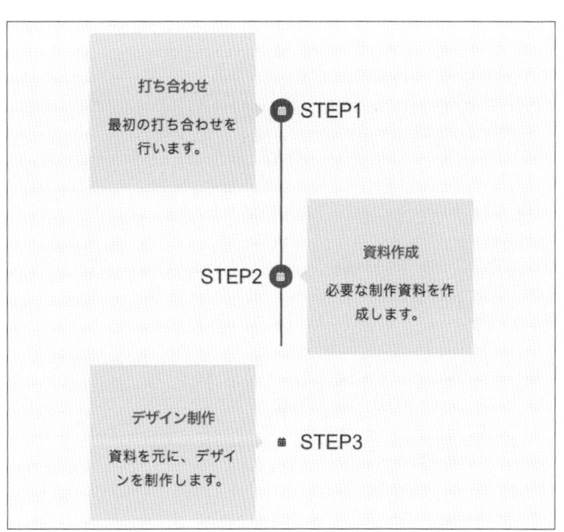

目次の表示

長文の記事の場合、いくつも見出しがあるものです。プラグインで、そういった見出しを目次として表示することもできます(P.248参照)。

吹き出しの作成

インタビューのような対話形式でテキストを表示する場合、吹き出しがあると便利です。こうした表現もプラグインで実現できます(P.240参照)。

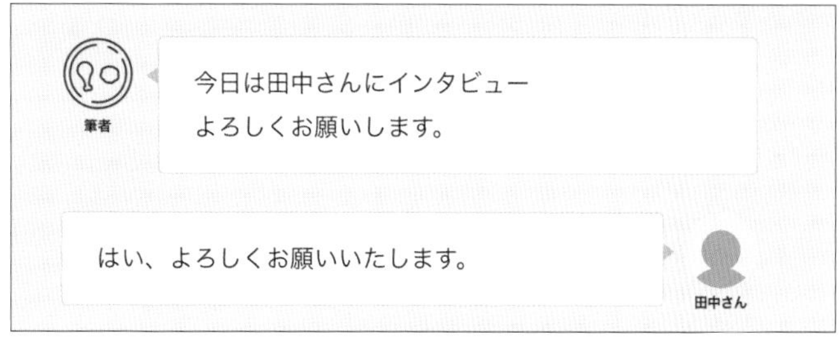

Section

003 プラグインを使用する

使いたいプラグインを実際に使用するには、管理画面でプラグインをインストールする必要があります。公式プラグインと非公式プラグインとでインストール手順が異なるため、それぞれ覚えておきましょう。

◙ 公式プラグインをインストールする

「新規追加」をクリックする

メインナビゲーションメニューで「プラグイン」→「新規追加」をクリックします❶。

プラグインを検索する

「プラグインを追加」画面が表示され、プラグインが一覧表示されます。画面左上の「注目」「人気」「おすすめ」「お気に入り」をクリックしてカテゴリーから検索するか、画面右上の検索欄にキーワードを入力して検索します。ここでは、検索欄に「Contact Form 7」と入力して検索します❶。

プラグインをインストールする

目的のプラグインの「今すぐインストール」をクリックしてインストールします❶。

▣ 非公式プラグインをインストールする

WordPressのサイト運用に慣れてくると、公式プラグイン以外に販売されている非公式プラグインを使う機会も出てくるかもしれません。こうした非公式プラグインは、公式ディレクトリで検索しても出てきません。販売元から配布されているプラグインのZIPデータをパソコンに保存して、以下の手順でインストールしてください。

「プラグインのアップロード」をクリックする

「プラグインを追加」画面で、画面左上の「プラグインのアップロード」をクリックします❶。

プラグインをアップロードする

「ファイルを選択」をクリックしてプラグインのZIPファイルを選択し❶、「今すぐインストール」をクリックすれば❷、公式プラグインと同様にプラグインがインストールされます。

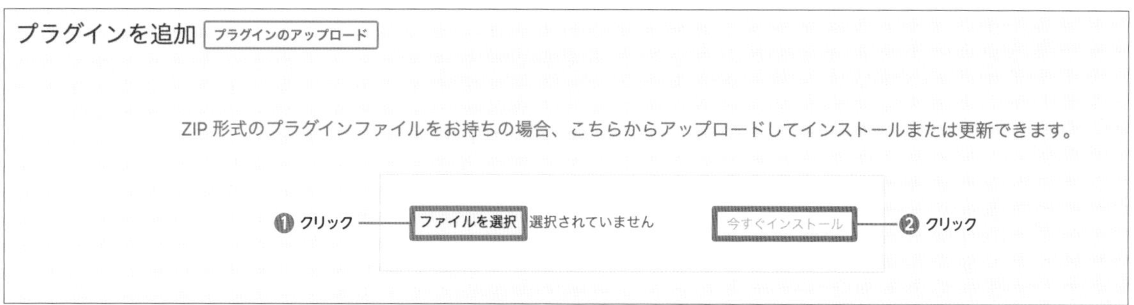

▣ プラグインを有効化する

「プラグイン」画面を表示する

メインナビゲーションメニューで「プラグイン」→「インストール済みプラグイン」をクリックし❶、任意のプラグインの「有効化」をクリックします❷。

プラグインが有効化される

プラグインが有効化され、背景が水色になります。なお、無効化するには「無効化」を、削除するには「削除」をクリックします。

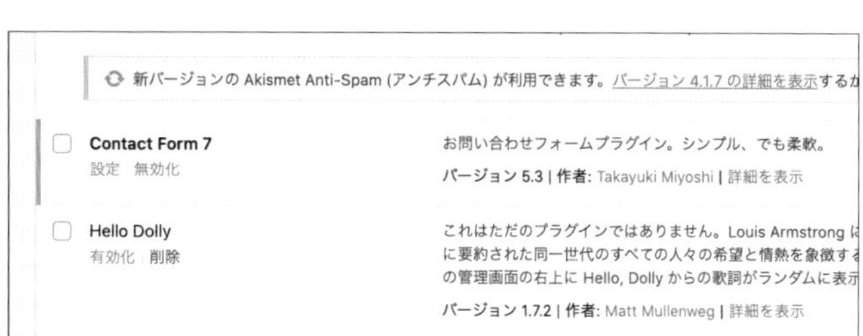

Section 004

プラグインでブロックを拡張する

LEVEL

ブロックエディターで使用できるブロックは、プラグインで追加することができます。ここでは「Ultimate Addons for Gutenberg」（UAG）というプラグインで、便利なブロックを追加してみましょう。

■ UAGでブロックを拡張する

UAGをインストールする

P.114を参考に「プラグインを追加」画面で「Ultimate Addons for Gutenberg」を検索し、「今すぐインストール」をクリックしてインストールします❶。

UAGを設定する

P.115を参考にUAGを有効化し、メインナビゲーションメニューで「設定」→「UAG」をクリックします❶。

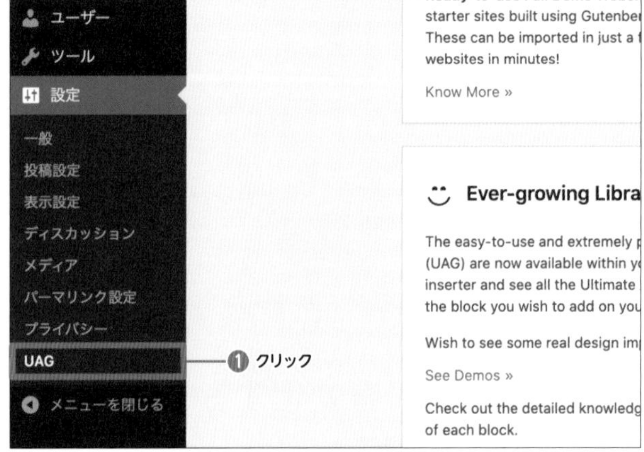

UAGによって追加されたブロックが一覧表示されます。初期設定ではすべて有効になっています。無効化したいブロックがある場合は、そのブロックの「Deactivate」をクリックします❷。なお、すべてのブロックを無効化するには、「Deactivate All」をクリックします。

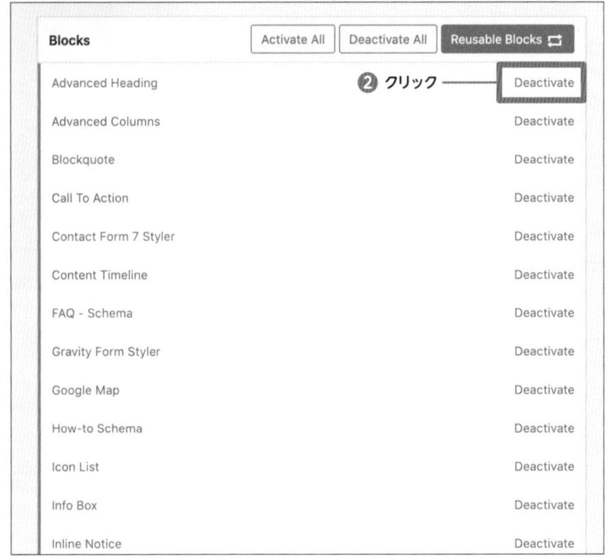

「Deactivate」が「Active」に変わり、ブロックが無効化されます。ブロックを有効化したい場合は、「Active」をクリックします❸。なお、すべてのブロックを有効化するには、「Activate All」をクリックします。

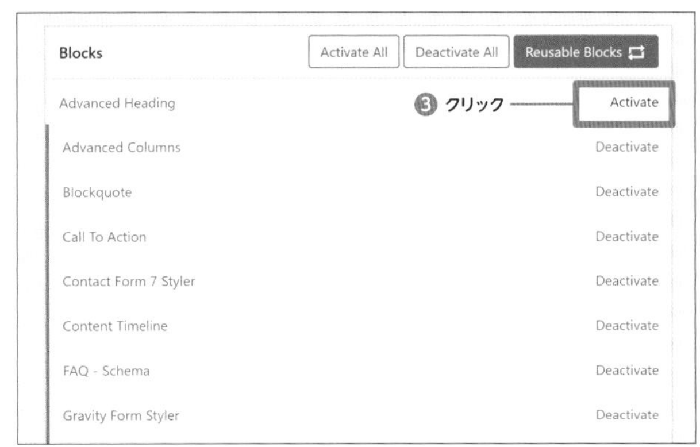

▣ 追加されたブロックを使用する

ブロック一覧を表示する

ブロックエディターでブロックを挿入したい部分をクリックし❶、■をクリックします❷。

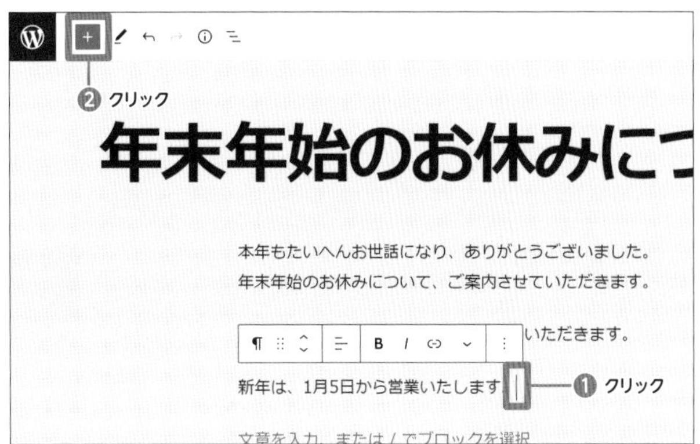

下方向にスクロールする

ブロック一覧が表示されます。ブロック一覧を下方向にスクロールします❶。

UAGのブロックをクリックする

「ULTIMATE ADDONS BLOCKS」にUAGのブロックが表示されています。使用したいブロックをクリックして挿入します❶。なお、UAGの主要なブロックについては、Chapter 11で詳しく解説します。

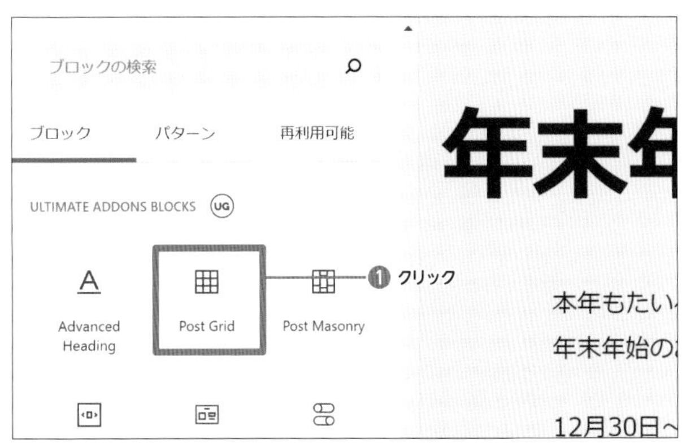

Section
005 ブロックパターンを使用する

通常、ブロックは個別に呼び出して使用しますが、複数のブロックとスタイルが組み合わさった「ブロックパターン」も使用できます。うまく活用すれば、より手軽に高度なWebページを作成できます。

ブロックパターンを使用する

ブロック一覧を表示する

ブロックエディターでブロックを挿入したい部分をクリックし❶、＋をクリックします❷。

「パターン」に切り替える

「パターン」をクリックして切り替えます❶。

カテゴリーを選択する

ブロックパターンが一覧表示されます。ブロックパターンはカテゴリーごとに表示を切り替えられ、ここではテーマである「Twenty Twenty」に関するブロックパターンが表示されています。

ブロックパターンのカテゴリーを切り替えるには、ドロップダウンメニューをクリックして❶、任意のカテゴリー（ここでは「ボタン」）を選択します。

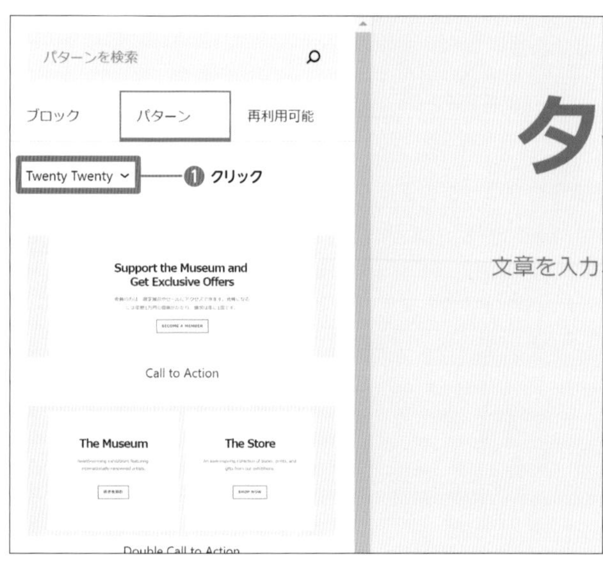

ブロックパターンを選択する

「ボタン」に関するブロックパターンが表示されます。ここでは「2ボタン」をクリックします❶。

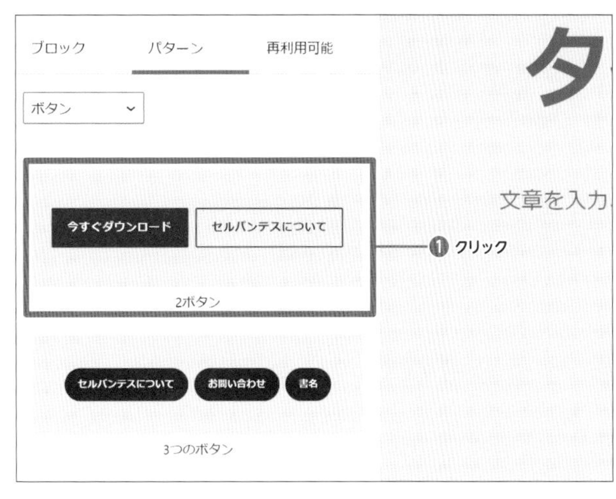

ブロックパターンが挿入される

ブロックパターンが挿入されます。

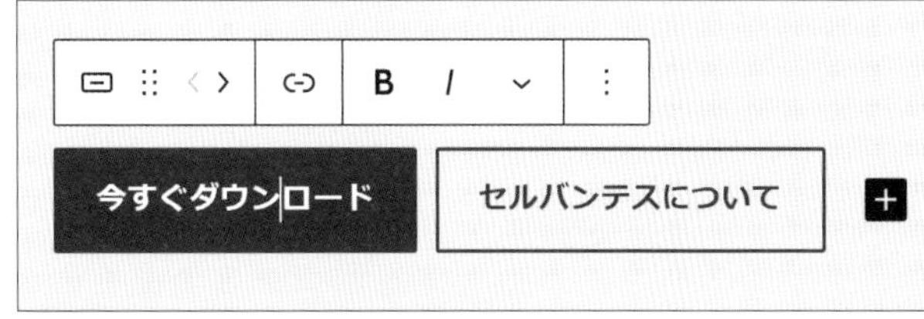

内容を編集する

ブロックパターンの各ブロックをクリックし、設定メニューの各項目でデザインや機能などを必要に応じて編集します❶。

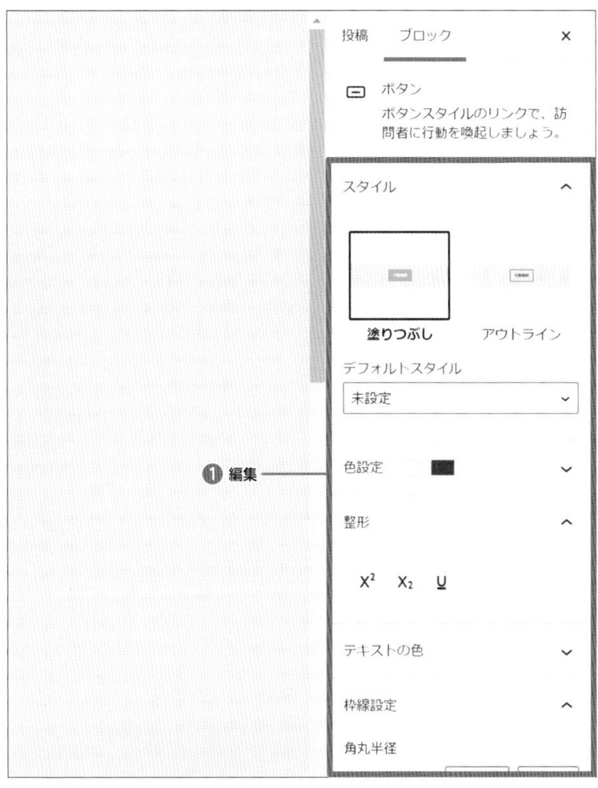

ここでは、右のように編集を行いました。

Section
006
独自のブロックパターンを作成する

LEVEL

ブロックパターンは、自分で作成することもできます。よく使うレイアウトをブロックパターンとして作成して活用しましょう。ここでは、「Custom Block Patterns」というプラグインを使用した例を紹介します。

▣ ブロックパターンを作成する

Custom Block Patternsをインストールする

P.114を参考に「プラグインを追加」画面で「Custom Block Patterns」を検索し、「今すぐインストール」をクリックしてインストールします❶。

ブロックパターンを新規追加する

P.115を参考にCustom Block Patternsを有効化すると、メインナビゲーションメニューに「ブロックパターン」というメニューが現れるのでクリックします❶。ここに作成したブロックパターンが一覧表示されますが、最初は何も登録されていません。「新規追加」をクリックします❷。

ブロックパターンを作成する

投稿や固定ページのブロックエディターと同じような画面が表示されます。ここで通常のブロックエディターと同様に、登録したいオリジナルのブロックパターンを作成します。

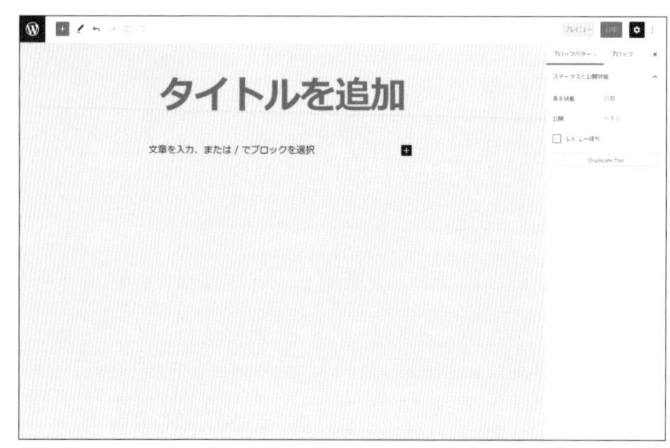

ブロックパターンを公開する

今回は、商品登録用に使いやすい、写真と文章を組み合わせたものを作成しました❶。名前は何でも構いませんが、今回はわかりやすく「商品登録用」としました。作成できたら「公開」をクリックして公開します❷。これでブロックパターンの登録は完了です。

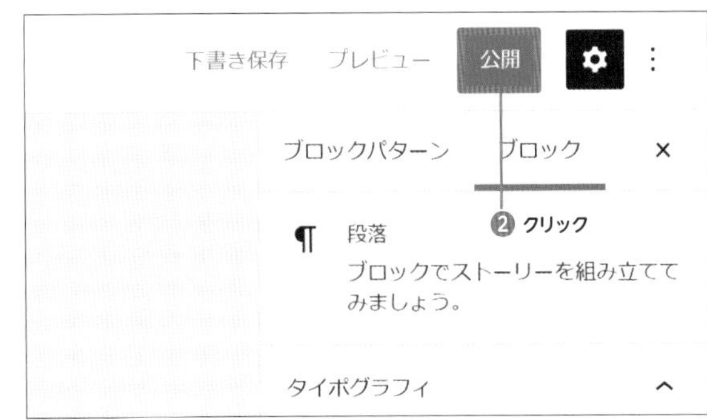

◘ 作成したブロックパターンを使用する

ブロック一覧を表示する

ブロックエディターで■をクリックし❶、「パターン」をクリックします❷。プルダウンメニューをクリックし❸、「CUSTOM BLOCK PATTERNS」を選択します。

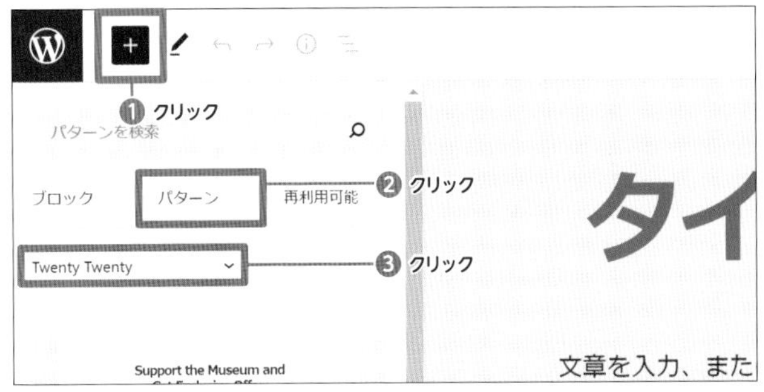

作成したブロックパターンを選択する

作成したブロックパターンが表示されるのでクリックします❶。

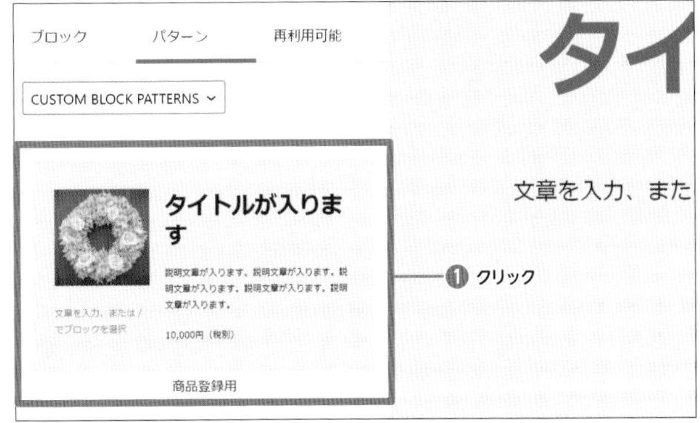

ブロックパターンが挿入される

ブロックパターンが挿入されます。写真と文章を変更して編集しましょう。

Section
007 再利用ブロックを使用する

「再利用ブロック」とは、一度作成したブロックを登録し、ほかの場所でも使用できるようにしたものです。再利用ブロックは一括編集が可能で、挿入済みのすべての箇所の修正が同時に行えます。

再利用ブロックを作成する

ブロックを作成する

ブロックエディターで、再利用ブロックにしたいブロックを作成します。ここでは、お問い合わせのブロックを作成し、グループ化します(P.108参照)。

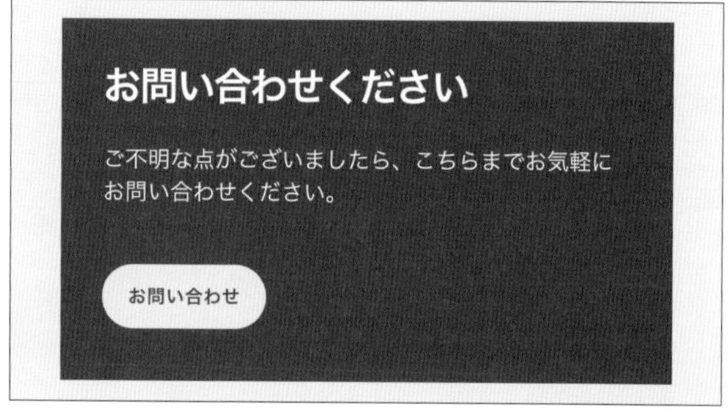

再利用ブロックに追加する

作成したブロックを選択し、⋮をクリックして❶、「再利用ブロックに追加」をクリックします❷。

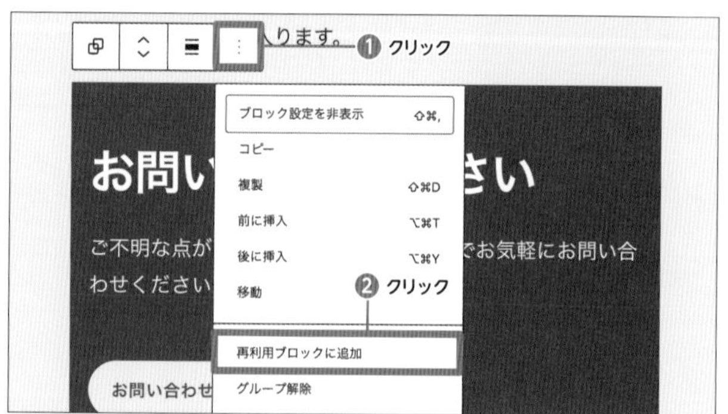

名前を入力する

「名前」にわかりやすい名前を入力して❶、「保存」をクリックします❷。ここでは「お問い合わせのブロック」という名前を付けています。

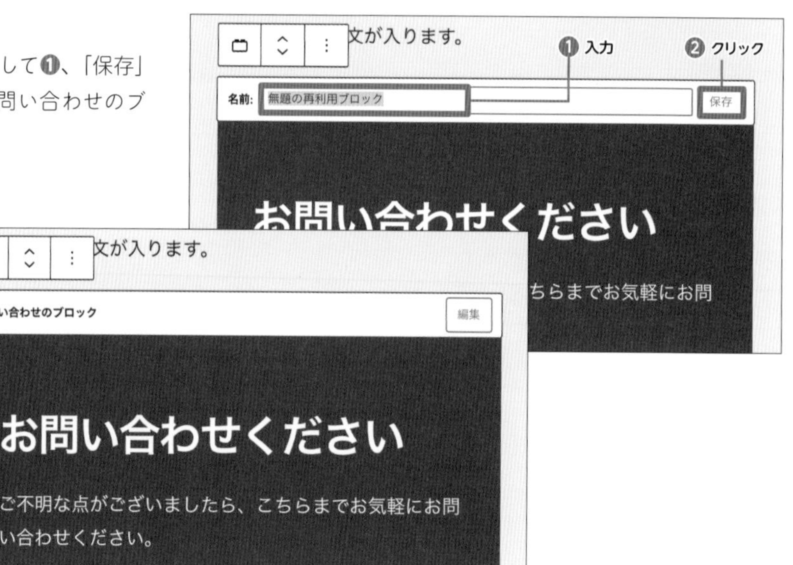

▣ 再利用ブロックを使用する

ブロック一覧を表示する

ブロックエディターで■をクリックし❶、「再利用可能」をクリックします❷。作成した再利用ブロックをクリックします❸。

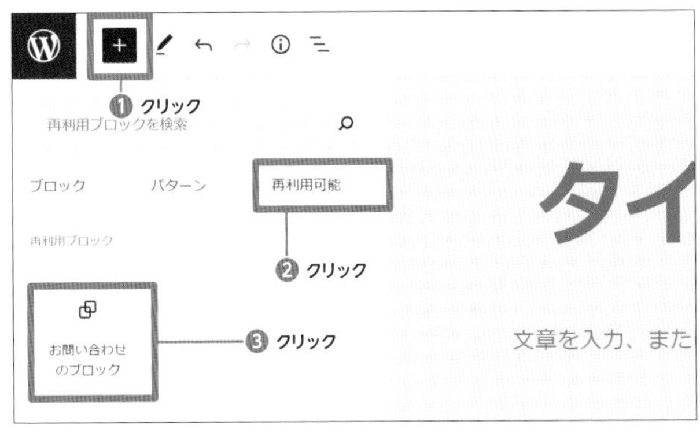

ブロックが挿入される

再利用ブロックが挿入されます。

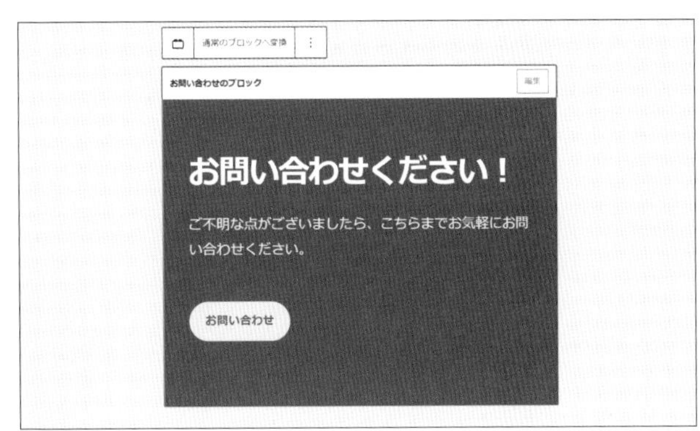

▣ 再利用ブロックを一括編集する

ブロック一覧を表示する

ブロックエディターで■をクリックし❶、「再利用可能」をクリックします❷。「すべての再利用ブロックを管理」をクリックします❸。

ブロックを編集する

ブロックエディターの画面が管理画面に切り替わり、再利用ブロックが一覧表示されます。編集したいブロックにマウスポインターを合わせ、「編集」をクリックして編集します❶。編集が完了したら、「更新」をクリックして保存します❷。

Chapter 6 ブロック・プラグインの基本

Section **008**

再利用ブロックをブロックパターンに変更する

作成した再利用ブロックを、ブロックパターンに変更することも可能です。ここでは、「Reusable Blocks Extended」というプラグインを使用して、ブロックパターンに変更する手順を紹介します。

▣ Reusable Blocks Extendedでブロックパターンに変更する

Reusable Blocks Extendedをインストールする

P.114を参考に「プラグインを追加」画面で「Reusable Blocks Extended」を検索し、「今すぐインストール」をクリックしてインストールします❶。

ブロックパターンに変更する

P.115を参考にReusable Blocks Extendedを有効化すると、メインナビゲーションメニューに「Reusable Blocks」というメニューが現れるのでクリックします❶。ここに作成した再利用ブロックが一覧表示されます。任意のブロックの「Convert to block pattern」をクリックします❷。

ブロックパターンを使用する

ブロックエディターで■をクリックし❶、「パターン」をクリックします❷。プルダウンメニューをクリックして「Converted From Reusable Blocks」を選択します❸。ブロックパターンが一覧表示されるので、クリックして使用します❹。

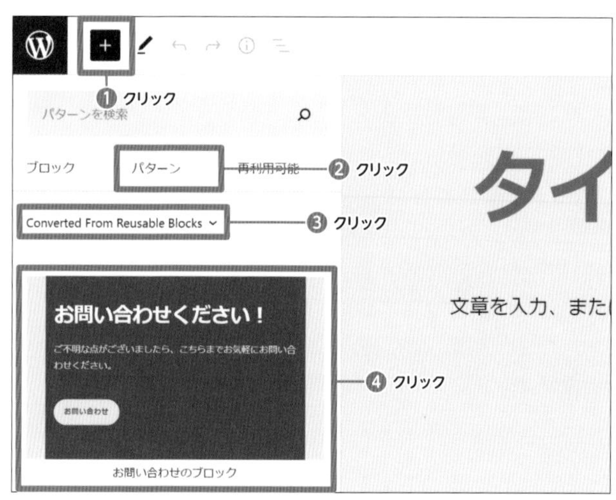

Chapter

7

メニュー・ウィジェットの基本

Webサイトの重要な要素の1つが、Webページを切り替えるためのメニューです。ここでは、基本的なメニューの作成方法を確認しましょう。また、より自由に要素を拡張するウィジェットについても解説します。

Section

001 メニューとは

LEVEL

複数のWebページによって構成されるWebサイトを制作する場合、メニューは欠かせません。まずは、どのようなメニューがあり、どういった使われ方をするのかを確認しておきましょう。

タイトルと本文を入力する

メニューは、Webサイトを構成する要素として非常に重要です。閲覧者は、Webサイトがどのような構成になっており、自分が見たい情報がどのWebページにあるのかを、まずメニューから探します。メニューは基本的に、全ページに共通して、同じ場所に配置されます。代表的なものは、「グローバルメニュー」などという呼ばれ方をする、ヘッダー部分のメインメニューです。ただしメニューは、ページに1つだけとは限らず、サイドバーやフッターなどに、複数のメニューが設置される場合も少なくありません。

なお、メニューの設置後にテーマを変更すると再設定が必要になるため、先にテーマを設定するようにしましょう。

メニューの設置例

筆者が運用しているWebサイトでメニューの設置例を確認しましょう。ヘッダー部分にグローバルメニュー❶、ヘッダーの右上にはSNSメニュー❷、フッターのいちばん下にフッターメニュー❸と、大きく3つのメニューが設置されています。位置によってそれぞれメニューの内容が異なることがポイントです。

StudioBRAIN
WordPress Design & Tecnical Support
❷ SNSメニュー
キーワード検索
ホーム　業務内容　情報発信相談会　よくあるご質問　制作事例　プロフィール　ブログ　お問い合わせ
❶ グローバルメニュー
WordPress
魅せる、伝える、育む。
WordPressテーマ制作　個人レッスン受付中　トラブル対応受付中　サイト保守管理
WordPress書籍著者によるサイト制作、保守管理、技術指導
プライバシー　お問い合わせ
❸ フッターメニュー
Copyright © StudioBRAIN all rights reserved.

スマートフォン用の表示では、スペースの関係で、以下のように画面右上に小さく「menu」などと縮小表示される場合があります。よく3本のラインで表されるこのメニューは、ハンバーガーのように見えることから「ハンバーガーメニュー」などと呼ばれ、タップすることでメニューを展開できます❹。

WordPressでのメニューの使い分け

WordPressはこうしたメニューの管理も秀逸で、複数のメニューを作成し、テーマごとにさまざまな場所にメニューが配置できるようになっています。どの場所に、どの項目のメニューを設置すればよいかは、迷うところかもしれませんが、一般的には次のように考えてよいでしょう。もっとも、Webサイトによってターゲットやコンテンツは違うため、あくまで参考として考えてみてください。

グローバルメニュー

Webサイトで、もっとも主要なコンテンツを配置します。

・サービス紹介
・事業内容
・商品紹介
・料金案内
・購入／予約　など

フッターメニュー

Webサイトで、グローバルメニューに次いで主要なコンテンツを配置します。

・会社概要
・求人情報
・お問い合わせ　など

LEVEL

002 メニューを作成する

まずはメニュー自体を作成し、どの位置に表示させるかを設定しましょう。なお、メニューを表示させるにはさらにメニュー項目の設定が必要ですが、そちらについては、P.130を参照してください。

最初のメニューを作成する

「メニュー」をクリックする

メインナビゲーションメニューで「外観」→「メニュー」をクリックします❶。

新しいメニューを作成する

「メニュー」画面が表示されます。メニューがまだ作成されていない状態ではこのようになっています。「メニュー名」に任意のメニュー名を入力して❶、「メニューを作成」をクリックします❷。基本的には、「グローバルナビ」「グローバルメニュー」「メインメニュー」「ヘッダーメニュー」などを、主要なメニュー名として使用するとわかりやすいでしょう。

メニューの位置を設定する

メニューを表示する位置は、「メニューの位置」で設定します。使用するテーマによって、「メニューの位置」に表示される内容は異なりますが、主なものに、ヘッダーに横一線に表示される「デスクトップ水平メニュー」、ヘッダーに表示されクリックで展開できる「デスクトップ展開メニュー」、モバイル用のタップで展開できる「モバイルメニュー」、フッターに表示される「フッターメニュー」があります。ここでは、「デスクトップ水平メニュー」にチェックを付けます❶。1つのメニューを複数の位置に表示させたい場合は、複数選択します。設定が完了したら、「メニューを保存」をクリックして保存します❷。

なお、これでメニュー自体の作成は完了しますが、メニュー項目を設定していないため、この状態ではWebサイト上にはメニューは表示されません。メニュー項目の設定については、P.130を参照してください。

▣ 2つ目以降のメニューを作成する

別のメニューを追加する

メニューは複数作成することができます。2つ目以降のメニューを作成したい場合は、「メニュー」画面で「新しいメニューを作成しましょう。」をクリックして、新しく作成します❶。

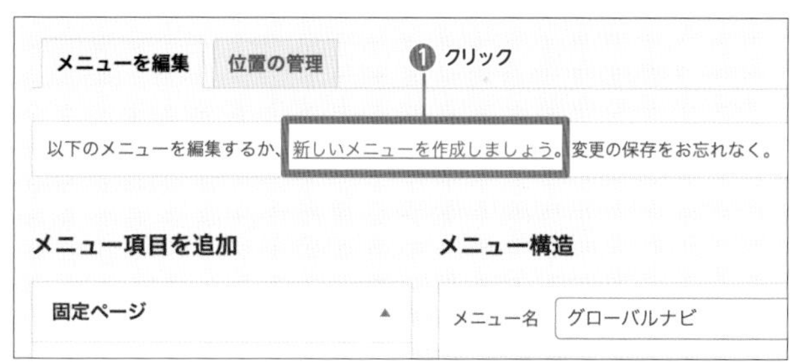

HINT メニューの位置を管理する

「メニュー」画面で「位置の管理」をクリックすると❶、各メニューをまとめて管理できます。メニューの位置をここで再設定し❷、「変更を保存」をクリックします❸。

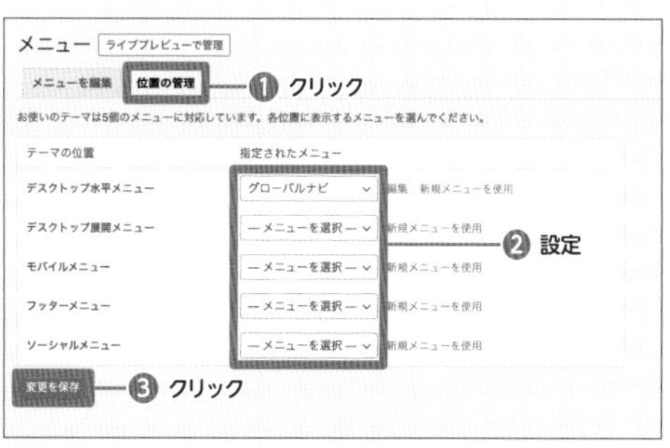

Chapter 7 メニュー・ウィジェットの基本

Section

003 メニューを設定する

作成したメニューに、メニュー項目を追加してみましょう。項目の順番や項目名も設定できます。なお、あらかじめメニュー項目として追加したい固定ページを作成しておくことが必要です。

▣ メニュー項目を追加する

固定ページを一覧表示する

「メニュー」画面の「メニュー項目を追加」で、メニュー項目を追加します。固定ページからメニュー項目を追加する場合は「固定ページ」を開きます❶。「すべて表示」をクリックすると、公開済みのすべての固定ページが表示されます❷。

メニュー項目を選択する

追加したいメニュー項目を選択し❶、「メニューに追加」をクリックします❷。

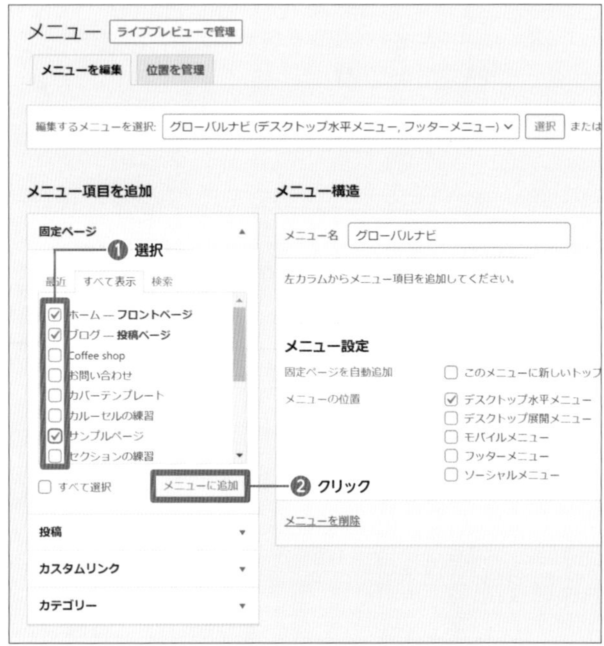

メニュー項目が追加される

右側の「メニュー構造」に、メニュー項目が追加されます。詳細を設定したいメニュー項目の「▼」をクリックして開きます❶。

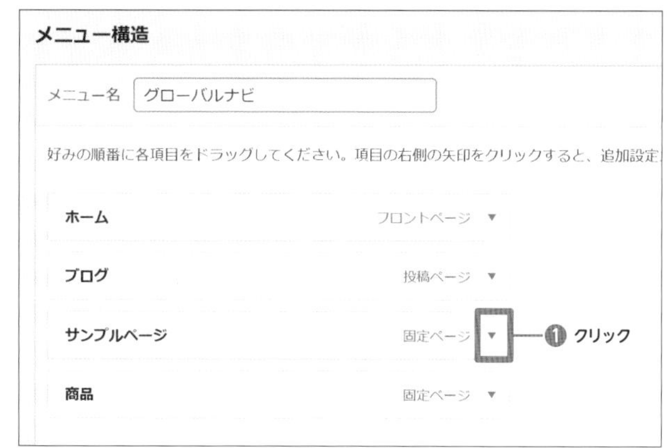

メニュー項目の詳細を設定する

「ナビゲーションラベル」では、表示されるメニューの項目名を変更できます❶。長すぎる項目名はうまく表示できないことがあるため、ここで短い名称に変更しましょう。「移動」では、「ひとつ上へ」「ひとつ下へ」などをクリックして、メニュー項目の並び順を変更できます❷。なお、メニュー項目の移動はドラッグでも可能です。また、メニュー項目を削除したい場合は「削除」をクリックします。

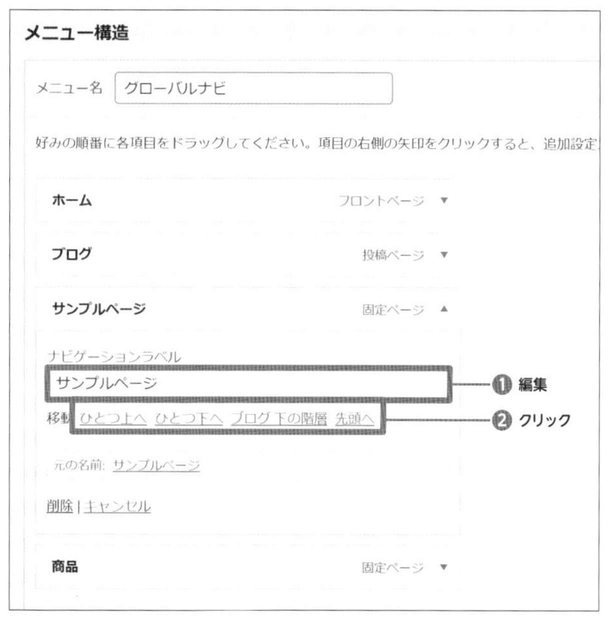

設定を保存する

設定が完了したら、「メニューを保存」をクリックして保存します❶。

メニューが追加される

画面左上のWebサイト名をクリックするなどしてWebサイトを表示すると、Webサイトにメニューが追加されていることが確認できます。メニュー項目をクリックすると、それぞれの固定ページに切り替えることができます。

Section 004

階層のあるドロップダウンメニューを作成する

メニューを階層化させて、ドロップダウンメニューを作成してみましょう。たとえば、親ページの下に複数の子ページがある場合などに、わかりやすくメニューを表現することができます。

◙ メニュー項目を階層化させる

メニュー項目を追加する

P.130を参考に、階層化させたいものも含めて、すべてのメニュー項目を追加します。ここでは、「商品」という親メニューの下に、「コーヒードリッパー」「コーヒー豆」「食器類」という子メニューを作成します。このとき、親メニューの下に子メニューがくるように配置します❶。

メニューを階層化させる

階層化させたいメニュー項目（ここでは「コーヒードリッパー」）の「▼」をクリックして開き❶、「○○下の階層」をクリックします❷。

コーヒードリッパーが下の階層に入り、1段右にずれます❸。なお、もとの階層に戻したい場合は、「○○ 下の階層から外す」をクリックします。

階層化させたいすべてのメニュー項目を、同様の手順で右にずらします❹。なお、メニュー項目をドラッグして右にずらすこともできます。また、階層を2段3段と、さらに増やすこともできます。

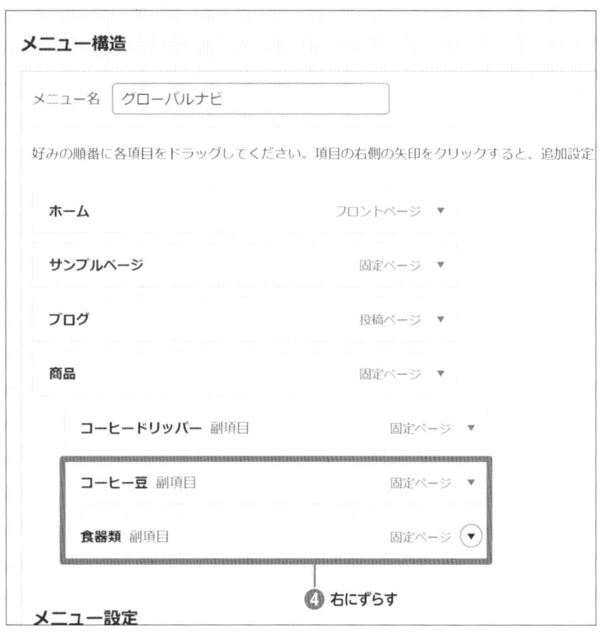

設定を保存する

設定が完了したら、「メニューを保存」をクリックして保存します❶。

メニューを確認する

Webサイトのメニューが階層化されます。親メニュー（ここでは「商品」）にマウスポインターを合わせます❶。

ドロップダウンメニューで子メニューが表示されます。なお、ドロップダウンメニューのデザインはテーマによって異なります。

Chapter 7 メニュー・ウィジェットの基本

Section **005**

カスタムリンクをメニューに追加する

ショッピングサイトや予約サイトなど、外部サイトと連携したWebサイトの場合、外部サイトのリンクをメニューに配置したい場合があります。そのようなときは、カスタムリンクでURLを指定します。

▣ カスタムリンクをメニューに追加する

「カスタムリンク」をクリックする

「メニュー」画面の「メニュー項目を追加」で、「カスタムリンク」をクリックします❶。

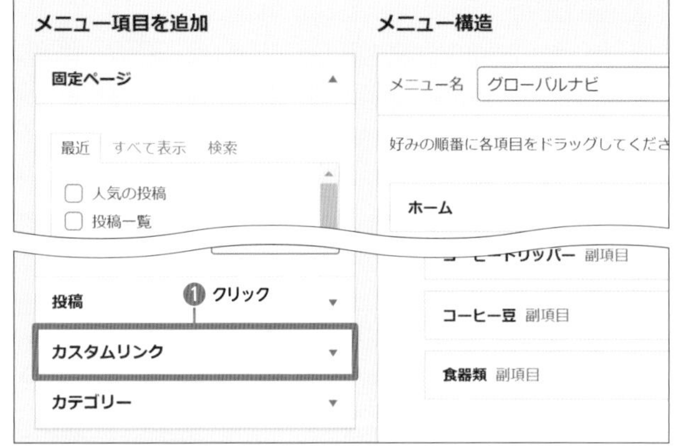

URLを指定する

「URL」に外部サイトのURLを入力し❶、「リンク文字列」にメニュー項目の名前を入力します❷。「メニューに追加」をクリックします❸。

メニュー項目を確認する

「メニュー構造」にメニュー項目が追加されるので、「▼」をクリックして確認します❶。URLとメニュー項目名は、ここで変更することもできます。「メニューを保存」をクリックして保存します。

メニューが追加される

Webサイトにカスタムリンクのメニューが追加されます。クリックすると❶、リンク先の外部サイトが表示されます。

■ ブランクメニューを作成する

URLに「#」を入力する

ドロップダウンメニューの親ページなど、ラベルが表示されるだけのクリックできないメニュー項目「ブランクメニュー」を作成することもできます。

「メニュー」画面の「メニュー項目を追加」で、「カスタムリンク」をクリックし❶、「URL」に「#」を入力し❷、「リンク文字列」にメニュー項目の名前を入力して❸、「メニューに追加」をクリックします❹。

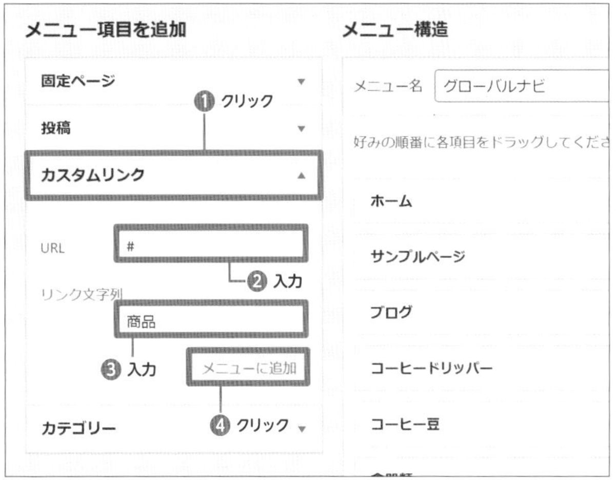

メニュー項目を確認する

「メニュー構造」にメニュー項目が追加されるので、「▼」をクリックして確認します❶。ここでは、右のように階層化させて、ブランクメニューを親ページに設定します。「メニューを保存」をクリックして保存します。

メニューが追加される

Webサイトにブランクメニューが追加されます。ブランクメニューをクリックしても❶、ページが移動しないことを確認します。

Section

006 投稿やカテゴリーをメニューに追加する

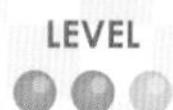

固定ページだけでなく、投稿の各記事をメニュー項目に追加することもできます。また、あらかじめ投稿にカテゴリーを設定しておけば、カテゴリーをメニューに追加することもできます。

投稿をメニューに追加する

「投稿」をクリックする

「メニュー」画面の「メニュー項目を追加」で、「投稿」をクリックします❶。「すべて表示」をクリックし❷、メニューに追加したい投稿を選択して❸、「メニューに追加」をクリックします❹。

名前や位置を設定する

「メニュー構造」にメニュー項目が追加されるので、「▼」をクリックして確認します❶。P.131を参考に、必要に応じてメニュー項目名や位置を設定します❷。「メニューを保存」をクリックして保存します。

メニューが追加される

Webサイトに投稿のメニュー項目が追加されます。

▣ カテゴリーをメニューに追加する

「カテゴリー」をクリックする

「メニュー」画面の「メニュー項目を追加」で、「カテゴリー」をクリックします❶。メニューに追加したいカテゴリーを選択し❷、「メニューに追加」をクリックします❸。

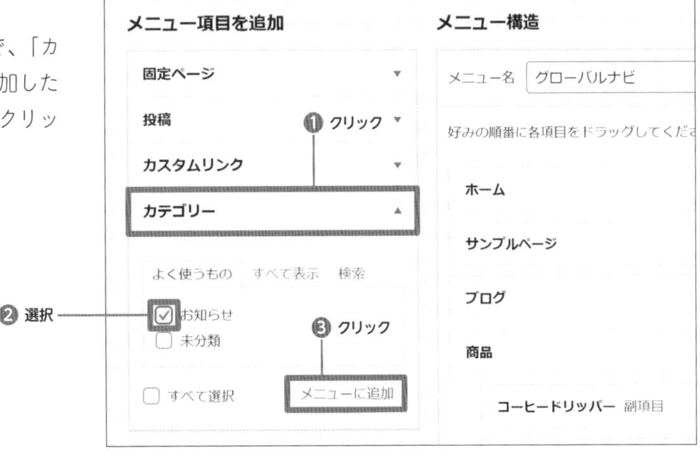

メニュー項目を確認する

「メニュー構造」にメニュー項目が追加されるので、「▼」をクリックして確認します❶。P.131を参考に、必要に応じてメニュー項目名や位置を設定します❷。「メニューを保存」をクリックして保存します。

メニューを確認する

Webサイトにカテゴリーのメニュー項目が追加されるのでクリックします❶。

カテゴリーに分類されている投稿がWebページに一覧表示されます。

Chapter 7 メニュー・ウィジェットの基本

Section **007**

メニューのオプションを設定する

メニューにはオプションがあり、より高度な設定が可能です。ここでは、カスタムリンクを新しいタブで開いたり、投稿のタグをメニューに追加したりしてみましょう。

■ リンクを新しいタブで開く

表示オプションを開く

「メニュー」画面で、右上の「表示オプション」をクリックして❶、表示オプションを開きます。

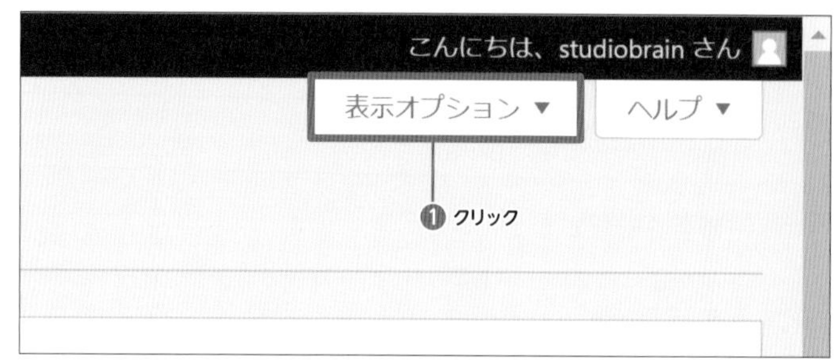

リンクターゲットを有効にする

「詳細メニュー設定を表示」の「リンクターゲット」にチェックを付けます❶。

2 1 ＋ 新規

画面上の要素

一部の画面上の要素は、チェックボックスを使って表示と非表示の切り替えができます。見出しをクリックすると展開と折
と並べ替えられます。

☑ 固定ページ ☑ 投稿 ☑ カスタムリンク ☑ カテゴリー ☐ タグ

詳細メニュー設定を表示

☑ リンクターゲット ☐ タイトル属性 ☐ CSS クラス ☐ 自分とリンク先の関係/間柄 (XFN) ☐ 説明

❶ 選択

リンクの設定を行う

カスタムリンクの「▼」をクリックすると❶、「リンクを新しいタブで開く」という設定項目が追加されるので、チェックを付けます❷。「メニューを保存」をクリックして保存します。

メニューを確認する

Webサイトのメニューでカスタムリンクをクリックすると❶、リンク先のWebサイトが新しいタブで開きます。

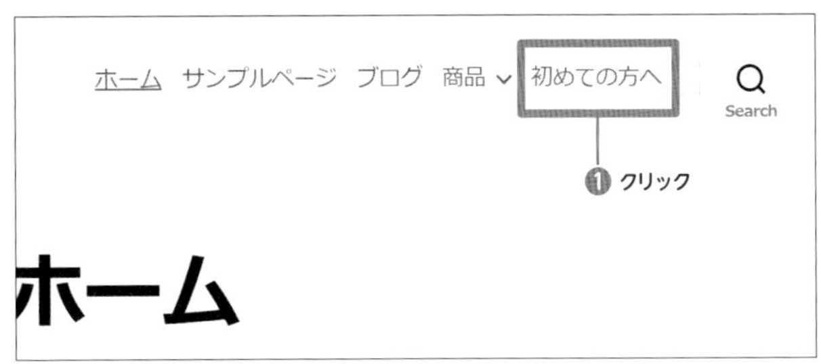

リンクを新しいタブで開く意味

リンクを新しいタブで開くテクニックは、外部サイトをリンクする際によく使われます。同一のドメイン内ではあまり使いませんが、ドメインが異なるWebサイトを開いても、もとのページに戻りやすくなるからです。

▣ タグをメニューに追加する

表示オプションを開く

「メニュー」画面で表示オプションを開き、「タグ」にチェックを付けます❶。

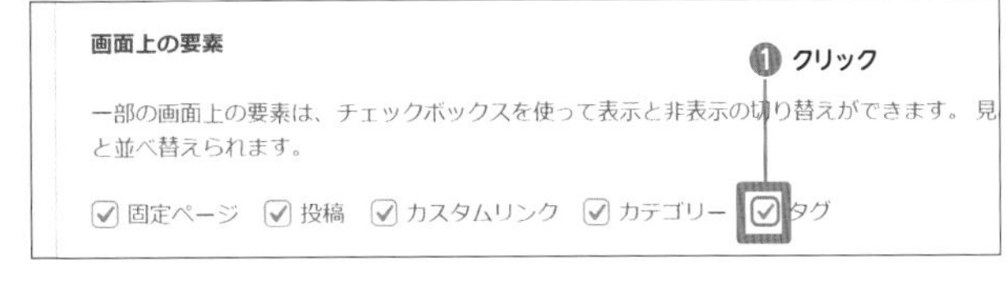

「タグ」をクリックする

「メニュー項目を追加」で、「タグ」をクリックします❶。「すべて表示」をクリックし❷、メニューに追加したいタグを選択し❸、「メニューに追加」をクリックします❹。

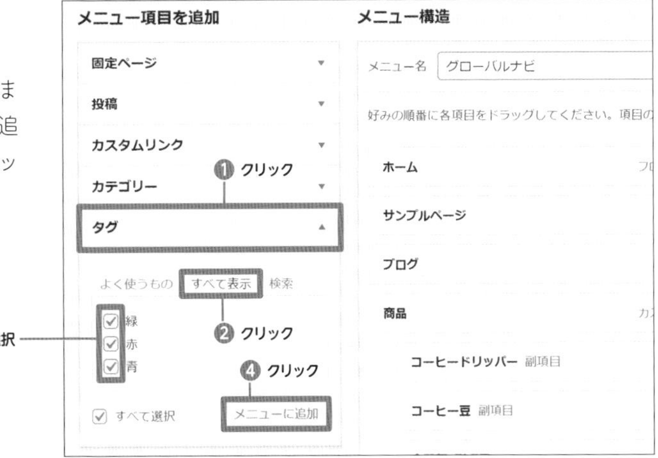

メニュー項目を確認する

「メニュー構造」にメニュー項目が追加されるので、「▼」をクリックして確認します❶。P.131を参考に、必要に応じてメニュー項目名や位置を設定します❷。「メニューを保存」をクリックして保存します。

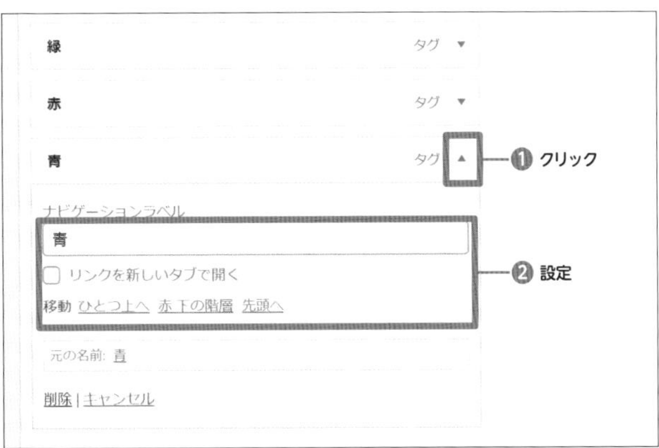

Chapter 7 メニュー・ウィジェットの基本

Section

008 ウィジェットとは

ウィジェットは、Webサイトをより充実させるために重要な要素です。WordPressでは高度なウィジェットもかんたんな操作で導入することができるため、ぜひチャレンジしてみましょう。

▣ タイトルと本文を入力する

ウィジェットとは、テーマごとに定められた場所(ウィジェットエリア)に配置できる、特殊な機能を備えた要素のことです。WordPressでのウィジェットの扱い方は、ブロックエディターのブロックのものと似ていますが、ブロックは個々の投稿や固定ページで表示するコンテンツを作成する要素であるのに対して、ウィジェットは基本的にすべてのWebページの共通部分となる要素を指します。ウィジェットエリアがよく設定されている場所は、サイドバーやフッターで、使用するテーマによって数や場所が異なります。

なお、ウィジェットの設置後にテーマを変更すると再設定が必要になるため、先にテーマを設定するようにしましょう。

ウィジェットの設置例

筆者が運用しているWebサイトでウィジェットの設置例を確認しましょう。右のように、フッターのウィジェットエリアに、「ご連絡はこちら」「地図」「関連サイトやSNS」という、3つのウィジェットを横並びで配置しています❶。

❶ ウィジェットエリア

ブロックエディターからも追加できる

従来のWordPressでは、フッターなどのウィジェットエリアにしかウィジェットを配置できませんでした。しかし、WordPressにブロックエディターが登場してからは、投稿や固定ページのブロックとしてもウィジェットを配置できるようになりました。つまり、Webサイト全体にウィジェットを配置できるだけでなく、投稿や固定ページに個別にウィジェットを配置することも可能なのです。

ウィジェットでできること

実際にウィジェットによって実現できる要素の例を紹介します。

最新の投稿の一覧表示

最新の投稿をコンパクトに一覧表示することができます(P.142参照)。投稿のタイトルだけでなく、日付やアイキャッチ画像などを表示するようにもカスタマイズできます。配置場所を工夫すれば、ユーザーがすばやく最新の投稿にアクセスできるようになるでしょう。

カレンダーの表示

Googleカレンダーのウィジェットを配置することもできます(P.146参照)。たとえば、カフェやレストラン、美容院などといった実店舗を運営している場合、こうしたカレンダーがWebサイトに設置されていれば、休業日やイベントなどのお知らせをわかりやすくユーザーに伝えることができるでしょう。

マップの表示

Googleマップのウィジェットを配置することもできます(P.144参照)。こちらもGoogleカレンダーと同様、実店舗を運営している場合に、所在地をユーザーにわかりやすく伝えることができます。イベントの会場などの所在地を伝えたい場合なら、個別の投稿や固定ページにこのウィジェットを配置するとよいでしょう。

Section 009 ウィジェットを追加する

まずは、ウィジェットの基本的な追加の仕方から解説します。ウィジェットは、「ウィジェット」画面から追加する方法と、ブロックエディターで追加する方法があり、ここでは前者を中心に解説します。

ウィジェットを追加する

「ウィジェット」画面を開く

メインナビゲーションメニューで「外観」→「ウィジェット」をクリックします❶。

「ウィジェット」画面を確認する

「ウィジェット」画面が表示されます。「利用できるウィジェット」に利用可能なウィジェットが表示され、右側にウィジェットエリアが表示されます。今回例とする「Twenty Twenty」というテーマでは、「フッター1」と「フッター2」の2つのウィジェットエリアが設けられており、ここにウィジェットを配置していきます。初期設定でいくつかのウィジェットがすでに追加されていることがありますが、不要な場合は削除してください。

ウィジェットを追加する

追加したいウィジェットをクリックし❶、追加したいウィジェットエリアを選択して❷、「ウィジェットを追加」をクリックします❸。ウィジェットをウィジェットエリアにドラッグすることでも追加できます。

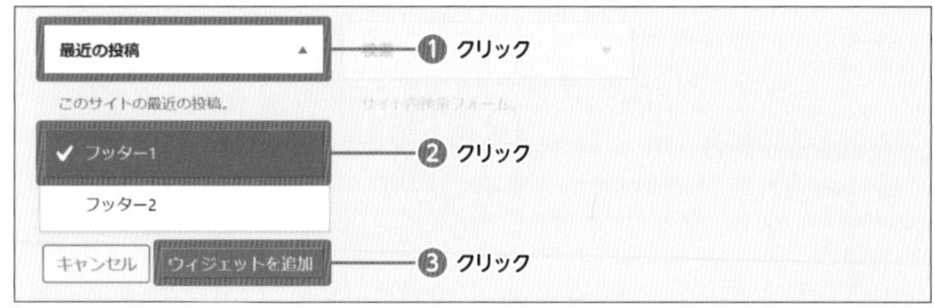

HINT アクセシビリティモードを使用する

「ウィジェット」画面は、マウスでドラッグ操作することを前提に構成されており、タブレットやスマートフォンではうまく操作できない場合があります。画面右上の「アクセシビリティモードを有効にする」をクリックしてアクセシビリティモードを有効にすれば、ドラッグ操作なしで設定できます。

ウィジェットを設定する

ウィジェットエリアに追加されたウィジェットを設定します。ここでは、「タイトル」「表示する投稿数」「投稿日を表示しますか？」を設定し❶、「保存」をクリックして❷、「完了」をクリックします❸。なお、「削除」をクリックするとウィジェットを削除できます。

ウィジェットが追加される

Webサイトにウィジェットが追加されます。

ウィジェットを移動させる

ウィジェットをドラッグする

複数のウィジェットを追加した場合は、ウィジェットエリアでドラッグすることで順番を入れ替えます❶。

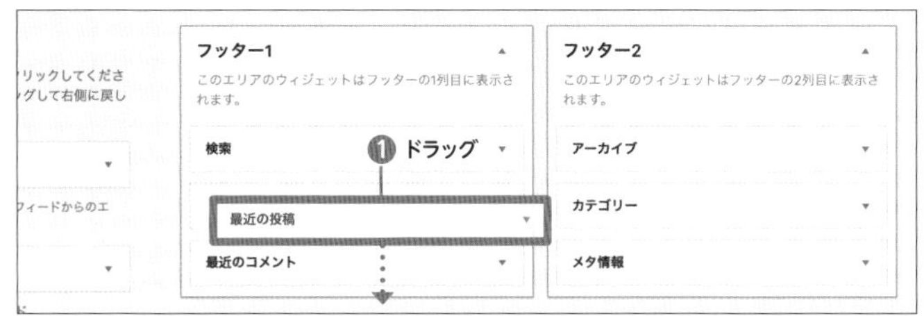

HINT ウィジェットをブロックエディターで追加する

ウィジェットは、投稿や固定ページのブロックエディターでも追加できます。通常のブロックと同様に、ブロック一覧からクリックして使用します❶。また、設定メニューで表示項目などの詳細な設定をすることもできます。

Section
010 Googleマップを埋め込む

店舗の所在地やイベントの開催場所などを表示するために、Googleマップをウィジェットとして Webサイトに埋め込んでみましょう。なお、あらかじめGoogleアカウントを作成しておいてください。

ウィジェットとしてGoogleマップを埋め込む

Googleマップを開く

「https://www.google.com/」にアクセスしてGoogleアカウントでログインし、Googleマップにアクセスします。Googleマップの検索欄に住所や施設名を入力して検索し❶、目的の場所を表示したら、「共有」をクリックします❷。

埋め込み用のHTMLを表示する

共有のポップアップが表示されたら、「地図を埋め込む」をクリックします❶。

HTMLをコピーする

埋め込み用のHTMLのソースコードが表示されているので、「HTMLをコピー」をクリックしてコピーします❶。

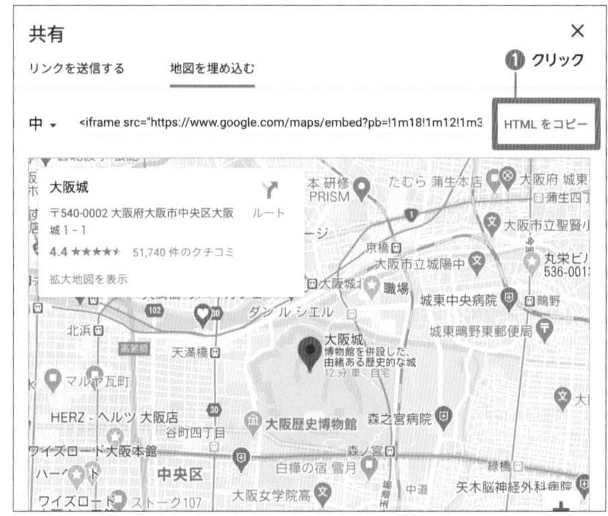

ウィジェットを追加する

「ウィジェット」画面で、「カスタムHTML」をクリックし❶、追加したいウィジェットエリアをクリックして❷、「ウィジェットを追加」をクリックします❸。

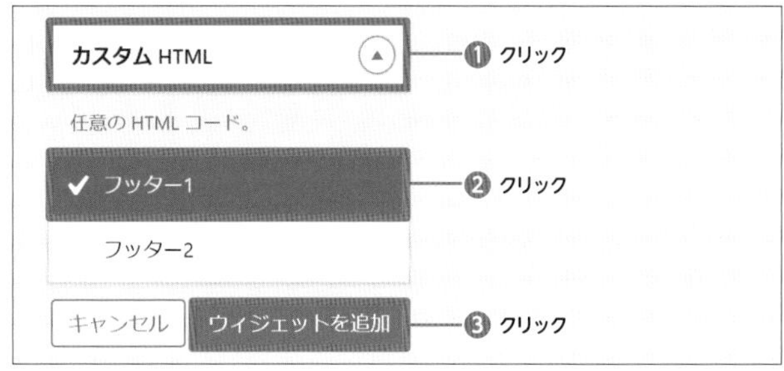

HTMLを貼り付ける

ウィジェットエリアの「カスタムHTML」で、「内容」にHTMLのソースコードを貼り付けて❶、「保存」をクリックします❷。

「完了」をクリックします❸。

ウィジェットが追加される

WebサイトにGoogleマップのウィジェットが追加されます。ウィジェット上でドラッグなどしてマップを操作することができます。

Section 011 Googleカレンダーを埋め込む

Googleカレンダーをウィジェットとしてサイトに埋め込んで、店舗の休業日やイベントの日程の発信をしてみましょう。なお、Googleマップの埋め込みと同様に、Googleアカウントが必要です。

ウィジェットとしてGoogleカレンダーを埋め込む

Googleカレンダーを開く

「https://www.google.com/」にアクセスしてGoogleアカウントでログインし、Googleカレンダーにアクセスします。Googleカレンダーの「他のカレンダー」の「+」をクリックします❶。

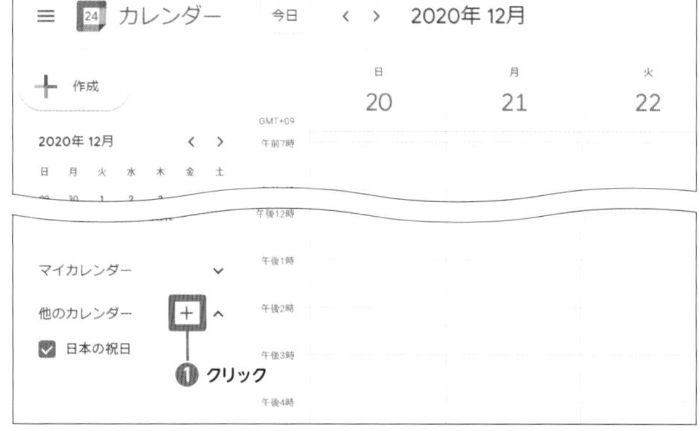

新しいカレンダーを作成する

「新しいカレンダーを作成」をクリックします❶。

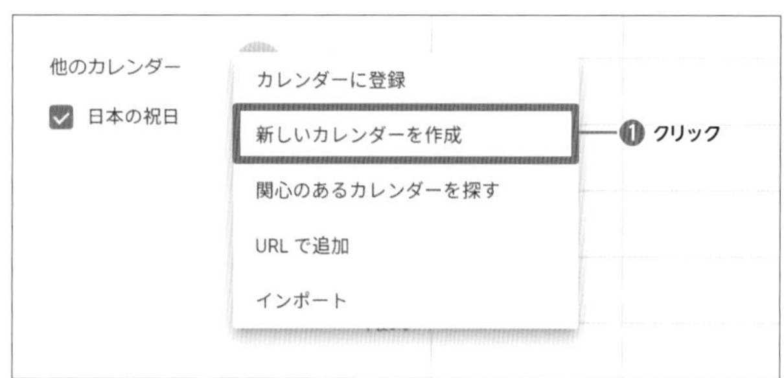

カレンダーの名前を付ける

新しいカレンダーの名前を入力し❶、「カレンダーを作成」をクリックして❷、カレンダーを作成します。

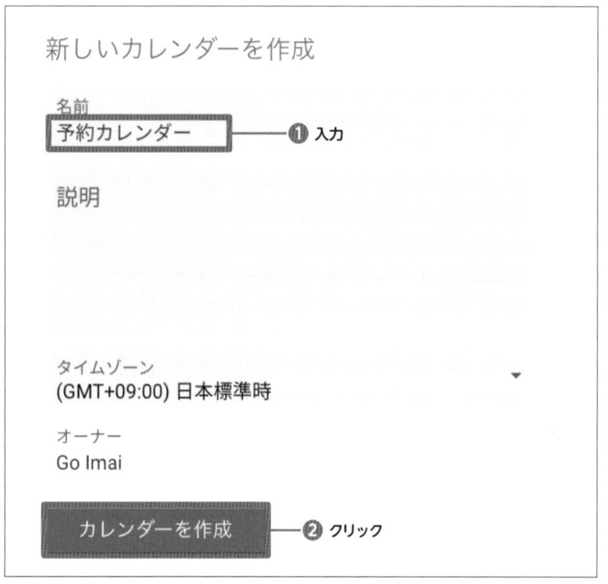

カレンダーの設定画面を開く

　Googleカレンダーのトップページに新しいカレンダーが追加されます。新しいカレンダーにマウスポインターを合わせ、⋮をクリックします❶。

「設定と共有」をクリックします❷。

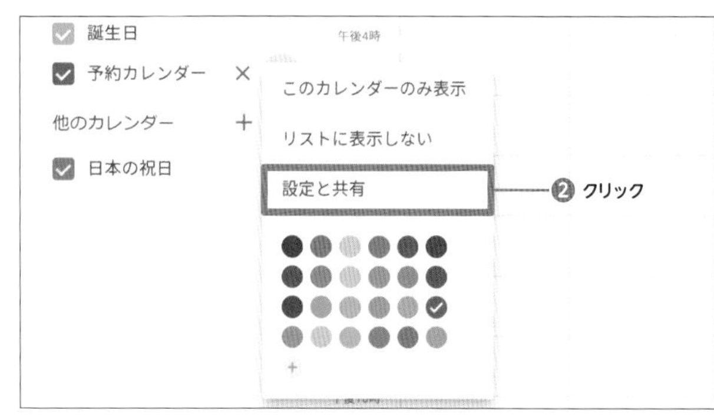

アクセス権限を設定する

「アクセス権限」の「一般公開して誰でも利用できるようにする」のチェックボックスをクリックします❶。

「OK」をクリックします❷。

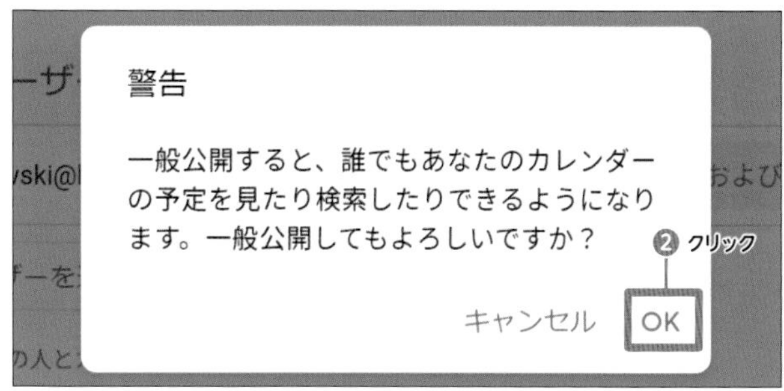

HTMLをコピーする

「カレンダーの統合」に埋め込み用のHTMLのソースコードが表示されているので、HTMLのソースコードを選択してコピーします❶。

ウィジェットを追加する

「ウィジェット」画面で、「カスタムHTML」をクリックし❶、追加したいウィジェットエリアをクリックして❷、「ウィジェットを追加」をクリックします❸。

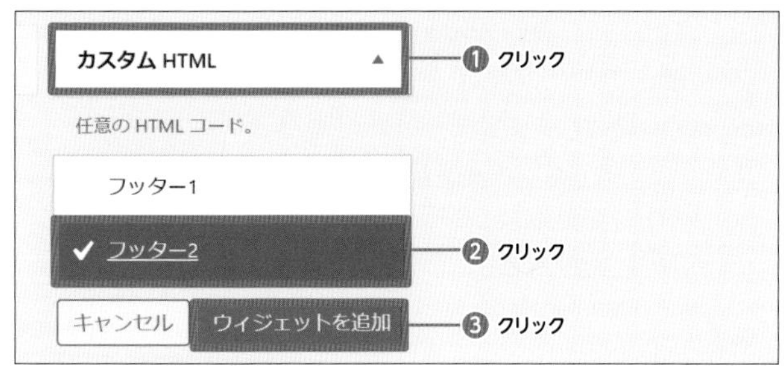

HTMLを貼り付ける

ウィジェットエリアの「カスタムHTML」で、「内容」にHTMLのソースコードを貼り付けて❶、「保存」をクリックします❷。

「完了」をクリックします❸。

ウィジェットが追加される

WebサイトにGoogleカレンダーのウィジェットが追加されます。ウィジェット上のボタンをクリックして操作することができます。

Chapter

8

テーマカスタマイズの基本

このChapterでは、テーマのテンプレートファイルをカスタマイズする基本的な方法について解説します。HTMLやCSSを駆使してオリジナリティのあるWebサイトに仕上げたい場合は、ぜひチャレンジしてみてください。

Section
001 テーマのカスタマイズ方法

WordPressのテーマはテンプレートファイルで構成されていますが、このテンプレートファイルを書き換えることによって、自由にカスタマイズできます。カスタマイズの概要から確認しましょう。

テーマのカスタマイズの概要

Chapter 4でも触れたように、WordPressのデザインを担うテーマをカスタマイズすることで、自由にWebサイトのデザインを変更することができます。Webプログラミングの上級者であれば独自のテンプレートファイルによる新しいテーマを作ることもできますが、それにはたくさんの高度な知識が必要になるので、最初は既存のテーマを少しずつ触っていくことで、徐々にカスタマイズしていくことをおすすめします。

カスタマイズの進め方

既存テーマをカスタマイズする場合は、P.74でも解説したように、テーマのテンプレートファイルを直接編集せず、まずは子テーマを作成します。そのうえで、任意のテンプレートファイルをカスタマイズし、変更したテンプレートファイルのみを、子テーマのディレクトリに保存するようにします。

なお、カスタマイズ後にテーマを変更すると再設定が必要になるため、先にテーマを設定するようにしましょう。

具体的なカスタマイズの進め方は、以下のとおりです。

❶テーマのテンプレート構造を理解して、カスタマイズするべきテンプレートファイルを把握します。

❷ FTPクライアントを使って、カスタマイズしたいテンプレートファイルをダウンロードします。

❸コードエディタを使用して、テンプレートファイルのソースコードを編集します。CSSを編集する場合は、Webブラウザに搭載されたデベロッパーツールを使って、デザインを確認しながら調整してもよいでしょう。

❹FTPクライアントを使って、カスタマイズしたテンプレートファイルをアップロードします。

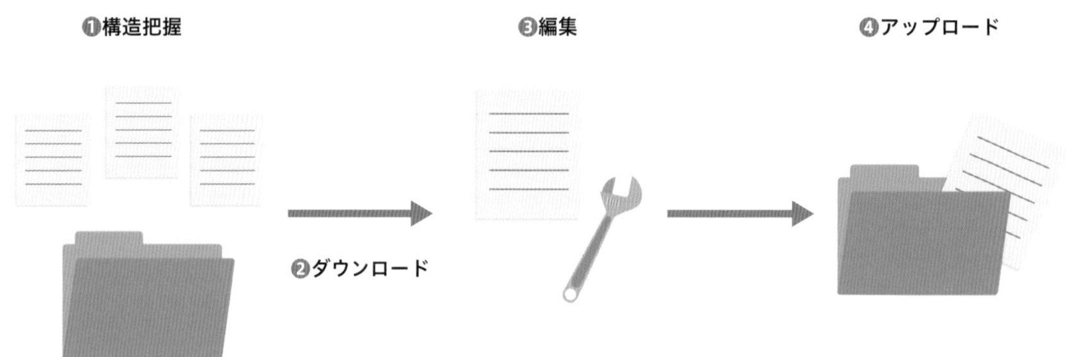

▲カスタマイズの進め方

▣ カスタマイズするテンプレートファイル

テーマは、メインのテンプレートファイルであるPHPのほか、HTML、CSS、JavaScriptなどのファイルや、イメージファイルが集まって構成されています。これらを必要に応じて個別にカスタマイズすることになるため、それぞれのファイルのポイントをここで確認しておきましょう。

PHP

プログラミング言語の1つですが、WordPressは基本的にこのPHPで書かれており、データベースから情報を読み取って動作しています。オリジナルのテーマを作成するならPHPを理解するに越したことはありませんが、既存テーマをカスタマイズするだけなら、PHPを完璧に理解しなければいけないというわけではありません。

```
<?php
/**
 * The template for displaying the footer
 *
 * Contains the opening of the #site-footer div and all content after.
 *
 * @link https://developer.wordpress.org/themes/basics/template-files/#template-partials
 *
 * @package WordPress
 * @subpackage Twenty_Twenty
 * @since Twenty Twenty 1.0
 */
?>
			<footer id="site-footer" role="contentinfo" class="header-footer-group">
				<div class="section-inner">
					<div class="footer-credits">
						<p class="footer-copyright">&copy;
							<?php
							echo date_i18n(
								/* translators: Copyright date format, see https://www.php.net/date */
								'Y'
							);
							?>
```

▲PHPのソースコード

HTML

Webページの基本となるマークアップ言語です。上記のように、PHPファイルの中身には、多くのHTMLが含まれています。そのため、大幅なカスタマイズをするのでなければ、HTMLがわかれば、PHPのテンプレートファイルを編集して、要素の追加、削除、移動などのカスタマイズが可能です。

CSS

デザインのほとんどはCSSで形成されています。デザインのカスタマイズをしたいのであれば、CSSのスキルは必須です。とはいえ、すべてを完璧に理解する必要はなく、カスタマイズしたいデザインをCSSで書く方法を調べながら対処できれば十分です。CSSでデザインを自由に触りたい場合は、Webブラウザのデベロッパーツールを使いこなすことがいちばんの近道です。

JavaScript

ギャラリーやポップアップ、カルーセルなど、Webブラウザでの動きを演出するプログラミング言語です。JavaScriptを理解できれば独自の動きを作り出すことができますが、プラグインでも代用できる場合がほとんどのため、こだわらなければそれほど必要になることはありません。既存のものを組み込めるぐらいのスキルでも十分でしょう。

イメージファイル

テンプレートでは、JPEGやPNG、SVGといったイメージファイルが使われます。これらのイメージファイルを自作するには、PhotoshopやIllustratorといった本格的なデザインツールを活用するのがベストです。予算が厳しい場合は、Canvaなどの無料デザインツールをうまく活用しましょう。

Section 002 テンプレート構造を確認する

WordPressのテーマをカスタマイズするには、まずテーマを構成するテンプレートの構造を把握する必要があります。Webページがどのテンプレートと関連しているのかを、正しく見極めましょう。

WordPressのテンプレート階層

WordPressのテーマを構成するテンプレートは、PHPファイルだけでも非常に多くのものがあります。そのため、まずはカスタマイズしたいWebページがどのテンプレートファイルを参照しているのかを突き止めなければなりません。

そのうえでまず確認したいのが、WordPressの公式ドキュメントである、Codexに記載されている、WordPressのテンプレート階層の概観図です。

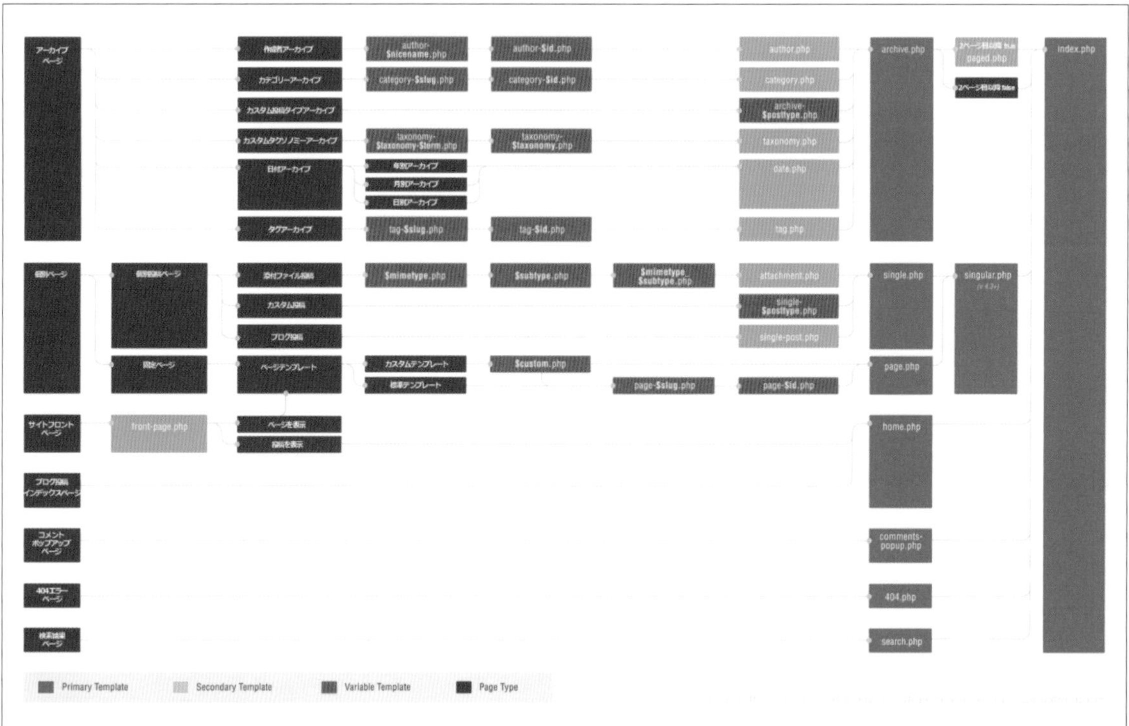

▲WordPressのテンプレート階層の概観図
https://wpdocs.osdn.jp/テンプレート階層

WordPressで表示される各Webページは、このテンプレート階層に基づいてテンプレートを参照しています。たとえば、トップページ(サイトフロントページ)は、上記のように最初に「front-page.php」というテンプレートファイルを参照します。もし「front-page.php」が存在しなければ、設定によって、「ページを表示」と「投稿を表示」のどちらかに振り分けられ、それぞれ順番に下層のテンプレートファイルを参照します。そしてもしどのテンプレートファイルもなければ、最終的にはすべて「index.php」というテンプレートファイルを参照することになるのです。

テンプレート階層はテーマによって異なる

テンプレート階層は、テーマによって異なります。使っているテーマのテンプレート階層のわかりやすさで、カスタマイズの難易度は変わってきます。そのため、慣れないうちはテンプレート階層がシンプルなテーマを選ぶことがポイントです。

■ プラグインで参照しているテンプレートをわかりやすくする

実際にWordPressのWebページにアクセスした際に、どのテンプレートファイルを参照しているかがわかりやすくなる、Show Current Templateというプラグインがあります。以下の手順を参考に、ぜひ活用してみましょう。

プラグインをインストールする

メインナビゲーションメニューで「プラグイン」→「新規追加」をクリックして「プラグインを追加」画面を表示し、画面右上の検索欄に「Show Current Template」と入力して検索します❶。

「Show Current Template」の「今すぐインストール」をクリックしてインストールし❷、P.115を参考に有効化します。

テンプレートを確認する

管理画面のツールバー左上のWebサイト名をクリックしてWebサイトを表示し、「テンプレート」にマウスポインターを合わせると❶、参照しているテンプレートファイル（ここでは「index.php」）が確認できます。また、このテンプレートファイルにインクルードされている（含まれている）テンプレートファイルも確認できます。

LEVEL

Section
003
FTPクライアントでファイルを扱う

Webサーバーのファイルマネージャの扱い方についてはP.79～80で解説しましたが、本格的にテーマをカスタマイズしたい場合は、FTPクライアントを使用して、テンプレートファイルを扱うとよいでしょう。

主なFTPクライアント

FTPクライアントは、サーバーに接続してファイルをアップロード／ダウンロードするソフトです。サーバーのファイルマネージャよりも、ファイルの操作がしやすいため、本格的にテーマのカスタマイズを行うのであれば、FTPクライアントを活用するとよいでしょう。主なFTPクライアントは次のとおりです。

■ FileZilla
無料で使用できるFTPクライアントです。複数の接続サーバーをタブで切り替えられたり、ローカル(パソコン)とリモート(サーバー)のディレクトリを比較できたりと、機能が豊富です。macOS用とWindows用が用意されています。
https://ja.osdn.net/projects/filezilla/

■ Transmit 5
5,400円の有料ソフトです。わかりやすく合理的なUIが魅力で、ローカルとサーバーのミラーリングなどにも対応しています。macOSのみ対応しています。
https://panic.com/jp/transmit/

■ Cyberduck
無料で提供されているオープンソースのソフトです。かんたんな操作でファイルを扱えることで人気です。macOS用とWindows用が用意されています。
https://cyberduck.io/

■ FFFTP
シンプルな無料のソフトで、Windows用が提供されています。
https://ja.osdn.net/projects/ffftp/

FileZillaの操作画面

右の画面は、FileZillaで実際にサーバーに接続したものです。左側がローカル(パソコン)で、右側がリモート(サーバー)のファイルです。この画面を使って、リモートからローカルへ、ローカルからリモートへと、ドラッグ＆ドロップでファイルの転送を行います。

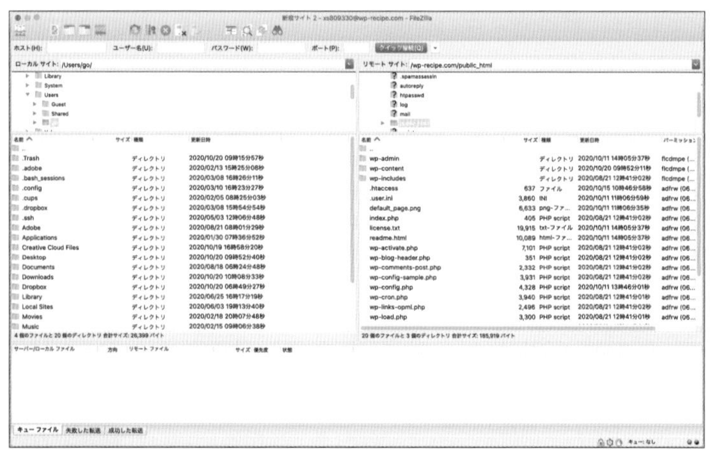
▲FileZillaの画面

FileZillaの操作方法

FileZillaを例に、WordPressをインストールしたサーバーへ接続して、ファイルを操作する方法を紹介します。

サーバー情報を設定する

「ファイル」→「サイトマネージャー」をクリックします❶。

「新しいサイト」をクリックし❷、サーバーの書類やサーバーの管理画面に記載されている、ホスト名、ユーザー名、パスワードなどを入力します❸。これらの接続情報は間違えやすいため、よく確認して入力しましょう。完了したら、「接続」をクリックします❹。

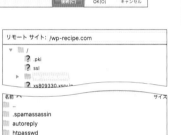

テーマのディレクトリを開く

「リモートサイト」の下部で、利用しているドメイン（ここでは「wp-recipe.com」）をダブルクリックし❶、公開ディレクトリを意味する「public_html」をダブルクリックします❷。

WordPressを構成するファイルやディレクトリ（wpから始まるファイル名）が現れます。「wp-content」をダブルクリックし❸、テーマが収納されているディレクトリ「themes」をダブルクリックします❹。

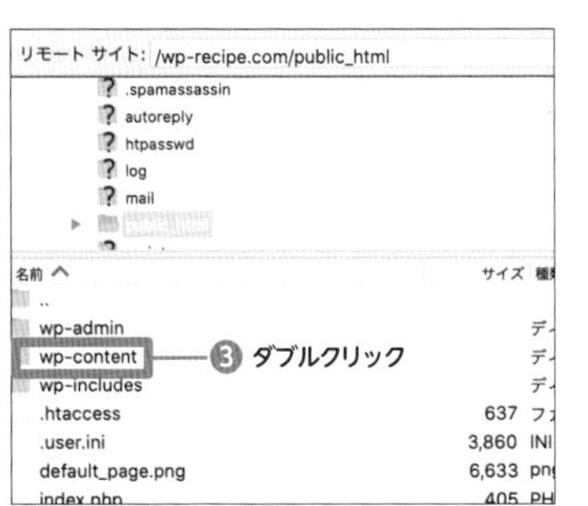

インストールされているテーマのディレクトリが現れます。カスタマイズしたいテーマをダブルクリックし❺、テンプレートファイルをドラッグ&ドロップでダウンロード／アップロードします。

Section 004 使用するエディターを確認する

LEVEL

テンプレートファイルの編集には、プログラミングに適したテキストエディターを使うと便利です。コードの編集スピードがアップしたり、タイピングによるミスが軽減されたりするメリットがあります。

主なWeb制作向けテキストエディター

標準のテキストエディターとして、macOSには「テキストエディット」、Windowsには「メモ帳」が搭載されています。しかし、本格的なプログラミングを行ううえでは、これらのシンプルなテキストエディターでは少々不便です。以下のような、プログラミングに適したテキストエディターを使用するとよいでしょう。

■ Sublime Text

軽快な動作が特徴のシンプルなテキストエディターです。入力補助機能が充実しているうえ、プラグインも豊富です。80ドルで購入できますが、試用期限は無期限です。 macOS、Windows、Linuxに対応しています。

https://www.sublimetext.com/

■ Atom

ソフトウェア開発をする人にとって馴染みの深いGitHubが提供する、無料のテキストエディターです。UIが見やすく操作しやすいことが魅力です。macOS、Windows、Linuxに対応しています。

https://atom.io/

■ Visual Studio Code

マイクロソフトが提供する無料のテキストエディターです。デバック機能や拡張機能にすぐれています。Windowsのほか、macOSやLinuxにも対応しています。

https://code.visualstudio.com/

style.css

```
}

h1,
.heading-size-1 {
    font-size: 3.6rem;
    font-weight: 800;
    line-height: 1.138888889;
}

h2,
.heading-size-2 {
    font-size: 3.2rem;
}

h3,
.heading-size-3 {
    font-size: 2.8rem;
}
```

◀Sublime Textの画面

Web制作向けテキストエディターの主な機能

HTMLやCSSなどの作成に対応しているテキストエディターには、機能が豊富に備わっています。効率的に作業できる仕様のため、上級者だけでなく、初心者にもおすすめです。ここでは、Sublime Textを例に、その主な機能を紹介します。

コードの予測補完

コードを入力するとき、途中まで入力すると、候補が予測されて一覧表示されます。その候補から選択するだけで、容易に入力が完了します。

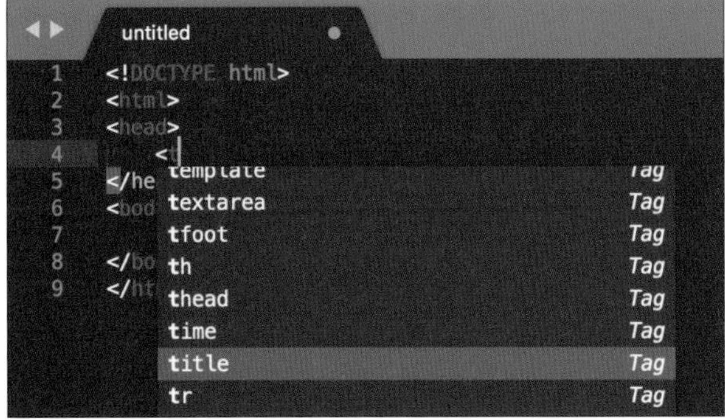

ソースコードの見やすい色分け

Windowsの「メモ帳」などは、基本的に1色のみでテキストが表示されるため、しばしば見づらいものです。Web制作向けテキストエディターの場合、右のようにそれぞれの要素ごとに色分けされて表示されるため、コードの意味が把握しやすくなります。

```
style.css
}

h1,
.heading-size-1 {
    font-size: 3.6rem;
    font-weight: 800;
    line-height: 1.138888889;
}

h2,
.heading-size-2 {
    font-size: 3.2rem;
}

h3,
.heading-size-3 {
    font-size: 2.8rem;
}
```

終了タグの補助入力

たとえばHTMLでは、<title>という開始タグと、</title>という終了タグをセットで扱います。Web制作向けテキストエディターでは、開始タグを入力するだけで、自動的に終了タグも入力される補助機能が使えます。

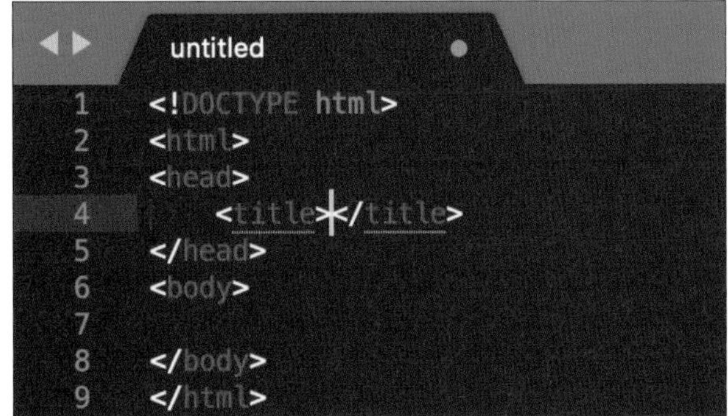

強力な検索／置換機能

1つのファイル内の文字列を検索できるのはもちろん、複数のファイルから特定の文字列を検索することもできます。同様に、置換も複数のファイルを対象にして行うことができます。

```
/* Skip Link ---------------------------------- */

.skip-link {
    left: -9999rem;
    top: 2.5rem;
    z-index: 999999999;
    text-decoration: underline;
}

.skip-link:focus {
    display: block;
    left: 6px;
    top: 7px;
    font-size: 14px;
    font-weight: 600;
```

.* Aa skip Find

デベロッパーツールを活用する

CSSを編集する場合は、Webブラウザに搭載されているデベロッパーツールを使うと、視覚的にデザインを確認しながらコードが編集できて便利です。ここでは、Google Chromeを例に解説します。

Google Chromeのデベロッパーツールの基本操作

Web制作で使用する場合にもっともおすすめしたいWebブラウザは、macOSとWindowsの両方に対応し、ブラウザシェア1位のGoogle Chromeです。SafariやMicrosoft EdgeなどのWebブラウザを使うのもよいですが、CSSのカスタマイズをする場合は、デベロッパーツールの編集画面がとても使いやすいGoogle Chromeを使うとよいでしょう。

Google Chromeのデベロッパーツールでできることはたくさんありますが、WordPressのカスタマイズでよく使う機能といえばCSSの編集です。ここでは、Google Chromeのデベロッパーツールを使ったCSSの編集方法について解説します。

デベロッパーツールを表示する

デベロッパーツールを表示するには、macOSでは、「表示」→「開発／管理」→「デベロッパーツール」をクリックします❶。Windowsでは、⁝→「その他のツール」→「デベロッパーツール」をクリックします。

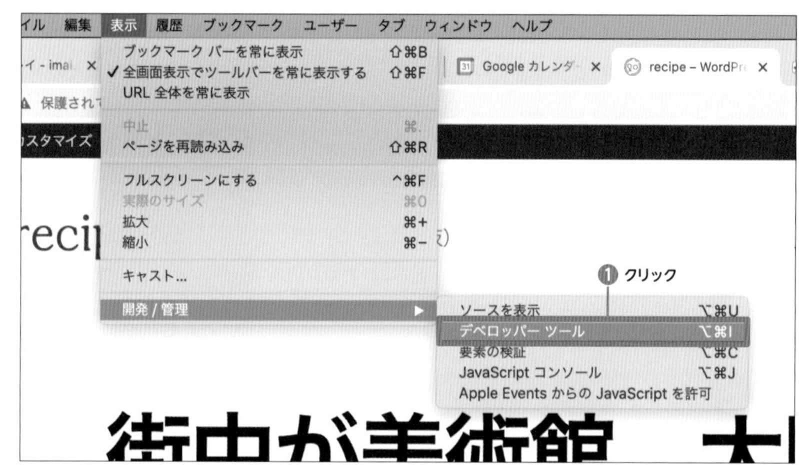

デベロッパーツールが表示されます。左側の画面でデザインを確認しながら、右側の画面でソースコードを編集できます。

スマートフォンの表示に切り替える

左側の画面に表示されるWebサイトの横幅を、パソコン用のものとスマートフォン用のものとで切り替えるには、画面上部の をクリックします❶。

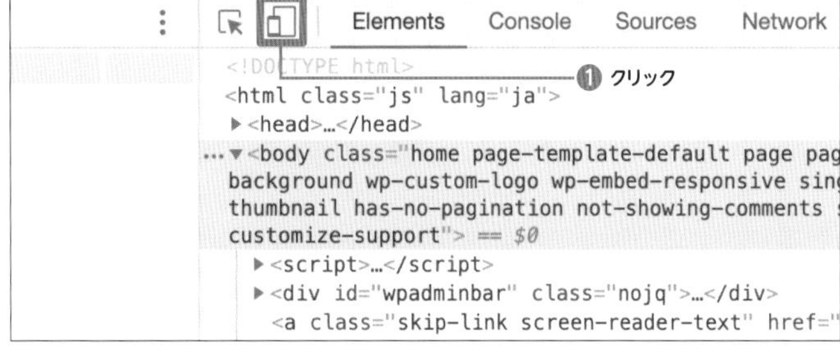

ソースコードの該当箇所をわかりやすくする

右側の画面のソースコードが、左側の画面のどの要素に該当するのかをわかりやすくするには、 をクリックします❶。

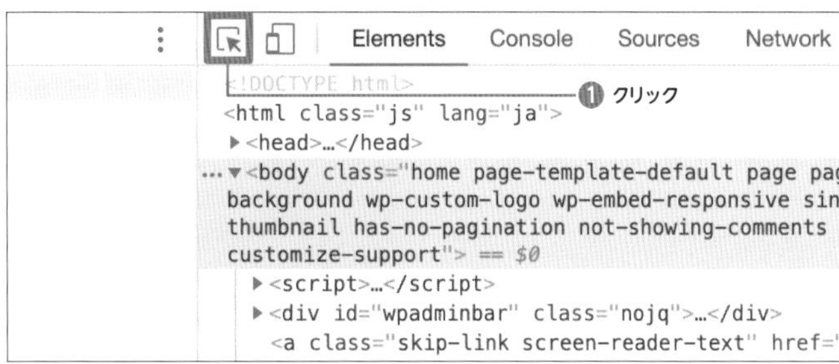

ソースコードの<header>のタグにマウスポインターを合わせると❷、左側の画面で該当する領域に色が付き❸、視覚的に確認できます。

ソースコードを編集する

右下の「Styles」タブで、たとえば.singular .entry-headerのpaddingを4remから8remに変更してみると❶、左側の画面に反映され、余白が広がります❷。

ソースコードを保存する

画面上部の「Sources」をクリックして画面を切り替えます❶。編集したCSSをコピーして❷、ファイルとして保存します。保存せずにWebブラウザを更新すると編集内容が消えてしまうので、注意してください。

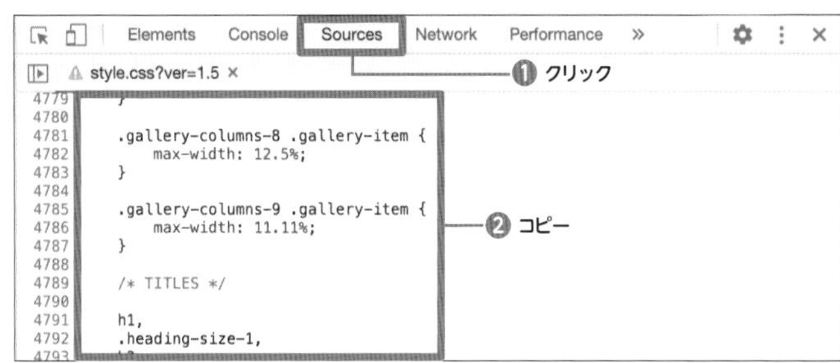

Section 006

追加CSSでプチカスタマイズする

本格的なカスタマイズではなく、CSSのデザインを少しだけ変えたい場合もあるでしょう。そのようなときには、テーマカスタマイザーから直接CSSをカスタマイズしてしまいましょう。

テーマカスタマイザーでCSSを追加する

テーマカスタマイザーを開く

メインナビゲーションメニューで「外観」→「カスタマイズ」をクリックします❶。

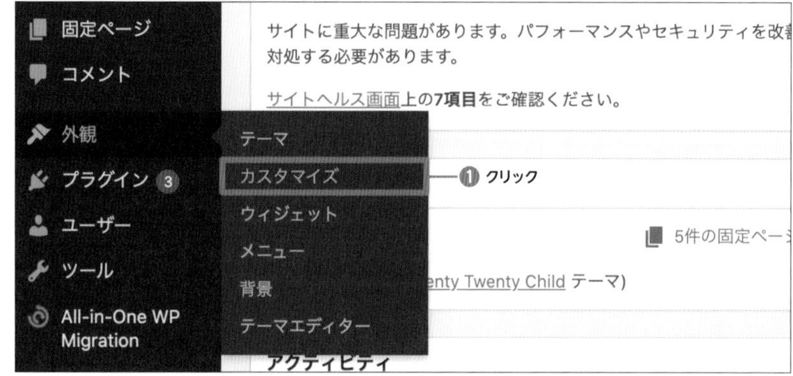

「追加CSS」をクリックする

テーマカスタマイザーが開いたら、「追加CSS」をクリックします❶。

CSSを入力する

ソースコードの入力欄が表示されるので、カスタマイズしたいCSSを入力します❶。なお、追加したCSSは現在のテーマにのみ適用されます。

Chapter

9

テーマのレシピ

このChapterでは、テーマの実践的な活用テクニックを紹介します。配色を変えたり、用途に適したテーマを使用したり、デザインの一部を強調したりして、最適なデザインを実現しましょう。

Section **001**

配色を変えて好みの雰囲気を作る

コンテンツに最適な雰囲気にしたり、好みのデザインを作成したりするために、テーマの配色を変えてみましょう。ここでは、いくつかのテイストに合わせた配色のカスタマイズ例を中心に紹介します。

▣ 配色を変更する

色を変更する要素を選択する

メインナビゲーションメニューで「外観」→「カスタマイズ」をクリックしてテーマカスタマイザーを開き、「色」をクリックします❶。「背景色」か「ヘッダーとフッターの背景色」の「色を選択」をクリックします❷。

色を設定する

色相をクリックし❶、彩度のスライダーを上下にドラッグします❷。また、入力欄に16進数のカラーコードを入力して設定することもできます。

メインカラーを設定する

メインカラーを変更するには、「メインカラー」の「Custom」をクリックし❶、スライダーを左右にドラッグします❷。

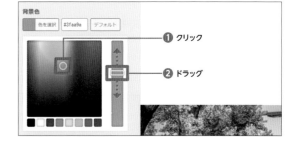

ダークな雰囲気にする

ダークな雰囲気を感じさせつつ、重厚感のあるイメージを表現したデザインに変更してみました。濃いえんじ色をベースにし、ゴールドを思わせるメインカラーで華やかさを演出しています。

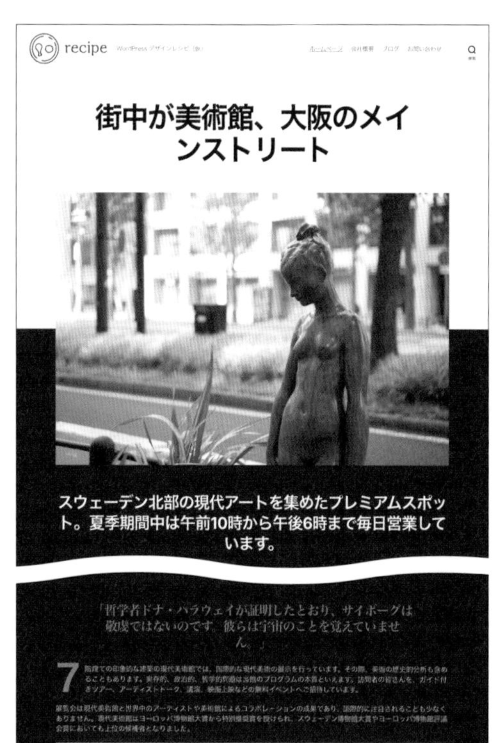

配色の設定

- 背景色
  #4f050f
- ヘッダーとフッターの背景色
  #ffffff
- メインカラー
  下記のようにカスタマイズ

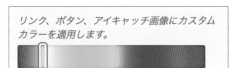

リンク、ボタン、アイキャッチ画像にカスタムカラーを適用します。

明るいテイストにする

明るく元気な雰囲気を感じさせるデザインに変更してみました。フレッシュで若々しいイメージを与えるため、背景色を薄い緑にし、それと相性のよい黄色をヘッダーとフッターの背景色にしています。

配色の設定

- 背景色
  #b3e85f
- ヘッダーとフッターの背景色
  #ffd800
- メインカラー
  下記のようにカスタマイズ

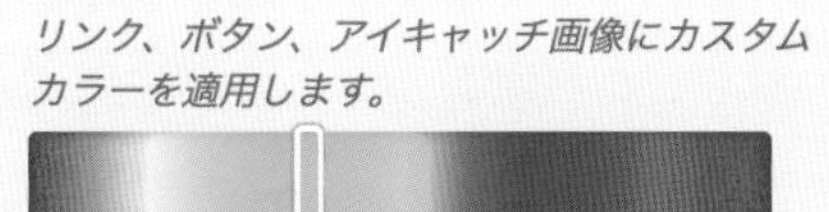

クラシカルな風格を出す

クラシカルで風格のある雰囲気のデザインに変更してみました。木材や真鍮をイメージした色を背景色にしつつ、ヘッダーとフッターの背景色はあえて白とし、格調を高めています。

配色の設定

- 背景色
  #ad994d
- ヘッダーとフッターの背景色
  #ffffff
- メインカラー
  下記のようにカスタマイズ

リンク、ボタン、アイキャッチ画像にカスタムカラーを適用します。

女性的な雰囲気にする

女性をイメージした、優しくシンプルで落ち着いた雰囲気のデザインに変更してみました。女性を連想させるピンクをベースとし、同系統の赤をメインカラーとしています。

配色の設定

- 背景色
  #f77899
- ヘッダーとフッターの背景色
  #ffffff
- メインカラー
  下記のようにカスタマイズ

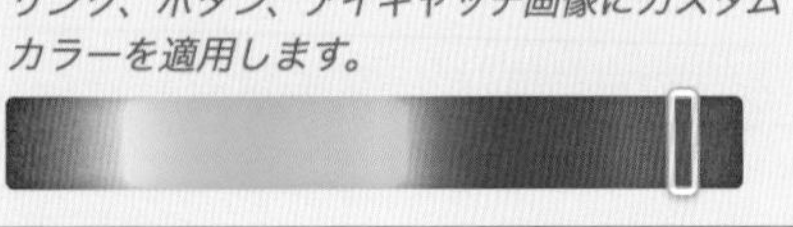

▣ モノクロのトーンにする

モノクロームのイメージで、写真や文字のコンテンツを際立たせたデザインに変更してみました。背景色をグレーにしつつも、メインカラーは視認性を考慮して、目立つ黄色にしています。

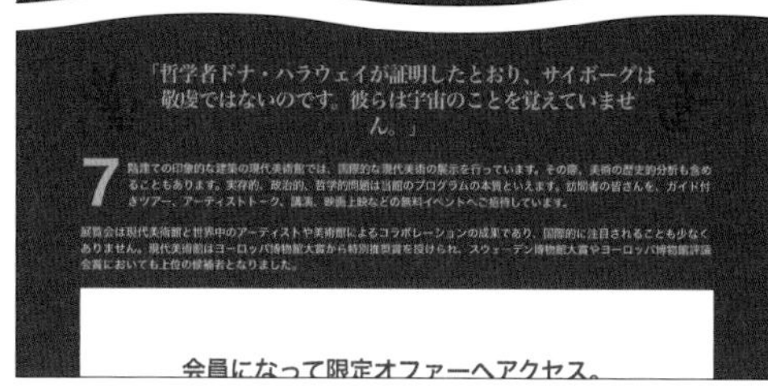

配色の設定

- 背景色
  #3c3c3c
- ヘッダーとフッターの背景色
  #ffffff
- メインカラー
  下記のようにカスタマイズ

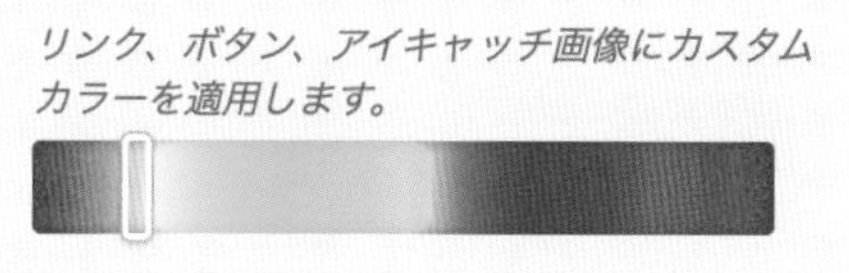

▣ カラフルでポップな印象にする

カラフルでポップなイメージのデザインに変更してみました。トーンの統一をあえてしないことがポイントです。ここでは、背景色に青色、ヘッダーとフッターの背景色に黄色、メインカラーに赤色を設定しています。

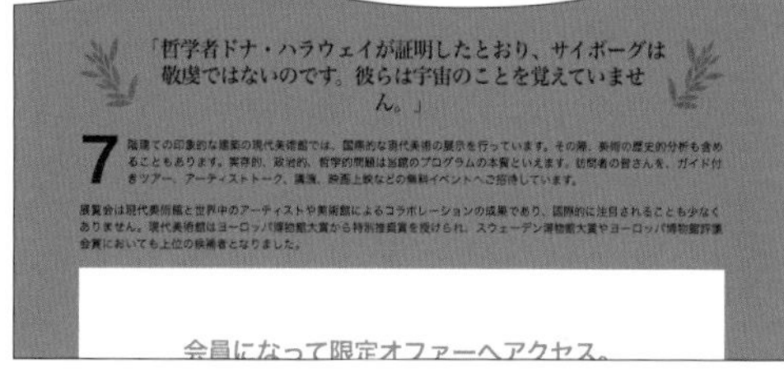

配色の設定

- 背景色
  #398dd8
- ヘッダーとフッターの背景色
  #ffbd38
- メインカラー
  下記のようにカスタマイズ

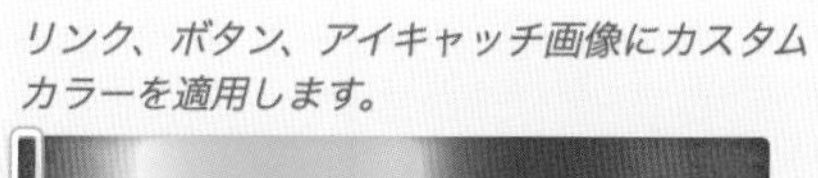

Section 002

オンラインストア向けのテーマを活用する

オンラインストアの構築に最適化されたテーマも数多く提供されており、活用することでユーザビリティが向上します。ここでは、「eStore」というテーマを使ってみます。

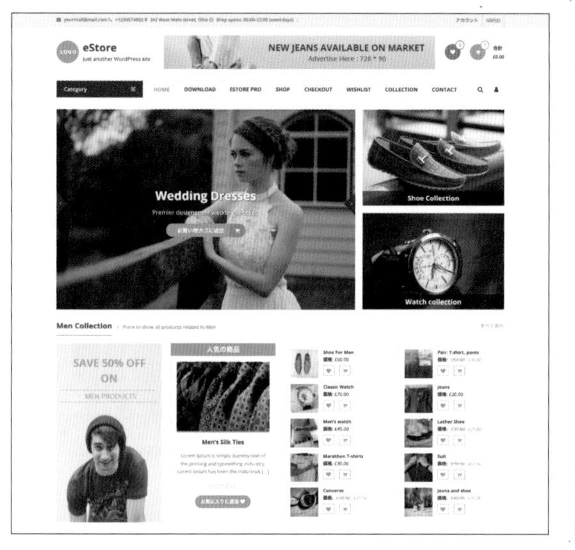

eStoreを使用する

eStoreをインストールする

メインナビゲーションメニューで「外観」→「テーマ」→「新規追加」をクリックします。検索欄に「eStore」と入力して検索し❶、eStoreの「インストール」をクリックします❷。

eStoreを有効化する

P.70を参考にeStoreを有効化すると、次の画面が表示されます。「eStoreの利用をスタート」をクリックします❶。なお、下部の「eStoreへようこそ！」で、eStoreの基本的な使い方が確認できます。

注意事項が表示される場合があります。セットアップを開始すると、これまでに作成したWordPressのコンテンツが書き換えられる場合があるため、新規インストールされたWordPressでのみ行うようにしてくださいという内容です。「CONFIRM!」をクリックします❷。

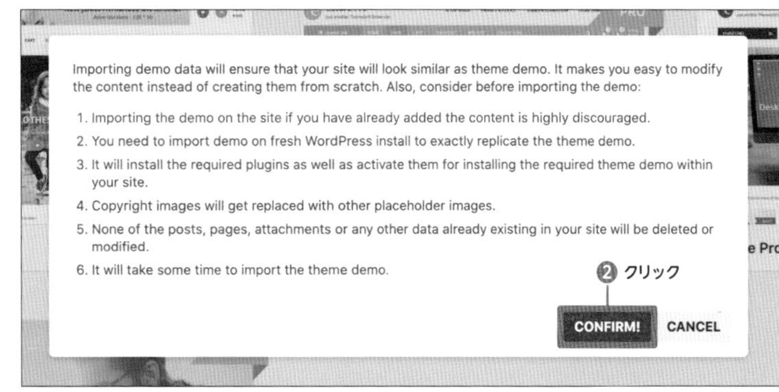

コンテンツをカスタマイズする

セットアップが完了すると、必要なプラグインや固定ページ、さらにサンプルの画像やテキストなどがすべて準備されます。あとは下記のようにテーマカスタマイザーなどで自分の情報に書き換えていきます。

このテーマはWordPressでショッピングサイトを構築することができる「WooCommerce」というプラグインに最適化されており、プラグインとテーマをあわせてインスルートして使用します。テーマのデザインはとてもシンプルで、どのような取り扱い商品にも合わせやすくなっています。商品の表示スペースだけでなく、ブログの表示スペースも確保されているため、情報発信もしやすくなっています。

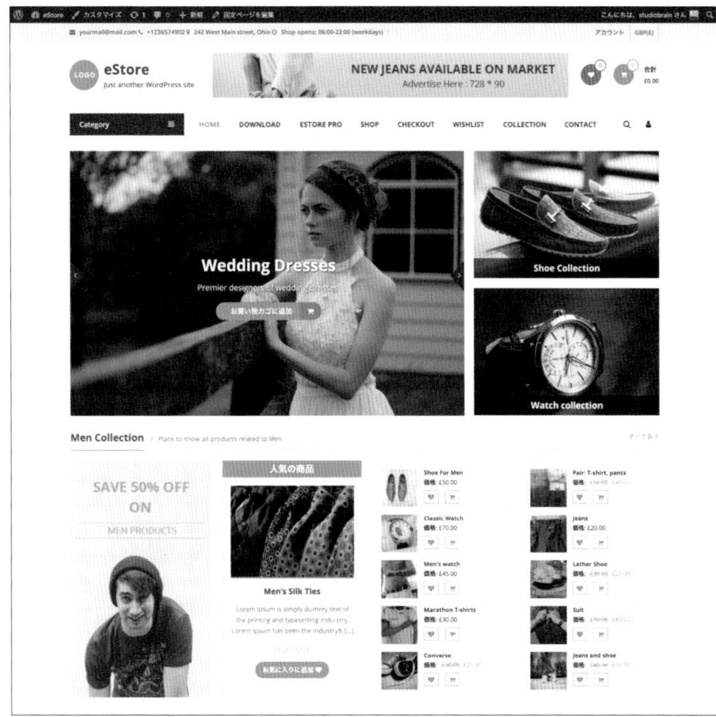

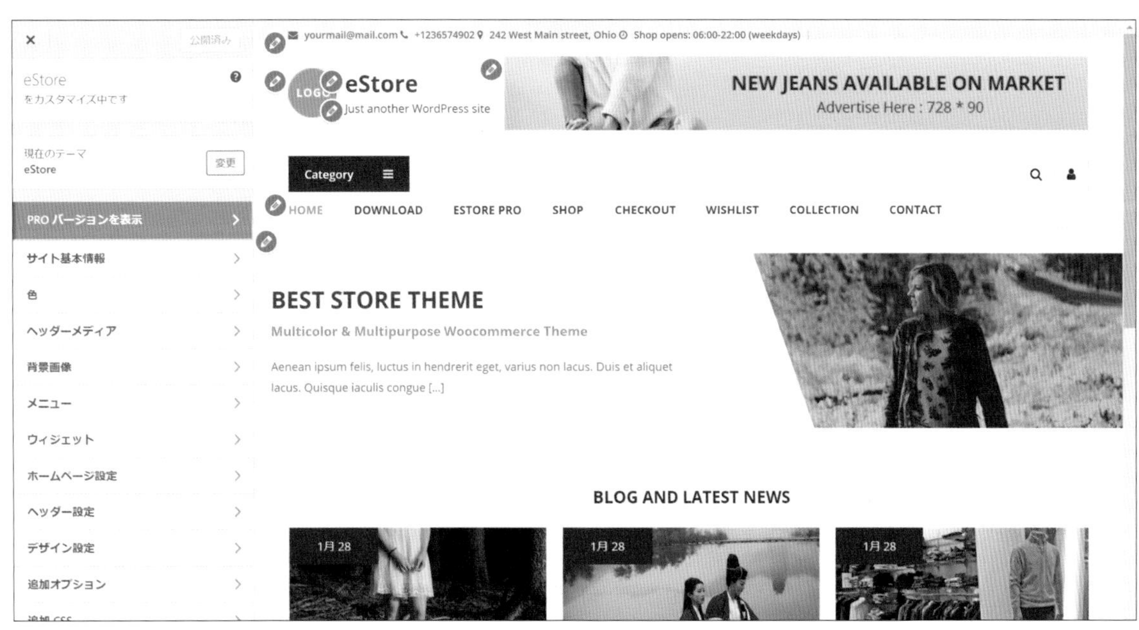

Section 003 飲食店向けのテーマを活用する

LEVEL

カフェやレストランのWebサイトを制作したい場合は、飲食店サイトの構築に最適化されたテーマを活用しましょう。ここでは、「Restaurant and Cafe」というテーマを使ってみます。

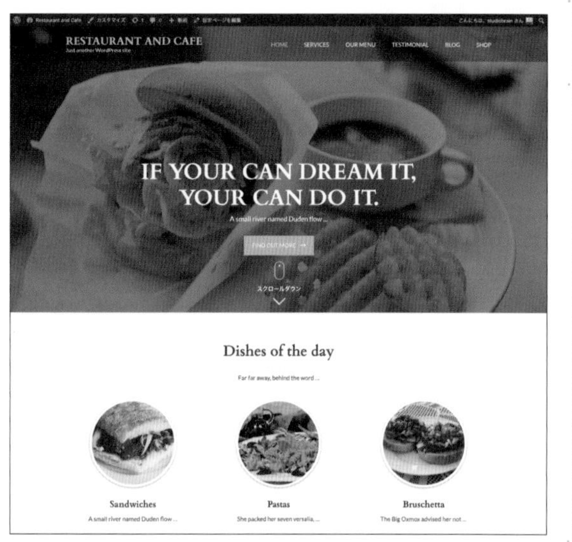

Restaurant and Cafeをインストールする

Restaurant and Cafeをインストールする

メインナビゲーションメニューで「外観」→「テーマ」→「新規追加」をクリックします。検索欄に「Restaurant and Cafe」と入力して検索し❶、Restaurant and Cafeの「インストール」をクリックします❷。

Restaurant and Cafeを有効化する

P.70を参考にRestaurant and Cafeを有効化すると、右の画面が表示されます。「プラグインのインストールを開始」をクリックします❶。

プラグインをインストールする

すべてのプラグインを選択し❶、プルダウンメニューで「インストール」を選択して❷、「適用」をクリックし❸、プラグインを有効化します。

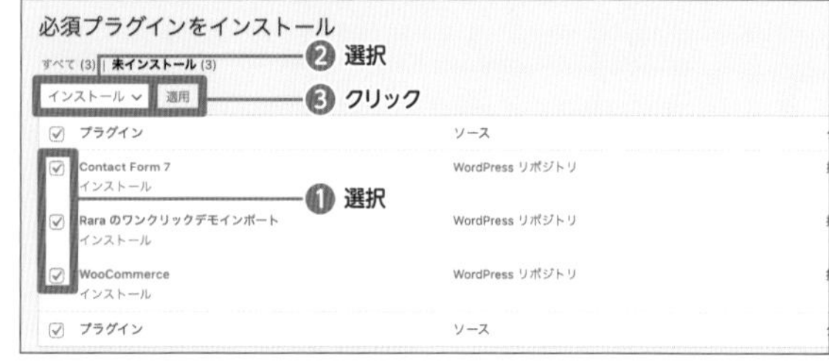

▣ デモデータをインポートする

ダウンロードサイトを表示する

用意されているRestaurant and Cafe専用のデモデータを使って、まずはデモサイトを構築します。

まず、メインナビゲーションメニューで「外観」→「Rara Demo Import」をクリックします❶。

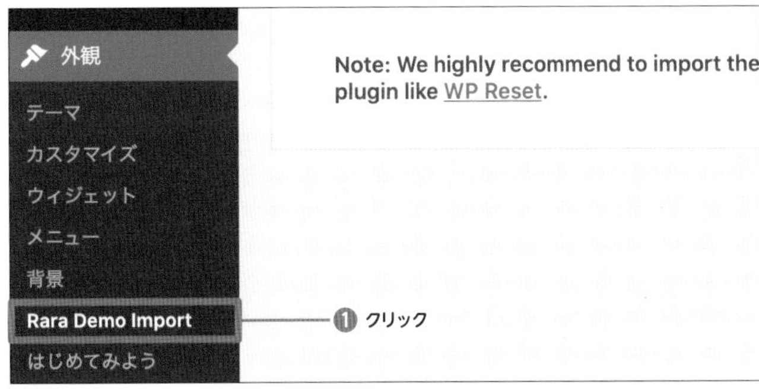

「RARA Demo Import」画面が表示されるので、「Demo Import」をクリックします❷。文章中の「documentation」をクリックします❸。

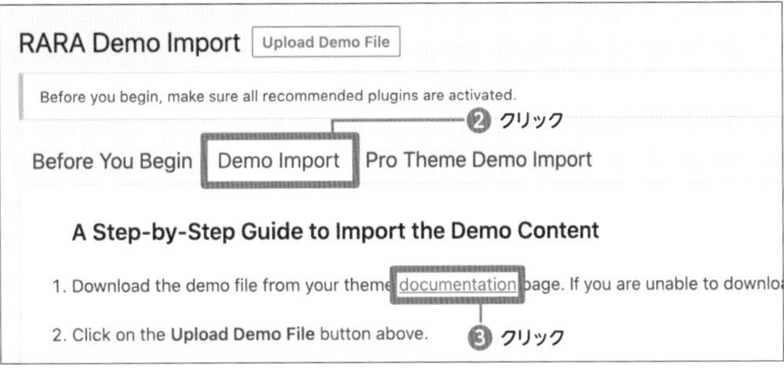

デモデータをダウンロードする

右のWebページが開いたら、検索欄に「Restaurant and Cafe」と入力して検索します❶。

Restaurant and Cafeに関する複数の記事が一覧表示されます。「How to Import Demo Content?」を探してクリックします❷。もし探しにくければ、「https://docs.rarathemes.com/docs/restaurant-and-cafe/theme-installation-and-activation/how-to-import-demo-content/」にアクセスしてください。

How to configure Site Logo/ Name & Tagline to your website?

Please follow the below steps to configure Site Identity Go to Appearance > Customize > Default Settings> Site Identity Click Select Logo and upload your logo. Enter Site Title and Tagline. Check Display Site Title and Tagline. Click Select Image and upload Image for Site Icon. Click Publish.

How to Import Demo Content?　❷ クリック

If you are in a hurry, below is the step-by-step video tutorial to import demo content of themes made by Rara Theme. If you have more time, we would recommend reading the whole article to...

文章中の「Download Restaurant and Cafe Demo File」をクリックして、デモデータをダウンロードします❸。

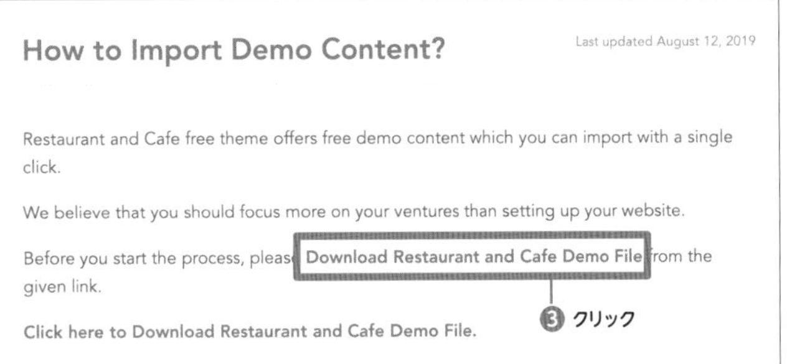

デモデータをインポートする

「RARA Demo Import」画面に戻り、上部の「Upload Demo File」をクリックします❶。「ファイルを選択」をクリックしてダウンロードしたデモデータを選択し❷、「Install Now」をクリックします❸。

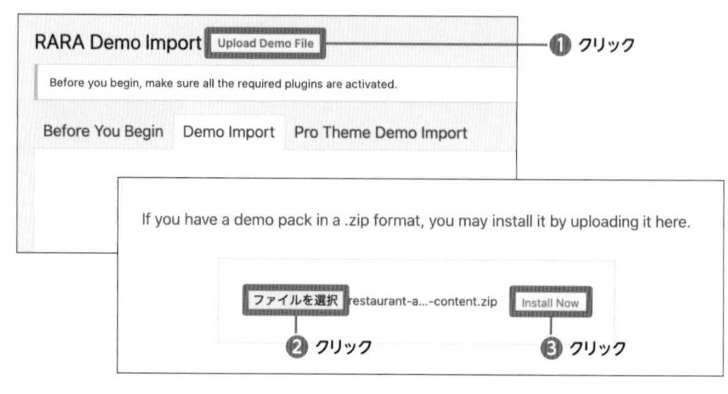

「Import Demo Now!」をクリックしてインポートします❹。

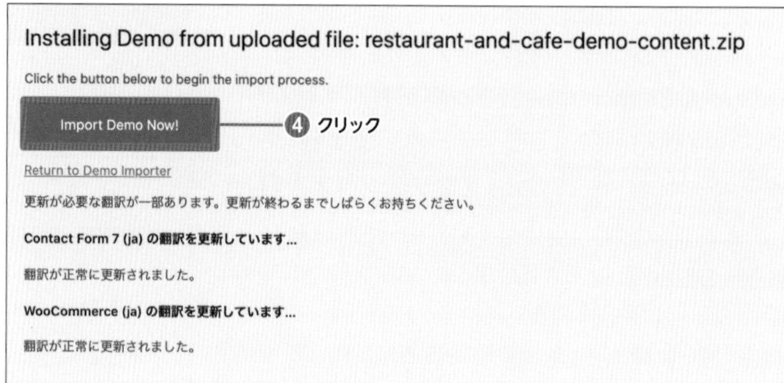

バナーセクションを設定する

バナーセクションの設定項目を開く

トップページのメインビジュアルとして使われる、バナーセクションを有効化します。

メインナビゲーションメニューで「外観」→「カスタマイズ」をクリックしてテーマカスタマイザーを開き、「ホームページ設定」をクリックします❶。次に、「バナーセクション」をクリックします❷。

バナーセクションを有効化する

「バナーセクションを有効化」にチェックを付け❶、「バナー投稿を選択」でバナーとして使いたい投稿を選択します❷。ここでは、アイキャッチ画像が設定されている投稿を選ぶようにしています。

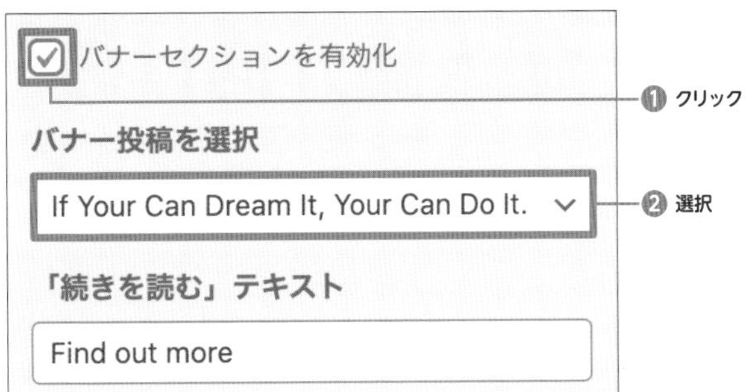

コンテンツをカスタマイズする

デモデータがインポートされて、ダミーの画像やテキストが入った状態のWebサイトができます。あとはテーマカスタマイザーなどで自分のコンテンツに差し替えていきましょう。

このテーマはレストランやカフェなど、飲食店のWebサイトを構築するのに適したテーマです。大きく表示されるメインビジュアルでは、人気メニューなどのおしゃれな写真を表示させ、目を引くようにするとよいでしょう。お店の紹介やメニューまで掲載できるフォーマットが用意されているため、ぜひ活用してください。さらに、「WooCommerce」というプラグインと組み合わせて、商品の販売も可能になっているので、ギフト商品などの販売をしたい場合にもおすすめです。

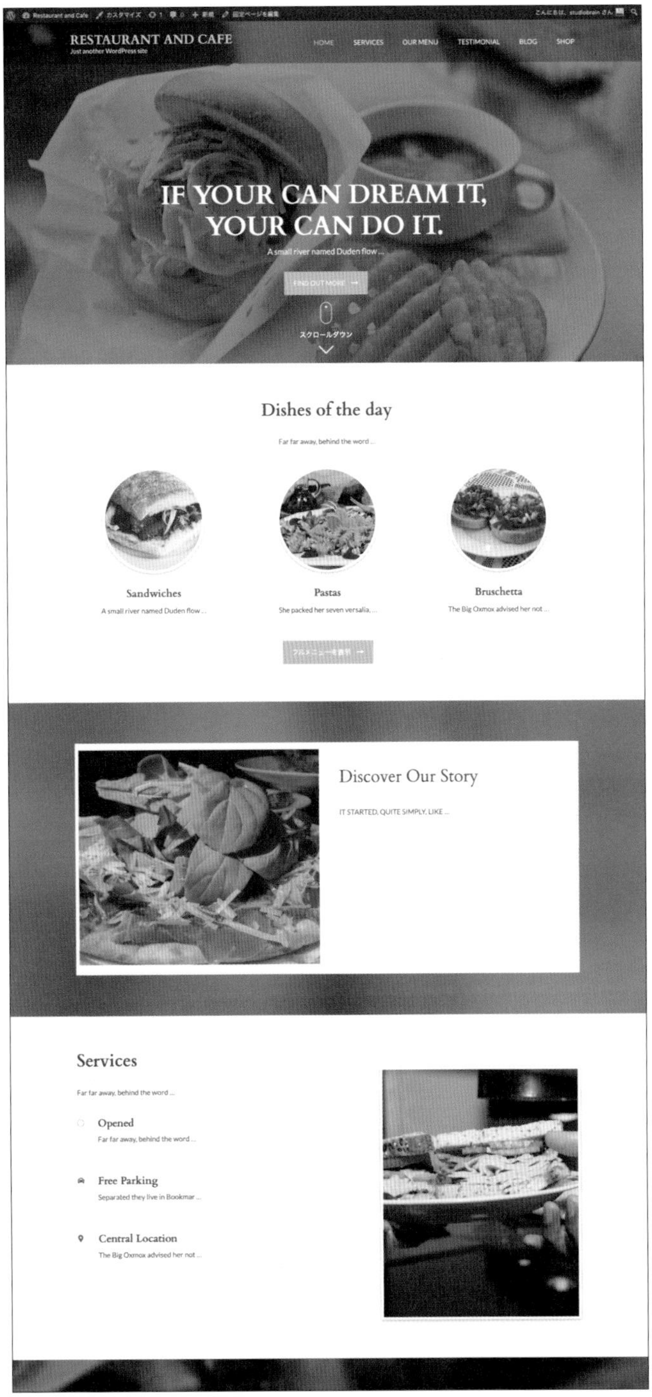

Section 004

個人紹介向けのテーマを活用する

LEVEL

アーティストやタレントなどが個人紹介のためのWebサイトを作ることもあるでしょう。そのようなポートフォリオ的な用途に最適化されたテーマも用意されています。ここでは、「Perfect Portfolio」というテーマを使ってみます。

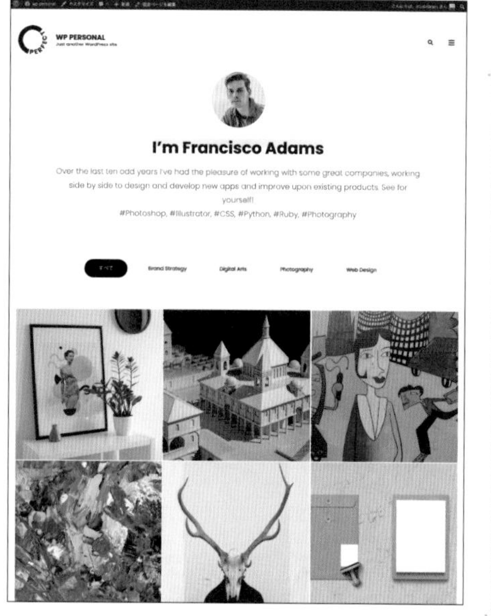

Perfect Portfolioを使用する

Perfect Portfolioをインストールする

メインナビゲーションメニューで「外観」→「テーマ」→「新規追加」をクリックし、「Perfect Portfolio」で検索して、「インストール」をクリックします。P.70を参考にPerfect Portfolioを有効化し、「プラグインのインストールを開始」をクリックします❶。

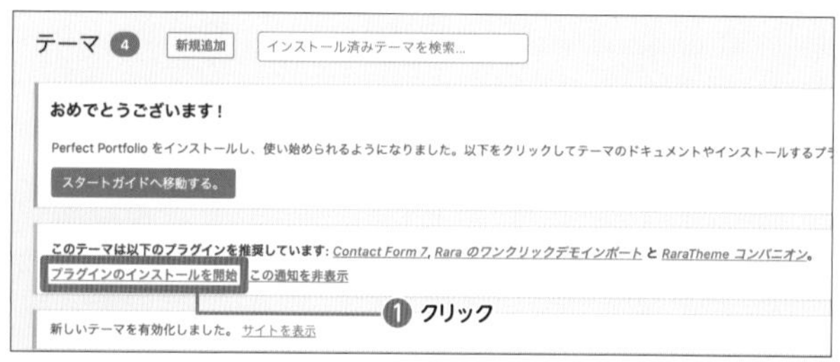

プラグインをインストールする

すべてのプラグインを選択し❶、プルダウンメニューで「インストール」を選択して❷、「適用」をクリックし❸、プラグインを有効化します。

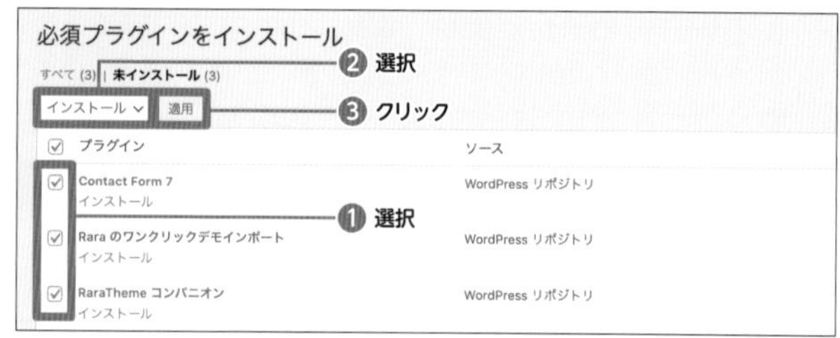

デモデータをダウンロードする

P.169を参考にPerfect Portfolioのデモデータのダウンロードページを表示し、文章中の「Download Perfect Portfolio Demo File」をクリックして、デモデータをダウンロードします❶。

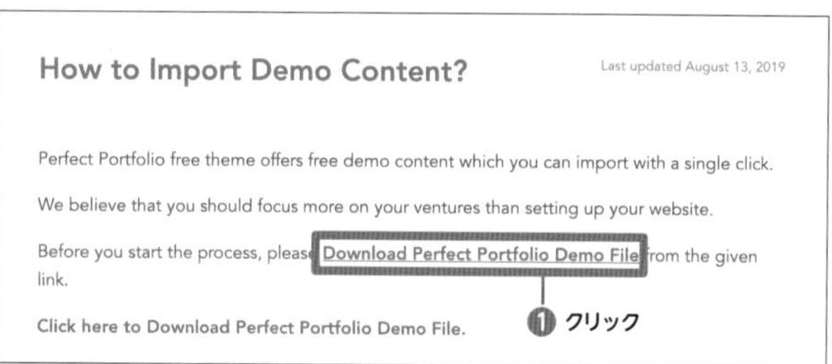

デモデータをインポートする

「RARA Demo Import」画面に戻り、上部の「Upload Demo File」をクリックします❶。「ファイルを選択」をクリックしてダウンロードしたデモデータを選択し❷、「Install Now」→「Import Demo Now!」をクリックしてインポートします❸。

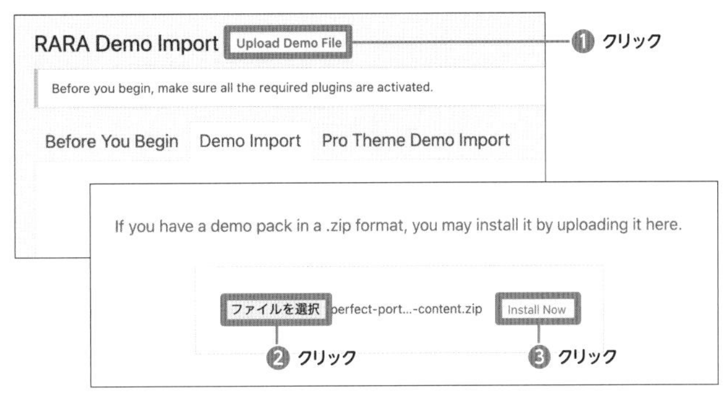

コンテンツをカスタマイズする

デモデータがインポートされて、ダミーの画像やテキストが入った状態のWebサイトができます。あとはテーマカスタマイザーなどで自分のコンテンツに差し替えていきましょう。

このテーマは、右のようにトップページに多くの写真を一覧で配置できるようになっているため、個人紹介のポートフォリオを作成するのに適しています。作品例の投稿を行ってカテゴリで分類するだけで、見やすいポートフォリオがかんたんに作成できます。自分が手掛けられる仕事の種類などを紹介するスペースも設けられており、デザイナーや画家、タレントなどといった、クリエイティブな仕事を手掛ける個人のPRサイトとして活用しやすいでしょう。

Section 005 写真表示向けのテーマを活用する

写真家の作品など、さまざまな写真を表示するギャラリーサイトの構築に適したテーマも用意されています。ここでは、「Pixgraphy」という写真表示スペースの多いテーマを使ってみます。

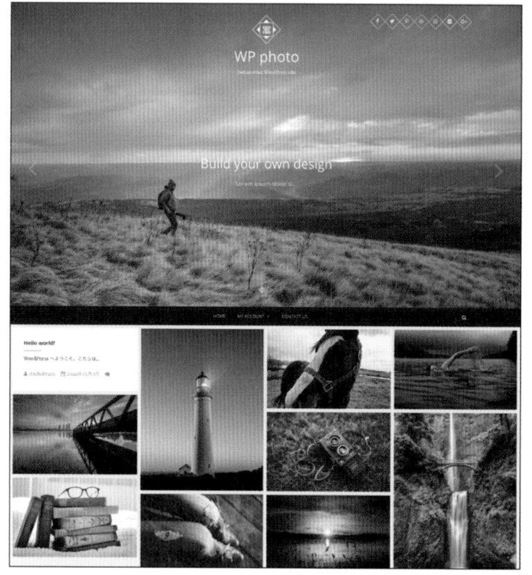

Pixgraphyを使用する

Pixgraphyをインストールする

メインナビゲーションメニューで「外観」→「テーマ」→「新規追加」をクリックし、「Pixgraphy」で検索して、「インストール」をクリックします。P.70を参考にPixgraphyを有効化し、「Download Demo Import Plugin Pixgraphy」をクリックします❶。

デモデータをダウンロードする

「FREE DOWNLOAD」をクリックして、インポートデータをダウンロードします❶ 。

プラグインを追加する

メインナビゲーションメニューで「プラグイン」→「新規追加」→「プラグインのアップロード」をクリックします❶。「ファイルを選択」をクリックしてダウンロードしたデモデータを選択し❷、「今すぐインストール」をクリックします❸。

プラグインを有効化する

インストールが完了したら、「プラグインを有効化」をクリックします❶ 。

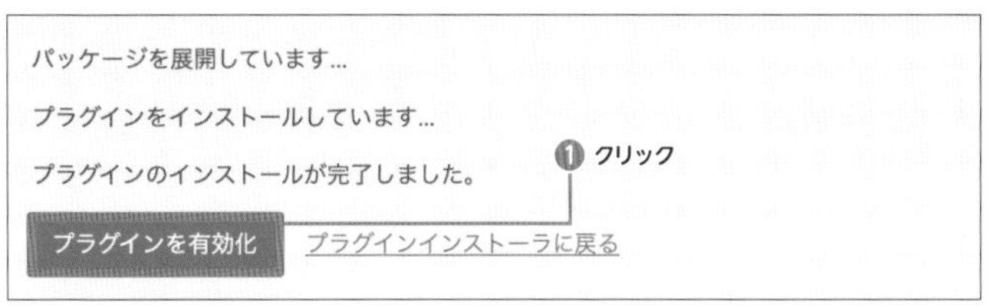

デモデータをインポートする

メインナビゲーションメニューで「外観」→「Import Demo Data」をクリックします❶。「Pixgraphy Free」の「Import」→「Yes, import!」をクリックします❷。

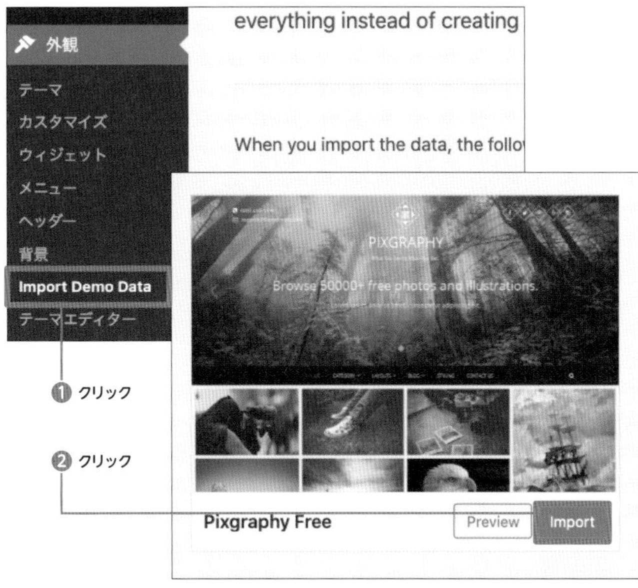

コンテンツをカスタマイズする

デモデータがインポートされて、ダミーの画像やテキストが入った状態のWebサイトができます。あとはテーマカスタマイザーなどで自分のコンテンツに差し替えていきましょう。

このテーマは、右のようにたくさんの写真を掲載するスペースが設けられていることが最大の魅力です。最上部に大きく表示されているカバー写真も左右に切り替えることができる仕様で、インパクトのある写真の見せ方が可能です。写真家の作品はもちろん、料理や建築、インテリア、デザインなどのギャラリーサイトを作成するのに最適です。

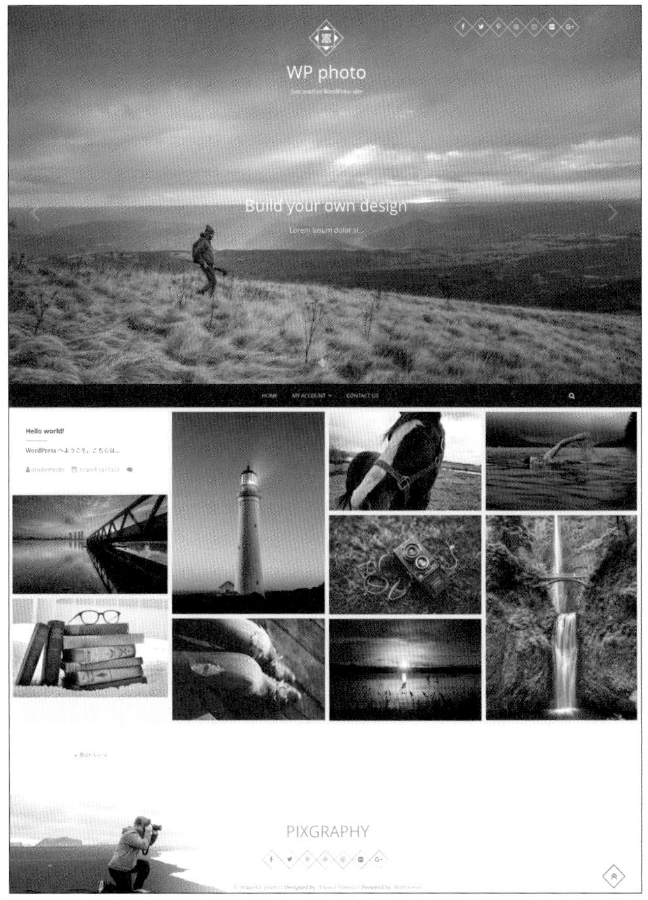

Section 006 記事に適したテーマを活用する

記事の掲載をメインとしたブログに適したテーマも、豊富に用意されています。ここでは、「Iconic One」というテーマを使った、カスタマイズ例を紹介します。

Iconic Oneを使用する

Iconic Oneをインストールする

メインナビゲーションメニューで「外観」→「テーマ」→「新規追加」をクリックし、「Iconic One」で検索して、「インストール」をクリックします❶。

P.70を参考にIconic Oneを有効化すると、右のようなWebサイトになります。ここにカスタマイズを加えていきます。

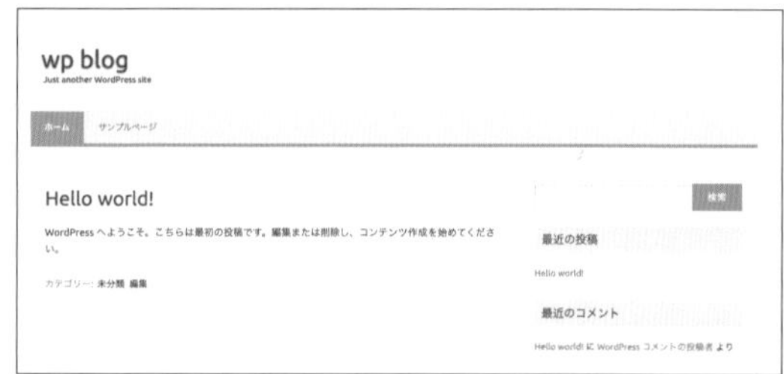

メニューを作成する

メインナビゲーションメニューで「外観」→「メニュー」をクリックし、Chapter 7を参考にメニューを作成します。今回は、右のように「メイン」という名前で作成し、各種カテゴリーを並べました❶。「メニューの位置」では「メインメニュー」にチェックを付けます❷。「メニューを保存」をクリックします❸。

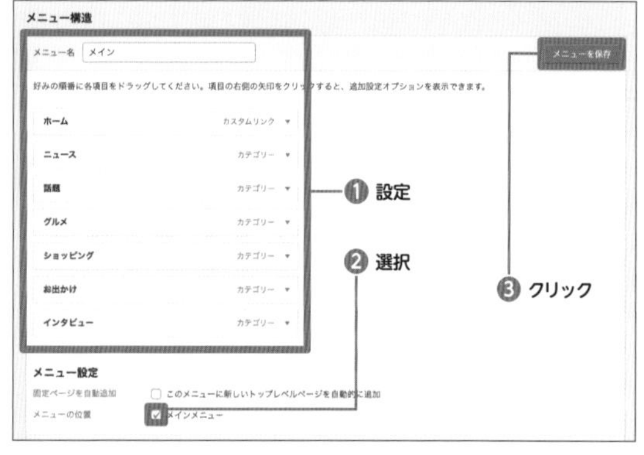

ロゴを設定する

メインナビゲーションメニューで「外観」→「カスタマイズ」をクリックしてテーマカスタマイザーを開き、「ロゴ」をクリックします❶。P.180を参考に作成したロゴ画像を設定し❷、「公開」をクリックします❸。

SNSのURLを設定する

テーマカスタマイザーのトップ画面に戻り、「SNS」をクリックします❶。「Show social buttons」にチェックを付け❷、各種SNSのリンクさせたいマイページのURLを入力します❸。完了したら「公開」をクリックします❹。

Webサイトを確認する

Webサイトを確認すると、右のように仕上がっています。このように投稿がすぐに確認できるレイアウトのため、記事メインのコンテンツを作成するのに適しています。「Twenty Twenty」などのテーマが先進的でとっつきにくく感じられる場合は、このような従来のブログらしいデザインのテーマを使ってみるとよいでしょう。

Chapter 9 テーマのレシピ

Section 007

デザインの一部を強調してアクセントにする

LEVEL

DLデータ
sample178

強調したいテキストを装飾的にデザインして、ビジュアルからもイメージが伝えられるようにしましょう。ここでは、見出しのフォントや色、装飾などを、CSSで強調します。

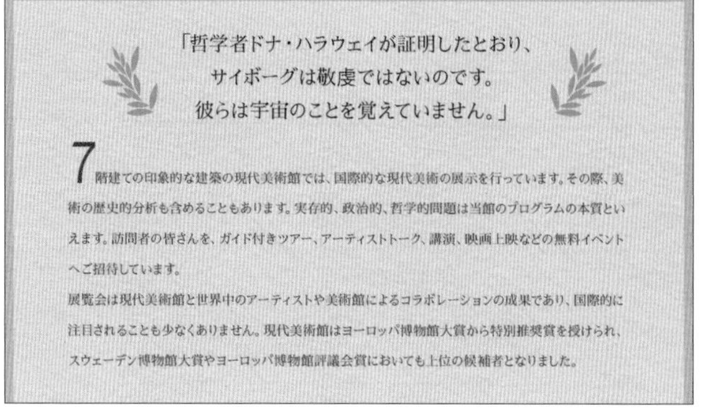

フォントやフォントサイズ、色を変更する

右の見出しテキストをデザインして強調します。フォントやフォントサイズを変更して、言葉が視覚的にも伝わりやすいデザインに変更してみましょう。

「哲学者ドナ・ハラウェイが証明したとおり、サイボーグは敬虔ではないのです。彼らは宇宙のことを覚えていません。」

CSSのクラスを設定する

ブロックエディターを開き、装飾を加える見出しを選択したうえで、設定メニューの「高度な設定」の「追加CSSクラス」に、CSSのクラスを入力します❶。任意の重複しない名前にしましょう。ここ以外の箇所でもくり返し使えるように、今回は「text-style1」としました。

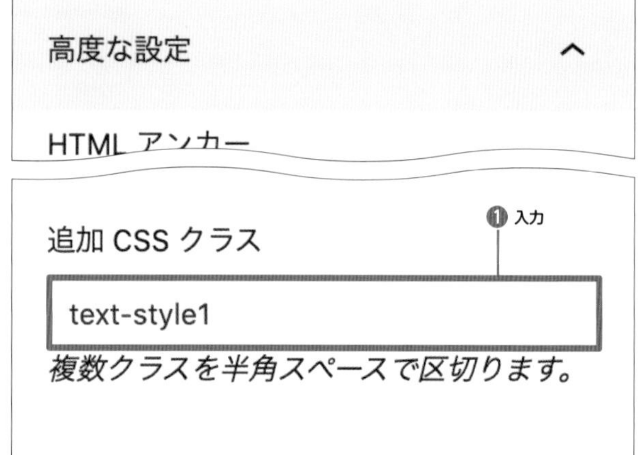

CSSを追加する

メインナビゲーションメニューで「外観」→「カスタマイズ」をクリックしてテーマカスタマイザーを開き、「追加CSS」をクリックして、右のコードを入力します。またはFTPクライアントを使用して、「style.css」に追加で書き込みます。

このコードによって、フォントが標準のゴシック体(san-serif)から明朝体(serif)に、フォントサイズが38pxに、色がワインレッドになります。

【CSS】style.css (sample178→178)

```
.text-style1{
font-family: serif!important;
font-size: 38px;
color: #7c1423;
}
```

「哲学者ドナ・ハラウェイが証明したとおり、サイボーグは敬虔ではないのです。彼らは宇宙のことを覚えていません。」

▣ デザイン装飾を加える

画像をアップロードする

メインナビゲーションメニューで「メディア」→「新規追加」をクリックして❶、「ファイルを選択」をクリックし❷、あらかじめ作成した装飾用の画像をメディアライブラリにアップロードします。アップロードした画像をクリックし、「URLをクリップボードにコピー」をクリックしてURLをコピーします。

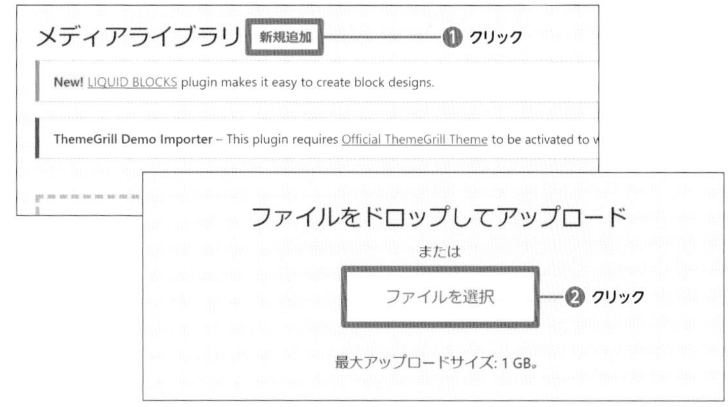

CSSを追加する

テーマカスタマイザーを開いて「追加CSS」をクリックし、以下のコードを追記します。コード内の画像のURLは、前の手順でコピーしたものを使用します。テキストの左右に飾りを配置して、テキストをセンターに配置することで可読性が上がり、視覚的に文字を認識しやすくなります。なお、今回の装飾は、横幅が狭いスマートフォンなどには不向きなので、Webブラウザ幅が800px以上の場合のみ適用されるようにしました。また、テキストには事前にブロックエディターで改行を入れてあります。

【CSS】style.css (sample178→179)

```
@media(min-width:800px){
.text-style1{
display: block;
padding:0 100px;
}
.text-style1:before {
content: url(http://wp-recipe.com/wp-content/uploads/2020/11/text-left.png);
position: absolute;
top: 0;
left: 0;
}
.text-style1:after {
content: url(http://wp-recipe.com/wp-content/uploads/2020/11/text-right.
png);
position: absolute;
top: 0;
right: 0;
}
}
```

「哲学者ドナ・ハラウェイが証明したとおり、
サイボーグは敬虔ではないのです。
彼らは宇宙のことを覚えていません。」

Section
008 ロゴを設定する

Webサイトにふさわしいロゴを作成して設定し、オリジナリティの高い印象に仕上げてみましょう。ここでは、無料ツールのLOGO MAKERで作成します。

ロゴを作成する

LOGO MAKERでロゴを作成する

ロゴの作成は、デザイナーが専用のデザインツールで行うことが一般的ですが、今回は、商用無料でロゴがかんたんに作れるLOGO MAKERを使用します。「https://logo-maker.stores.jp」にアクセスしてWebサイト名を入力し❶、 をクリックします❷。アイコン一覧からアイコンをクリックして選択し❸、「完成させる」をクリックして作成します❹。

右が作成したロゴです。今回使用するテーマの「Twenty Twenty」では、推奨される画像サイズは120×90pxですが、縦横が大きく変わらなければ、これより大きくなる分には問題ありません。

ロゴを設定する

ロゴの設定画面を表示する

メインナビゲーションメニューで「外観」→「カスタマイズ」をクリックしてテーマカスタマイザーを開き、「サイト基本情報」をクリックします❶。「ロゴを選択」をクリックします❷。

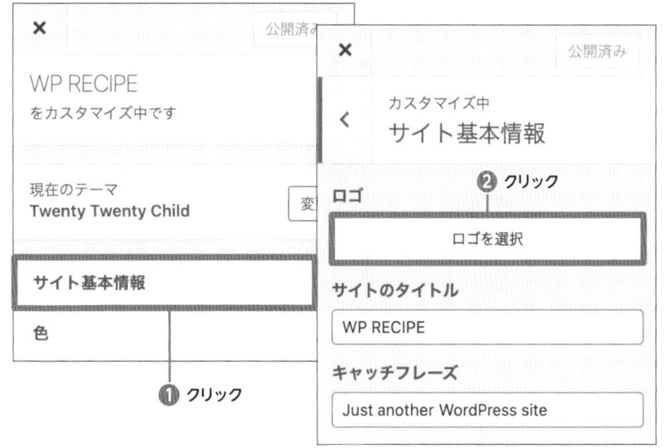

ロゴを選択する

ここでは「メディアライブラリ」をクリックし❶、あらかじめアップロード済みのロゴを選択し❷、「選択」をクリックします❸。

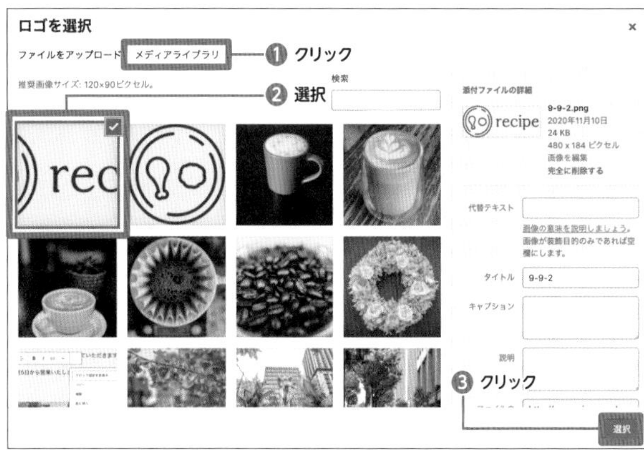

ロゴを確認する

ロゴが設定されます。右がスマートフォンでの表示、下がパソコンでの表示です。実際に配置してバランスがおかしいようなら、サイズなどを調整してやり直してみてください。

Chapter 9 テーマのレシピ

Section 009

サイトにマッチするサイトアイコンを設定する

Webブラウザのタブ上のアイコンを、ファビコンやサイトアイコンといいます。オリジナルのファビコンを設定して、印象的に演出してみましょう。

サイトアイコンを変更する

デフォルトでは、右のようなサイトアイコンが設定されています。このサイトアイコンをオリジナルのものに変更します。

サイトアイコンを作成する

今回は、P.180で紹介したLOGO MAKERで作成したロゴをもとに、右のサイトアイコンを作成しました。サイトアイコンは、512×512px以上の正方形で用意する必要があることに注意してください。なお、今回は白背景のPNG形式で用意しました。

サイトアイコンの設定画面を表示する

メインナビゲーションメニューで「外観」→「カスタマイズ」をクリックしてテーマカスタマイザーを開き、「サイト基本情報」をクリックします❶。

サイトアイコンを選択する

「サイトアイコンを選択」をクリックします❶。

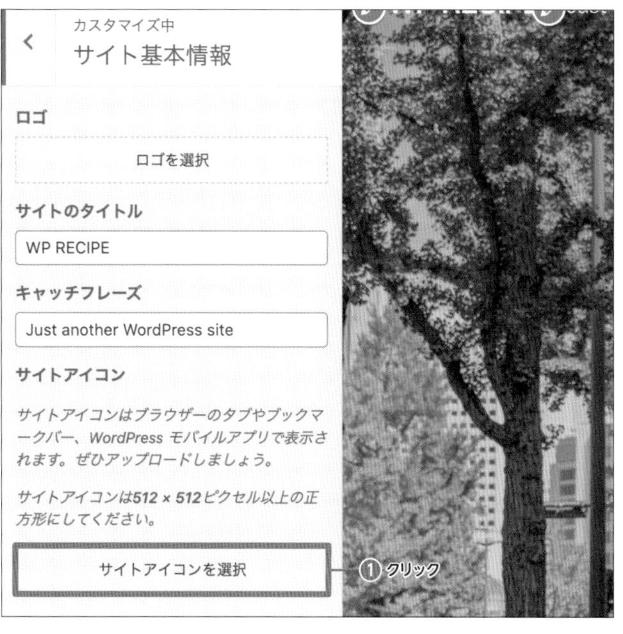

サイトアイコンを設定する

ここでは「メディアライブラリ」をクリックし❶、あらかじめアップロード済みのサイトアイコンを選択し❷、「選択」をクリックします❸。

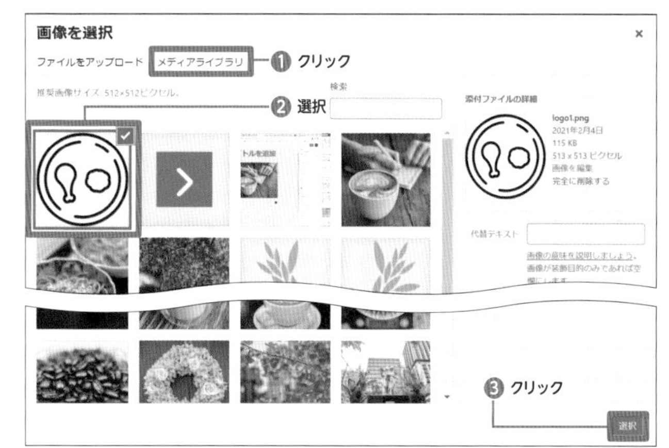

サイトアイコンを確認する

サイトアイコンが下のように設定されます。なお、サイトアイコンを設定すると、Webサイトのショートカットをスマートフォンのホーム画面に登録した際にも、アイコンとして表示されます。

Section 010

小さなサムネイルを横並びで表示させる

LEVEL ●●●

DLデータ sample184

「Twenty Twenty」というテーマでは、デフォルトでは投稿のサムネイルが大きく縦に表示されます。そこで、小さなサムネイルが横並びで表示されるように、CSSをカスタマイズしてみましょう。

CSSでサムネイルを作成する

「Twenty Twenty」のデフォルトでは、右のように投稿の大きめのサムネイル(投稿一覧などで使用する画像)が縦に一列で表示され、スマートフォンでの見た目と同じになっています。これでは多くの投稿がある場合に、スクロールが面倒になるうえ、各投稿の内容も把握しづらくなってしまいます。

そこで今回は、ブラウザの横幅が800px以上のときには投稿のサムネイルが3列で表示されるようなCSSを考えてみましょう。あわせて、余白を調整し、区切り線や投稿者、コメント、本文が非表示となるようにしましょう。

CSSを追加する

以下のCSSを、P.160を参考に「追加CSS」に追加します。もしくは、子テーマの「style.css」に追加します。

【CSS】style.css (sample184)

```
<!-- 横幅800px以上で適用させる -->
@media(min-width:800px){

<!-- フレックスボックスを適用 -->
.blog main#site-content {
    display: flex;
    flex-wrap: wrap;
    max-width:1780px;
    margin:auto;
}
```

```
<!-- 投稿の横幅と余白 -->
.blog article.post {
    width: 33.333%;
    padding: 30px 0 0 0!important;
}

<!-- 区切り線を非表示 -->
.blog hr.post-separator {
    display: none;
}

<!-- 投稿者を非表示 -->
.blog li.post-author {
    display: none;
}

<!-- コメントを非表示 -->
.blog li.post-comment-link{
    display: none;
}

<!-- 本文を非表示 -->
.blog .entry-content{
    display: none;
}
}
```


1ページの最大投稿数を設定する

メインナビゲーションメニューで「設定」→「表示設定」をクリックし、「1ページに表示する最大投稿数」を「12」に変更して❶、「変更を保存」をクリックします。

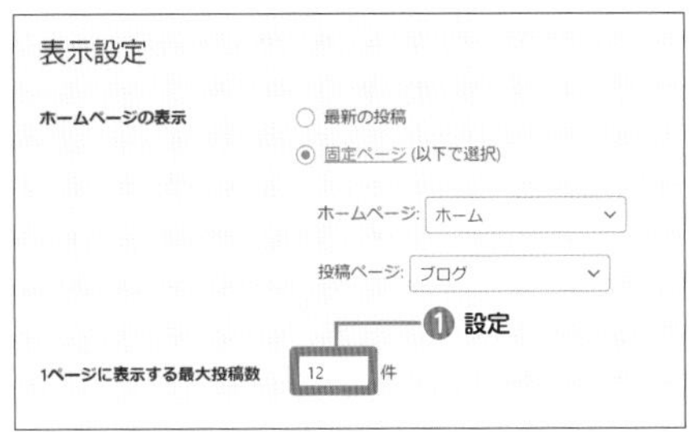

表示を確認する

右のように、サムネイルが3列で12件まで表示されていることを確認します。

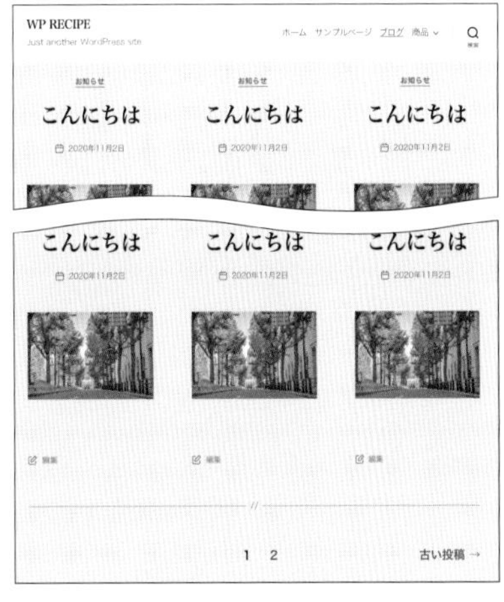

Section
011 コピーライトを変更する

DLデータ
sample186

ほとんどのWebサイトでフッターにコピーライトが記載されます。デフォルトではWebサイト名とWordPressの名前が記載されていますが、この部分を自由にカスタマイズしましょう。

© 2020 サンプル株式会社

フッターのコピーライトを変更する

コピーライトの変更前の状態は以下のようになっています。「2020」は動的なPHPによって、現在の年が表示されるしくみです。その横のWebサイト名（ここでは「WP RECIPE」）は、WordPressの「一般設定」画面（P.40参照）で設定した「サイトのタイトル」から取得されています。さらにその右には、WordPressの名前も記載されています。

© 2020 WP RECIPE　Powered by WordPress

このようなコピーライトを、以下のように変更してみましょう。「2020」は制作した年度に固定し、名称はWebサイト名ではなく社名に変更します。さらに、WordPressの名前の表示は不要のため削除します。

© 2020 サンプル株式会社

「footer.php」を確認する

上記のように変更するには、テーマ（ここでは「Twenty Twenty」）の「footer.php」をカスタマイズします。まずは変更を加える部分を確認しましょう。

【PHP】footer.php（sample186→187）

```
<?php
/**
 * The template for displaying the footer
 *
 * Contains the opening of the #site-footer div and all content after.
 *
 * @link https://developer.wordpress.org/themes/basics/template-files/#template-partials
 *
 * @package WordPress
 * @subpackage Twenty_Twenty
 * @since Twenty Twenty 1.0
 */

?>
			<footer id="site-footer" role="contentinfo" class="header-footer-group">

				<div class="section-inner">

					<div class="footer-credits">

						<p class="footer-copyright">&copy;
							<?php
							echo date_i18n(
								/* translators: Copyright date format, see https://www.php.net/date */
								'Y'
							);
							?>
							<a href="<?php echo esc_url( home_url( '/' ) ); ?>"><?php bloginfo( 'name' ); ?></a>
						</p><!-- .footer-copyright -->

						<p class="powered-by-wordpress">
							<a href="<?php echo esc_url( __( 'https://wordpress.org/', 'twentytwenty' ) ); ?>">
								<?php _e( 'Powered by WordPress', 'twentytwenty' ); ?>
							</a>
						</p><!-- .powered-by-wordpress -->

					</div><!-- .footer-credits -->

					<a class="to-the-top" href="#site-header">
						<span class="to-the-top-long">
							<?php
							/* translators: %s: HTML character for up arrow. */
							printf( 'To the top %s', '<span class="arrow" aria-hidden="true">&uarr;</span>' );
							?>
						</span><!-- .to-the-top-long -->
						<span class="to-the-top-short">
							<?php
							/* translators: %s: HTML character for up arrow. */
							printf( 'Up %s', '<span class="arrow" aria-hidden="true">&uarr;</span>' );
							?>
						</span><!-- .to-the-top-short -->
					</a><!-- .to-the-top -->

				</div><!-- .section-inner -->

			</footer><!-- #site-footer -->

		<?php wp_footer(); ?>

	</body>
</html>
```

変更する部分（21〜29行目）

変更する部分（31〜36行目）

WordPressの名前の表示を削除する

まず、WordPressの名前の表示を削除します。そのためには、以下の部分を削除します❶。

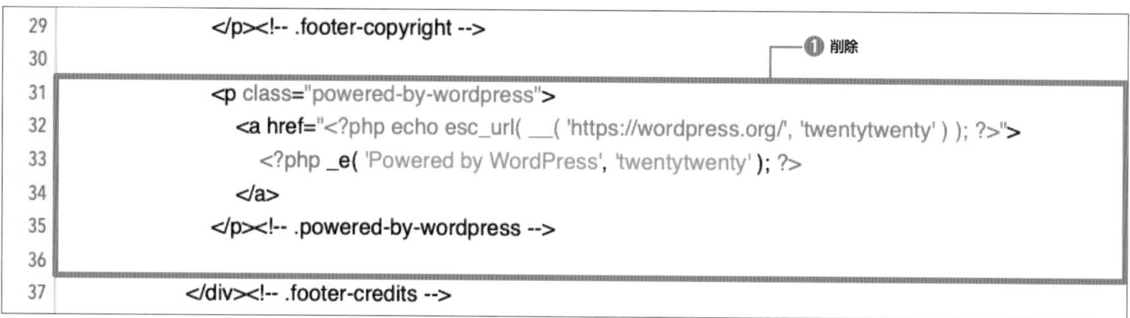


```
</p><!-- .footer-copyright -->

<p class="powered-by-wordpress">
  <a href="<?php echo esc_url( __( 'https://wordpress.org/', 'twentytwenty' ) ); ?>">
    <?php _e( 'Powered by WordPress', 'twentytwenty' ); ?>
  </a>
</p><!-- .powered-by-wordpress -->

</div><!-- .footer-credits -->
```

Webサイト名を社名に変更する

Webサイト名の表示に関する部分を変更します。まずは、動的なPHPが記述された、以下の不要な部分を削除します❶。なお、最初の行に記述されている「©」は、©マークとして表示されるもののため、そのままで大丈夫です。

```
<p class="footer-copyright">&copy;
  <?php
  echo date_i18n(
    /* translators: Copyright date format, see https://www.php.net/date */
    'Y'
  );
  ?>
  <a href="<?php echo esc_url( home_url( '/' ) ); ?>"><?php bloginfo( 'name' ); ?></a>
</p><!-- .footer-copyright -->
```

❶ 削除

削除した部分に、表示させたい静的な文字（ここでは「2020 サンプル株式会社」）を直接書き入れます❷。この変更したファイルをアップロードすれば、コピーライトが変更されます。

○【PHP】footer.php（sample186→188）

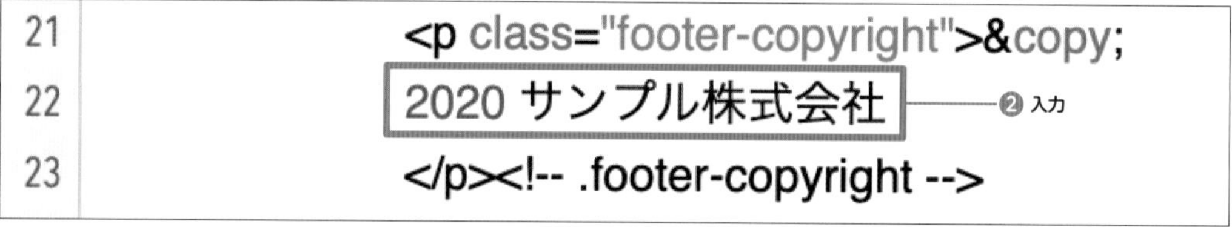


```
<p class="footer-copyright">&copy;
2020 サンプル株式会社
</p><!-- .footer-copyright -->
```

© 2020 サンプル株式会社

コピーライトの正しい表記

コピーライトは必要不可欠というものではなく、たとえ記載されていなくとも、自身の著作物であることに変わりはありません。しかし、記載しておくと誰の著作物かわかりやすいため、入れておくことが一般的です。書き方は、もっともシンプルな「©著作年度＋名前」というスタイルが万国著作権条約によって正式とされていますが、それ以外の表現でも問題はありません。

Chapter

10

投稿・固定ページのレシピ

このChapterでは、投稿と固定ページにおける、より具体的なテクニックを紹介します。テキストを適切に強調したり、画像を柔軟に配置したりして、Webサイトをより魅力的なデザインに仕上げていきましょう。

Section 001

メインビジュアルの大きなページを作成する

LEVEL ●●○

固定ページにカスタムテンプレートを適用して、メインビジュアルの大きなWebページを作成してみましょう。コンテンツがダイナミックに強調された、印象的なWebページに仕上げられます。

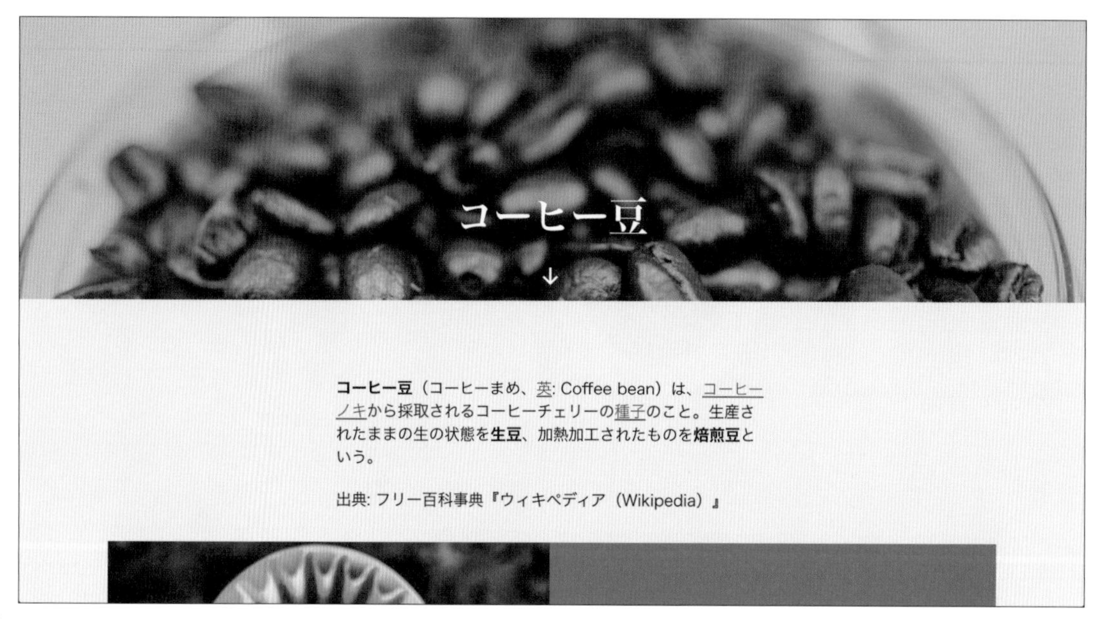

◘ カバーテンプレートを使用する

右が編集前のデザインで、タイトルまわりには何もビジュアルは入っていません。この固定ページにカバーテンプレートを適用して、大きなメインビジュアルを表示させます。

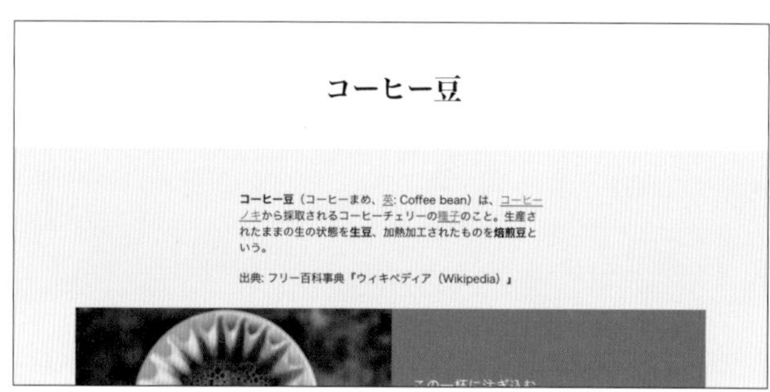

テンプレートを変更する

固定ページをブロックエディターで開き、「ページ属性」の「テンプレート」で「カバーテンプレート」を選択します❶。

画像を選択する

「アイキャッチ画像」の「アイキャッチ画像を設定」をクリックして❶、メインビジュアルにしたい画像を選択します。メインビジュアルとして使えるように、大きめの画像を指定することがポイントです。

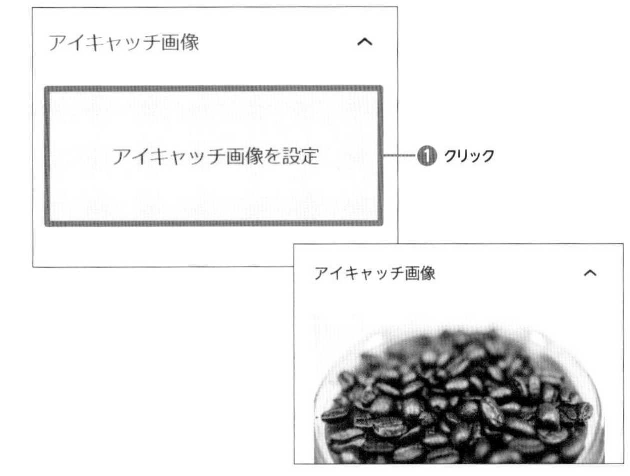

カバーテンプレートを設定する

メインナビゲーションメニューで「外観」→「カスタマイズ」をクリックしてテーマカスタマイザーを開き、「カバーテンプレート」をクリックします。「オーバーレイ背景色」の「色を選択」をクリックしてオーバーレイの色を設定し❶、「オーバーレイの不透明度」のスライダーをドラッグして不透明度を設定します❷。今回は、「オーバーレイ背景色」を「#000000」(真っ黒)にし、「オーバーレイの不透明度」を低めに設定します。

なお、「固定背景画像」では、背景画像を画面スクロールとあわせて動かすか、画像だけ固定するかを設定することができます❸。

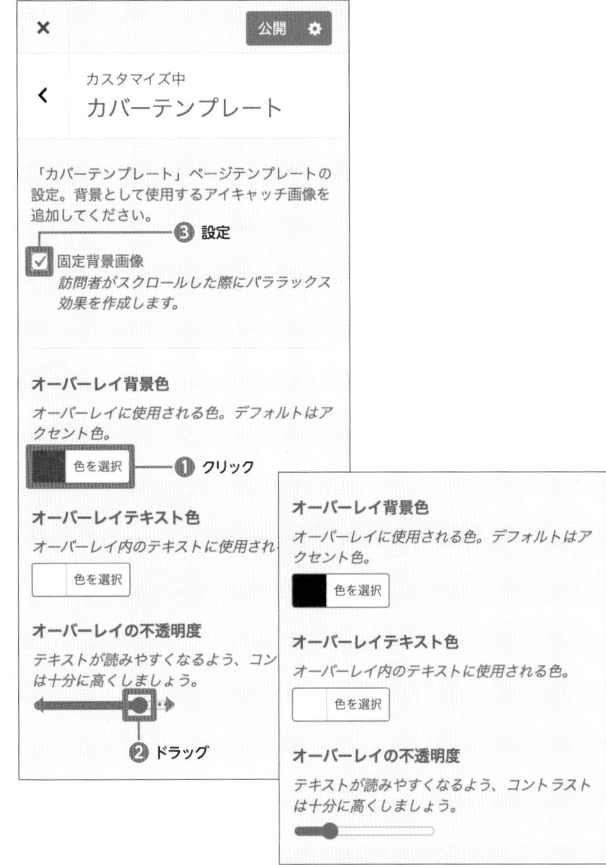

メインビジュアルが設定される

右のように、左右いっぱいのメインビジュアルが設定されます。上に載っているタイトルをさらに強調したければ、オーバーレイの不透明度をより高くするとよいでしょう。

Section **002**

横幅いっぱいのコンテンツを作成する

画像などのコンテンツが横幅いっぱいに広がるようにして、ダイナミックなWebページを作成しましょう。横幅いっぱいに広げられるほか、左右にスペースのある程よくワイドな幅に広げることもできます。

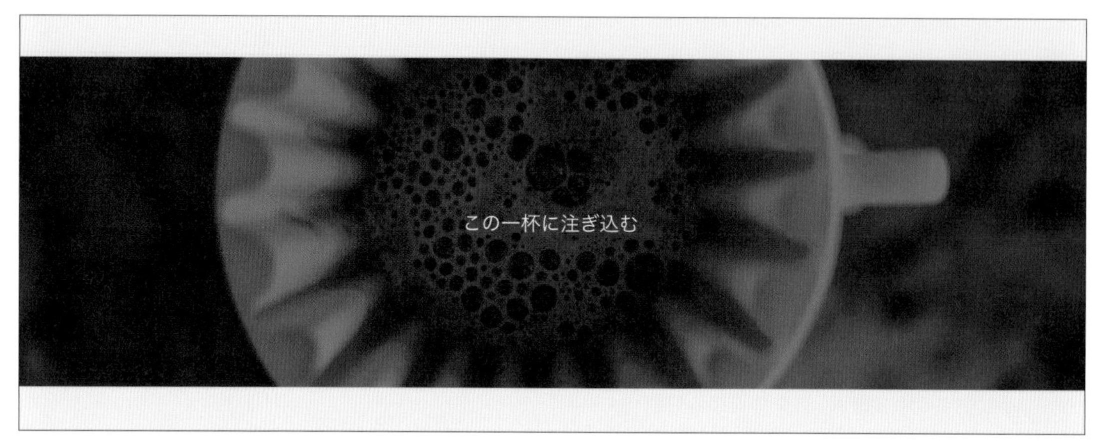

カバーのブロックを使用する

カバーのブロックを挿入する

ブロックエディターを開き、横幅の広い画像を挿入したい場所を選択した状態で、■をクリックします❶。

「カバー」をクリックします❷。

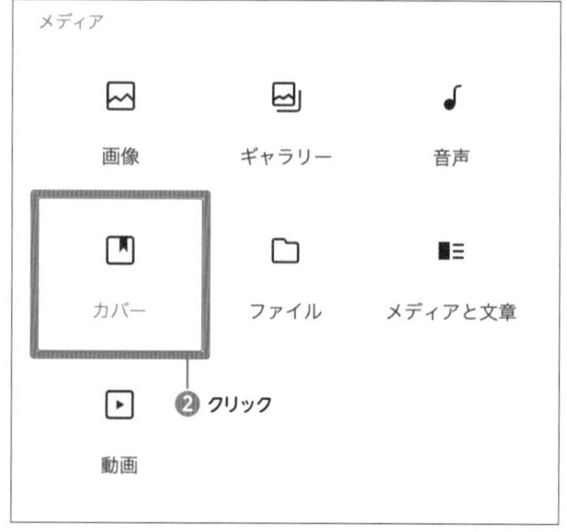

画像を挿入する

「アップロード」か「メディアライブラリ」をクリックして❶、画像を挿入します。

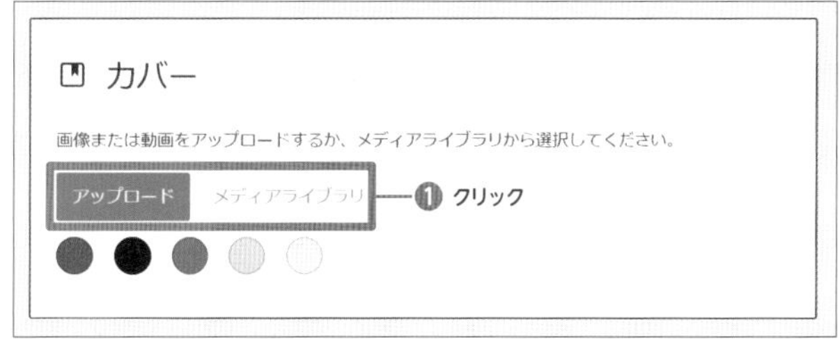

幅を選択する

ブロックのメニューで（選択状況によって変化）をクリックすると❶、配置や幅を選択できます。

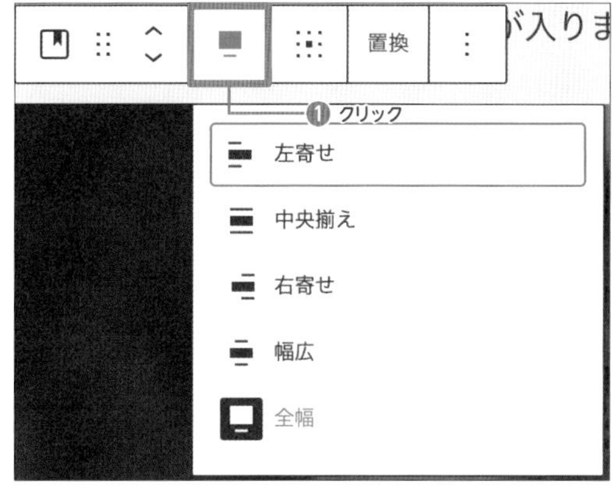

「幅広」を選択すると、次のようになります。ブロックの前後と程よく調和を保ちたい場合によいでしょう。

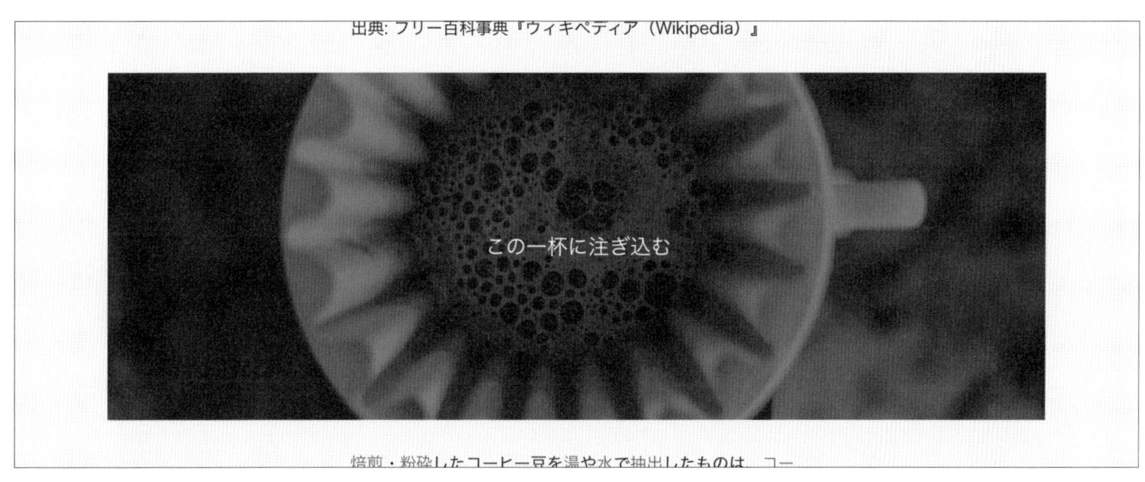

「全幅」を選択すると、次のようになります。ダイナミックに表現したいときに使いましょう。

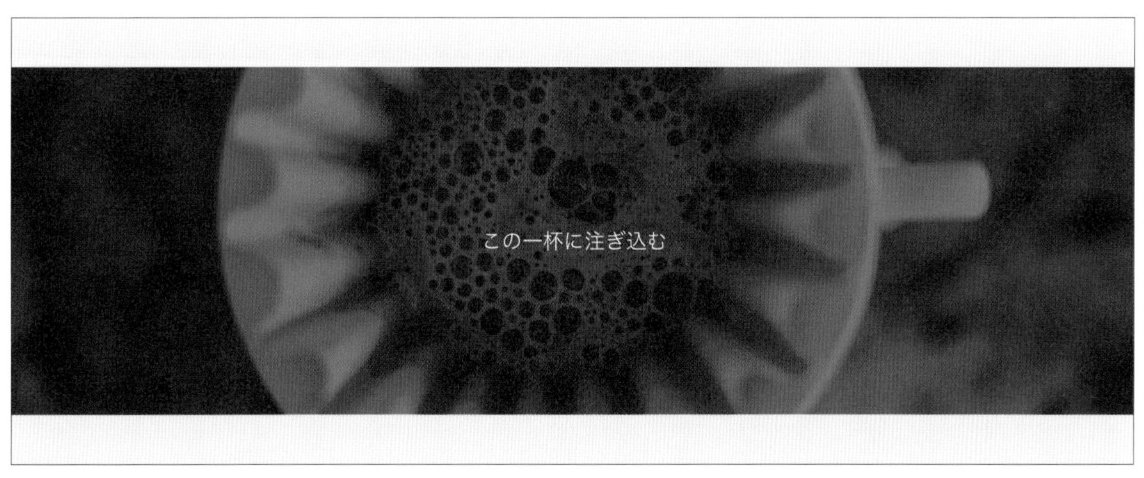

Section
003 投稿のボリュームに最適な幅を設定する

LEVEL

横幅が広くて、文章が読みづらいと思ったら、最適な幅に調節してみましょう。カラムのブロックを使用して、レイアウトを2つや3つに切り分けることもできます。

未分類

ボリュームが多い

作成者: studiobrain2　2020年11月2日

コメントはまだありません

親譲りの無鉄砲で小供の時から損ばかりしている。小学校に居る時分学校の二階から飛び降りて一週間ほど腰を抜かした事がある。なぜそんな無闇をしたと聞く人があるかも知れぬ。別段深い理由でもない。新築の二階から首を出していたら、同級生の一人が冗談に、いくら威張っても、そこから飛び降りる事は出来まい。弱虫やーい。と囃したからである。小使に負ぶさって帰って来た時、おやじが大きな眼をして二階ぐらいから飛び降りて腰を抜かす奴があるかと云ったから、この次は抜かさずに飛んで見せますと答えた。（青空文庫より）

親譲りの無鉄砲で小供の時から損ばかりしている。小学校に居る時分学校の二階から飛び降りて一週間ほど腰を抜かした事がある。なぜそんな無闇をしたと聞く人があるかも知れぬ。別段深い理由でもない。新築の二階から首を出していたら、同級生の一人が冗談に、いくら威張っても、そこから飛び降りる事は出来まい。弱虫やーい。と囃したからである。小使に負ぶさって帰って来た時、おやじが大きな眼をして二階ぐらいから飛び降りて腰を抜かす奴があるかと云ったから、この次は抜かさずに飛んで見せますと答えた。（青空文庫より）

幅の広いテンプレートを使用する

右はデフォルトテンプレートです。横幅が狭いので、長い文章を入れても読みにくくなることはありません。ただし、小説のような非常に長い文章の場合、それだけスクロールする回数も多くなってしまうため、かえって面倒です。そのような場合には、幅が広いテンプレートに切り替えましょう。

未分類

ボリュームが少ない

作成者: studiobrain2　2020年11月2日

コメントはまだありません

親譲りの無鉄砲で小供の時から損ばかりしている。小学校に居る時分学校の二階から飛び降りて一週間ほど腰を抜かした事がある。なぜそんな無闇をしたと聞く人があるかも知れぬ。別段深い理由でもない。新築の二階から首を出していたら、同級生の一人が冗談に、いくら威張っても、そこから飛び降りる事は出来まい。弱虫やーい。と囃したからである。小使に負ぶさって帰って来た時、おやじが大きな眼をして二階ぐらいから飛び降りて腰を抜かす奴があるかと云ったから、この次は抜かさずに飛んで見せますと答えた。（青空文庫より）

テンプレートを切り替える

ブロックエディターを開き、「ページ属性」の「テンプレート」で「全幅テンプレート」を選択します❶。

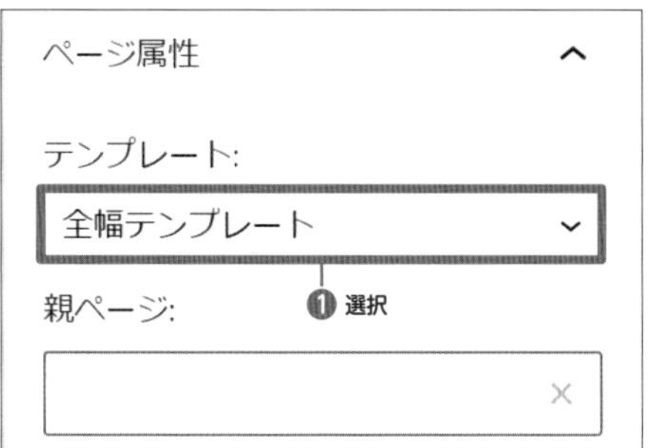

幅が広くなり、非常に長い文章でも少ないスクロールで読めるようになります。

▣ カラムを使用する

カラムのブロックを挿入する

1行が長すぎて読みにくい場合などは、カラム（段組み）を使用して読みやすくしましょう。

カラムを使用するには、ブロック一覧で「カラム」をクリックして❶、カラムの種類をクリックします❷。

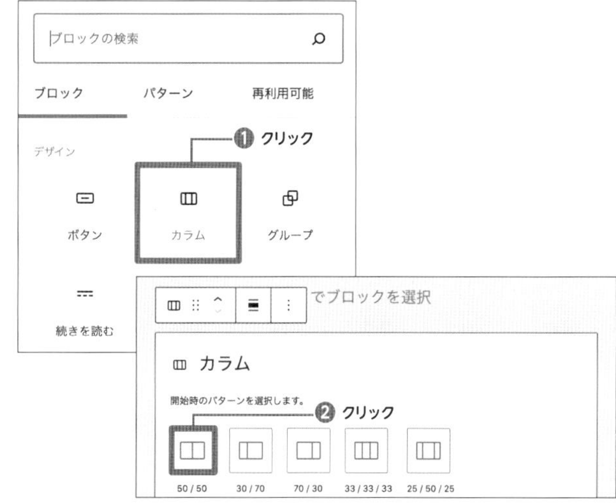

カラムごとに「+」をクリックして❸、段落などのブロックを追加します。

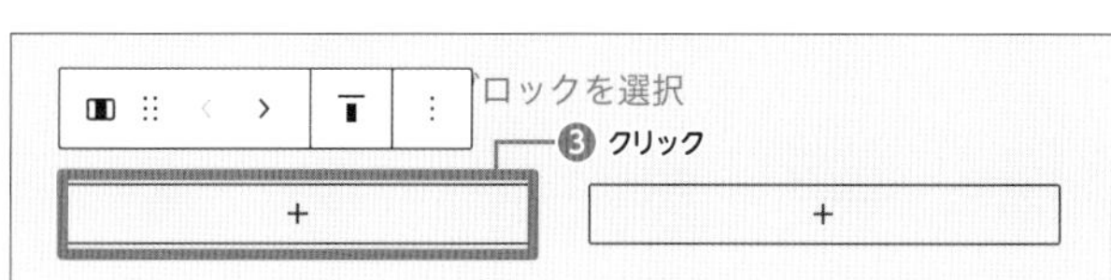

右のようにカラムで文章を切り分ける形になります。

スマートフォンなどで画面の横幅が600pxを下回ると、読みづらくならないように、自動的に1カラムのレイアウトに切り替わります。

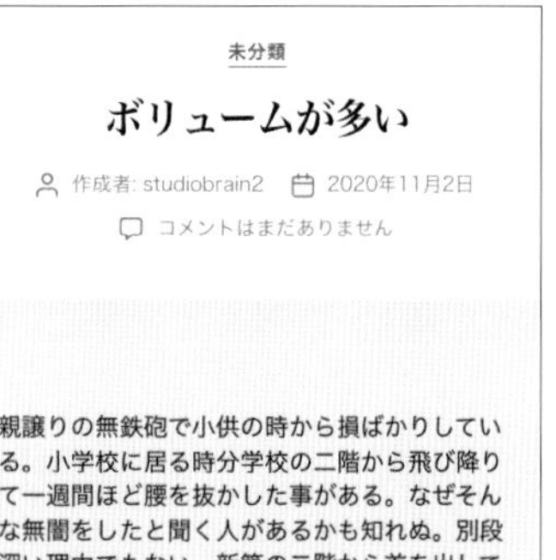

Section 004

LEVEL ●●○

テキストを白抜きにして強調する

テキストの一部の段落を強調したいという場合は、段落の配色を変更してみましょう。ここでは、段落に背景色を設定し、テキストを白抜きにすることで強調する方法を紹介します。

お知らせ

年末年始の休業について
本年も大変お世話になりました。当社では下記の通り休業させていただきます。来年も引き続き変わらぬご愛顧、何卒よろしくお願いいたします。
2020年12月28日～2021年1月5日

背景色を設定して白抜きにする

右は通常の状態です。テキストがすべて黒で、背景色なども何も設定されていないため、デザイン的に寂しく、ユーザーの注目も集めにくくなっています。そこで、段落に背景色を設定し、テキストを白抜きにして強調してみます。

お知らせ

年末年始の休業について
本年も大変お世話になりました。当社では下記の通り休業させていただきます。来年も引き続き変わらぬご愛顧、何卒よろしくお願いいたします。
2020年12月28日～2021年1月5日

背景色を設定する

ブロックエディターを開き、背景色を設定したいブロックを選択し、「色設定」の「背景色」で任意のキーカラーをクリックします❶。テキストを白抜きにしたい場合は、なるべく濃い色を選ぶことがポイントです。

キーカラー以外の色を指定したい場合は、「カスタムカラー」をクリックし❷、カラーピッカーで設定します❸。なお、16進数で指定することもできます。

右のように、背景色が濃いと自動的に文字色が白に設定されます。とくに強調したい場合は、このようにコントラストの高い配色を設定しましょう。キーカラーから選ぶようにすれば、デザインが崩れることはあまりありません。

年末年始の休業について
本年も大変お世話になりました。当社では下記の通り休業させていただきます。来年も引き続き変わらぬご愛顧、何卒よろしくお願いいたします。
2020年12月28日〜2021年1月5日

回 文字色を指定する

「色設定」の「文字色」で、背景色と同様に文字色をクリックして指定することもできます❶。背景色との相性が悪い文字色の場合、右のようにアドバイスが表示されるので、これを参考にして色の組み合わせを調整しましょう。

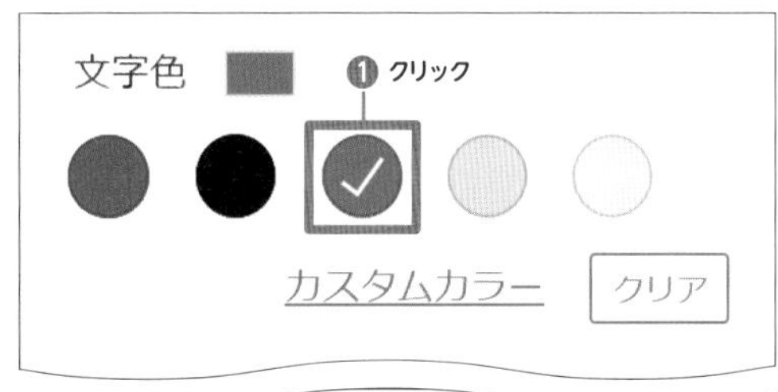

この色の組み合わせは読みにくいため、より暗い背景色、より明るい文字色を試してください。

控えめに強調したい場合や、カラーをあまり使いたくない場合は、使い勝手のよいグレーがおすすめです。

年末年始の休業について
本年も大変お世話になりました。当社では下記の通り休業させていただきます。来年も引き続き変わらぬご愛顧、何卒よろしくお願いいたします。
2020年12月28日〜2021年1月5日

文字色を濃くしたい場合は、背景色を薄めにすることがポイントです。

年末年始の休業について
本年も大変お世話になりました。当社では下記の通り休業させていただきます。来年も引き続き変わらぬご愛顧、何卒よろしくお願いいたします。
2020年12月28日〜2021年1月5日

Section

005 テキストの視認性を高める

LEVEL

テキストがどれも同じサイズで並んでいると、ぱっと見ただけでは、どこに視線を送ってよいのかわかりません。意図的に見出しや太字で強調して、文章を読みやすくしましょう。

坊ちゃん

夏目漱石：1906年

親譲りの無鉄砲で小供の時から損ばかりしている。小学校に居る時分学校の二階から飛び降りて一週間ほど腰を抜かした事がある。なぜそんな無闇をしたと聞く人があるかも知れぬ。別段深い理由でもない。新築の二階から首を出していたら、同級生の一人が冗談に、いくら威張っても、そこから飛び降りる事は出来まい。弱虫やーい。と囃したからである。小使に負ぶさって帰って来た

■ 見出しなどの要素を強調する

右は通常の状態です。見出しも本文も同じフォントサイズと色のため、区別が付きにくく、視認性が高くありません。見出しなどの要素を強調して、視認性を高めてみます。

坊ちゃん

夏目漱石：1906年

親譲りの無鉄砲で小供の時から損ばかりしている。小学校に居る時分学校の二階から飛び降りて一週間ほど腰を抜かした事がある。なぜそんな無闇をしたと聞く人があるかも知れぬ。別段深い理由でもない。新築の二階から首を出していた

見出しを設定する

ブロックエディターを開き、見出しの段落を選択し、¶をクリックして❶、「見出し」をクリックします❷。

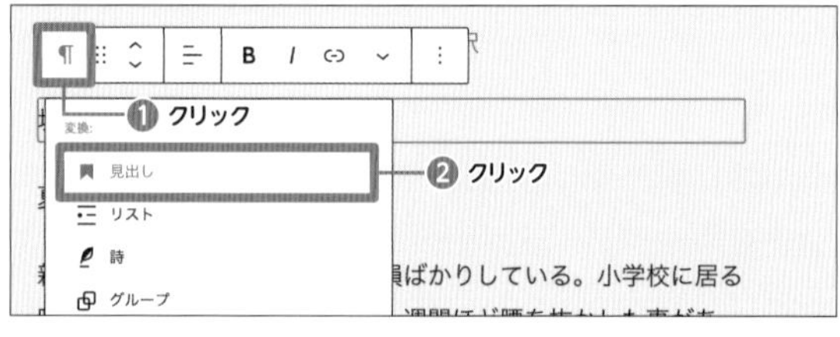

「H○」をクリックして❸、ここでは「H2」をクリックします❹。数字が小さいほどフォントサイズが大きくなります。

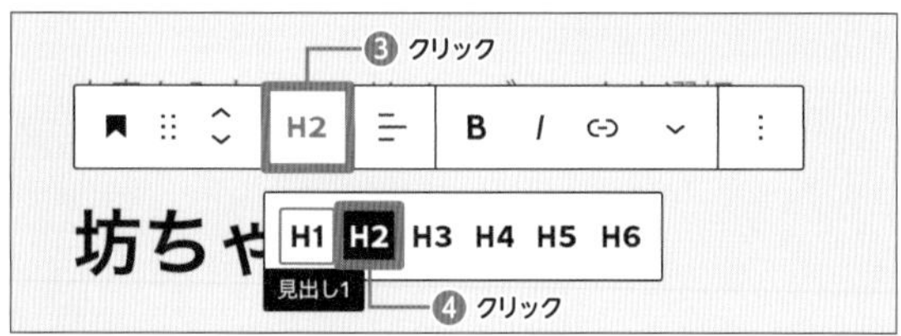

HINT 見出しの付け方

見出しには、H1～H6までありますが、大きさの違いだけで選択するべきではなく、Webページでの意味を考えて設定する必要があります。Webページ全体のタイトルがH1に設定されていることが多いため、本文で使う見出しは、基本的により小さいH2～H6とするのが一般的です。

強調したい要素を太字にする

見出しではないものの重要な要素は、選択したうえで「B」をクリックして、太字にします❶。

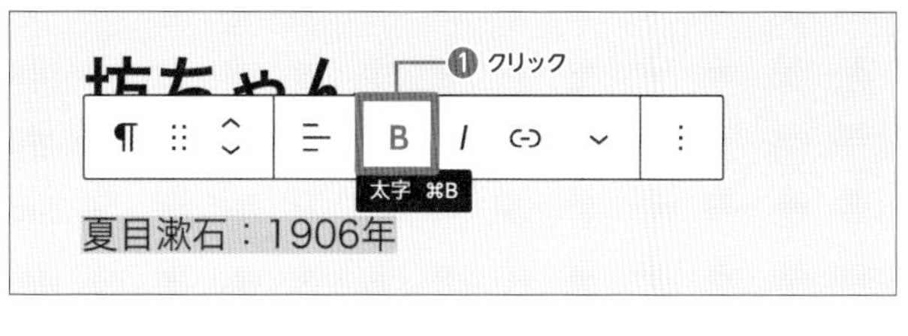

ジャンプ率を大きくする

ジャンプ率とは、本文と見出しのフォントサイズの差を示すものです。フォントサイズの差が大きければジャンプ率は大きくなり、小さければジャンプ率は小さくなります。本文のフォントサイズが21pxであることを考えて、さらにジャンプ率を大きくしてみます。見出しを選択し、「タイポグラフィ」の「カスタム」を「44」にします❶。太字の要素は「24」にします❷。

見出しに背景色を設定する

ブロックエディターでは、ブロックごとに背景色（P.196参照）の設定が可能です。見出しや段落などにもそれぞれ背景色を設定し、さらに見やすくしてみましょう。見出しには濃いグレーを指定し❶、太字の要素にはより薄いグレーを指定します❷。

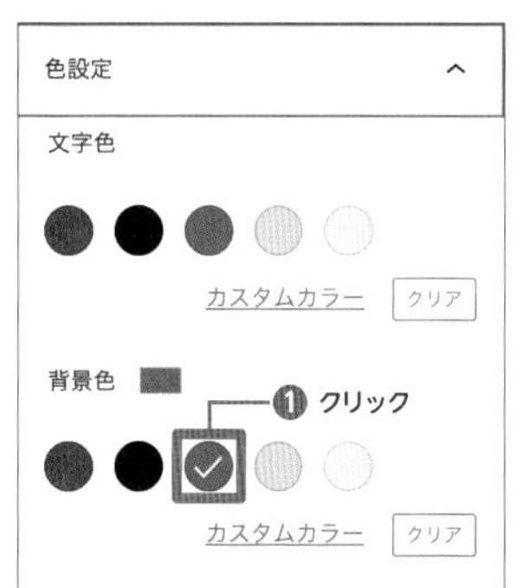

ドロップキャップを設定する

段落の頭文字だけを大きくするドロップキャップも設定します。本文を選択し、「テキスト設定」の「ドロップキャップ」をクリックします❶。

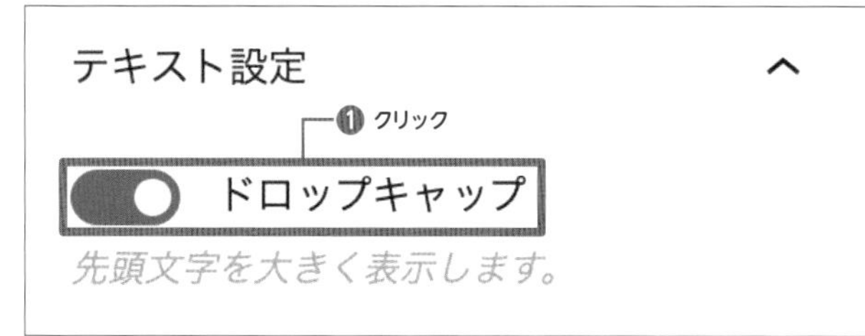

このように、見出しや要素が強調されて、それぞれの意味合いがはっきりとし、より読みやすくなります。

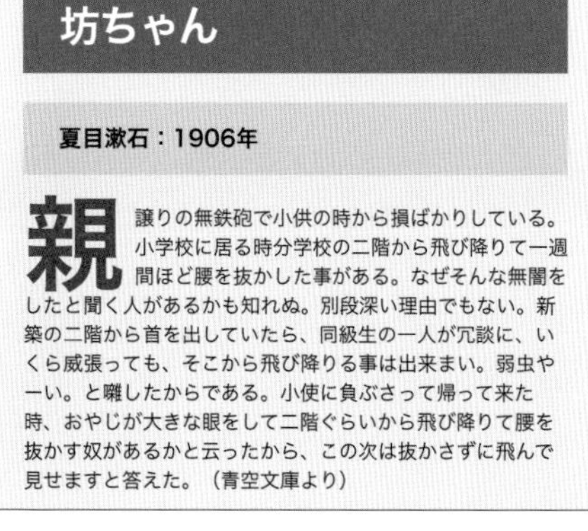

Section

006 画像の上にテキストを重ねる

LEVEL ●●○

通常の画像のブロックでは、その上にテキストを重ねることはできません。画像の上にテキストを重ねたい場合は、カバーのブロックを使ってみましょう。

▣ カバーのブロックを使用する

カバーのブロックを追加する

ブロックエディターを開き、ブロック一覧で「カバー」をクリックします❶。

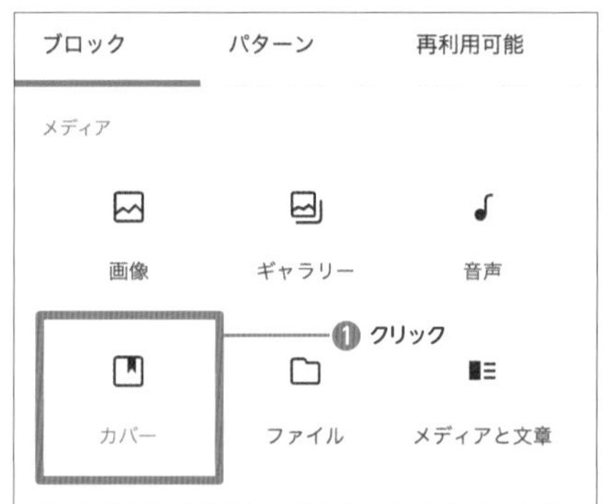

画像を選択する

「アップロード」か「メディアライブラリ」をクリックし❶、背景に使用する画像を選択します。

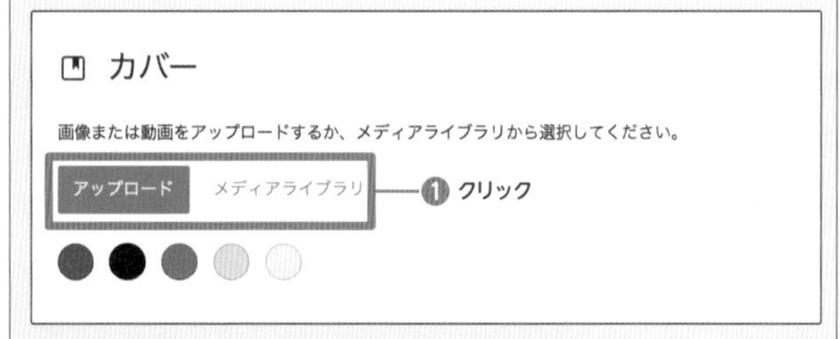

テキストを入力する

画像が追加されると、その上にカーソルが現れます。そこにテキストを入力します❶。

右のようにテキストが表示されます。

画像の表示範囲を調整する

画像のブロックを選択し、下部の◙をドラッグすると❶、画像の表示範囲を調整できます。また、「メディア設定」の「焦点ピッカー」で中心としたい位置をクリックして設定できます❷。

画像の不透明度を調整する

画像のブロックを選択し、「オーバーレイ」の「不透明度」のスライダーをドラッグして❶、画像の不透明度を変更できます。デフォルトでは「50」に設定されています。なお、「色」でオーバーレイの色を設定することもできます。

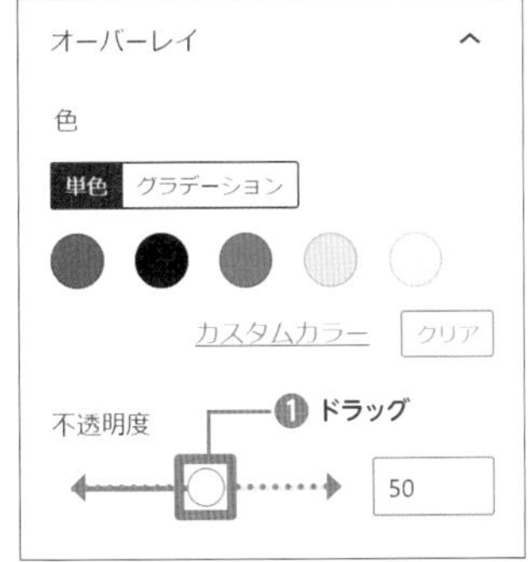

画像の不透明度を「0」にすると、このように画像がはっきりと表示されますが、場合によってはテキストが見づらくなります。使用する写真に応じて、適度に不透明度をかけるようにしましょう。

Section 007 キャッチコピーをデザインで仕上げる

LEVEL

キャッチコピーを沿える場合、デザイン的にもインパクトを演出したいものです。カバーのブロックを使えば、キャッチコピーを単色やグラデーションで印象的に強調することができます。

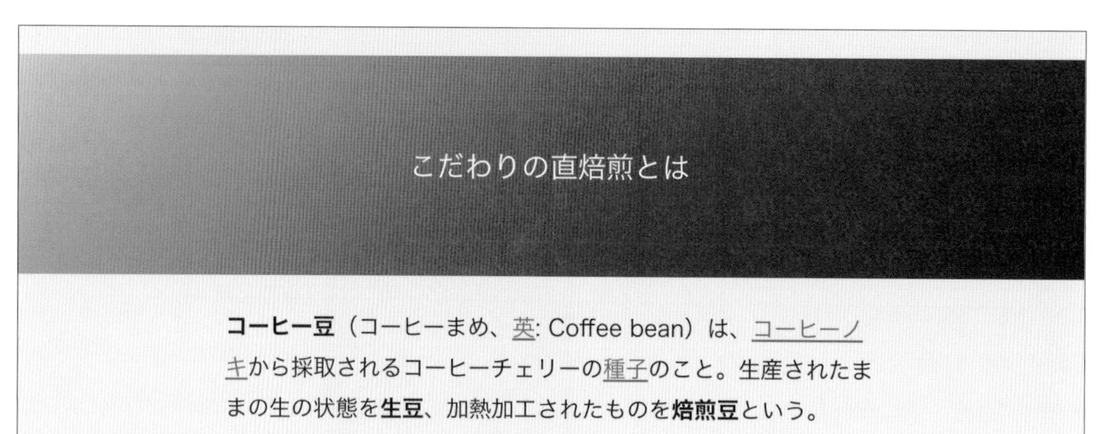

▣ カバーのブロックでデザインする

カバーのブロックを追加する

ブロックエディターを開き、ブロック一覧で「カバー」をクリックします❶。

色を選択する

画像は選択せず、背景にしたい色をクリックします❶。

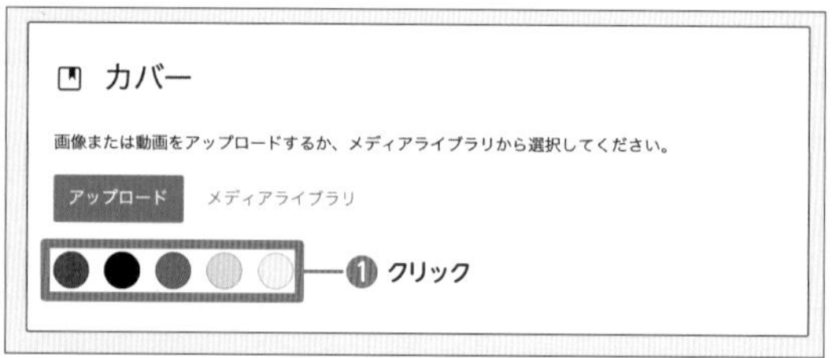

サイズを調整する

ブロックを選択した状態で、「サイズ」の「カバー画像の最小の高さ」を設定します❶。

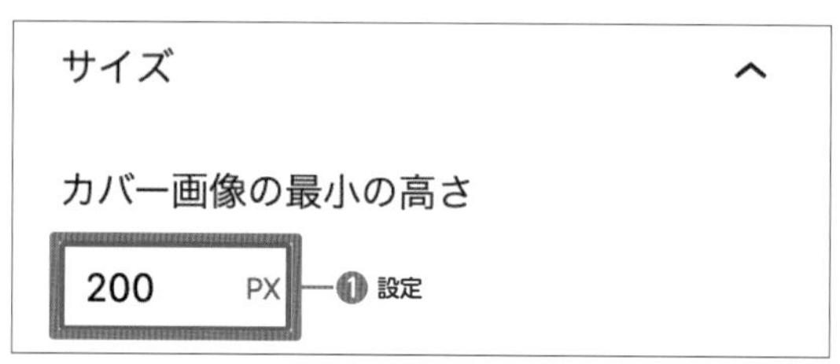

設定した高さになります。

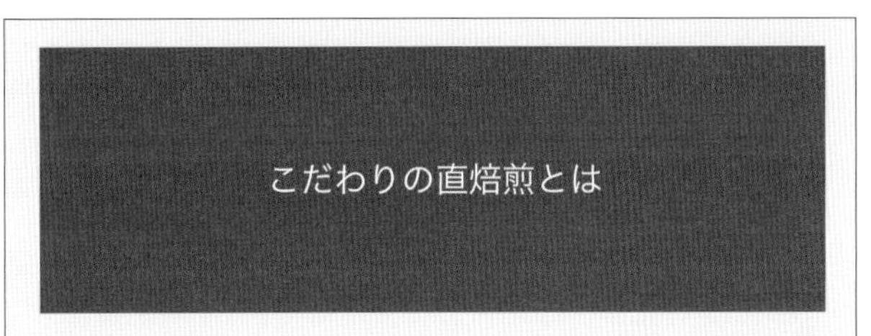

横幅を変更する

横幅を変更するには、ブロックのメニューで ≡（選択状況によって変化）をクリックし❶、「幅広」か「全幅」をクリックします❷。

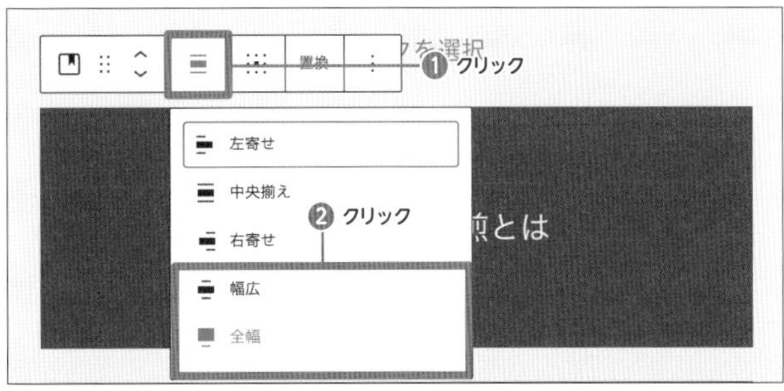

「全幅」を選択すると、横幅いっぱいに広がります。

こだわりの直焙煎とは

コーヒー豆（コーヒーまめ、英: Coffee bean）は、コーヒーノキから採取されるコーヒーチェリーの種子のこと。生産されたままの生の状態を**生豆**、加熱加工されたものを**焙煎豆**という。

出典: フリー百科事典『ウィキペディア（Wikipedia）』

色を設定する

色をカスタマイズしたい場合は、ブロックを選択した状態で、「オーバーレイ」の「カスタムカラー」をクリックして設定します❶。グラデーションを設定したい場合は、「グラデーション」をクリックして❷、キーカラーをクリックし❸、スライダーをドラッグして濃淡を調整します❹。「タイプ」で種類を選択し❺、・をドラッグして角度を調整します❻。

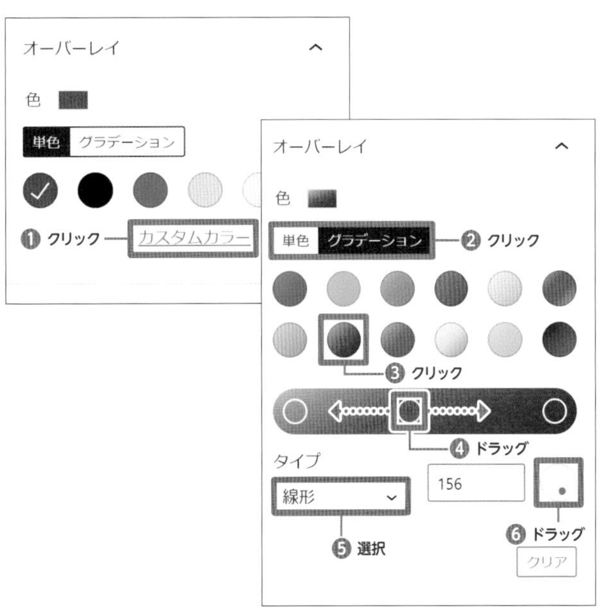

グラデーションをかけると、右のように印象的な仕上がりになります。

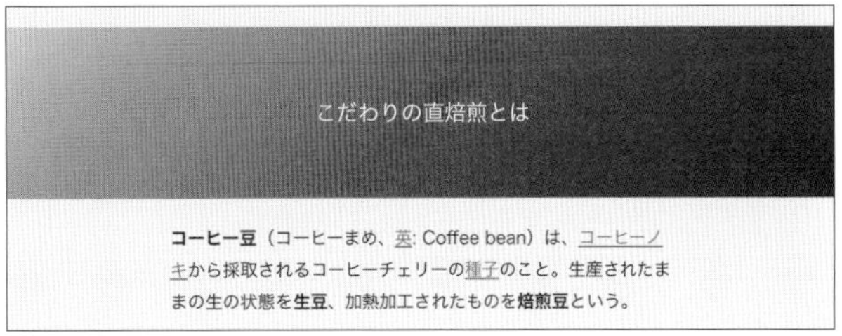

Section
008 画像と文章を横に並べる

通常は画像とテキストが縦に並びますが、画像の横にテキストを配置することもできます。テキストエリアの背景色を設定することもできるので、画像と相性のよい色を設定して、おしゃれに仕上げましょう。

横並びのブロックを使用する

画像とテキストをあわせて挿入する

画像とテキストをあわせて挿入するには、ブロック一覧で「メディアと文章」をクリックします❶。

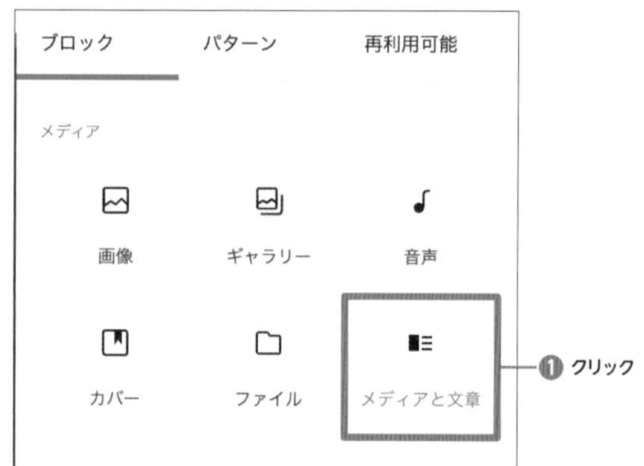

画像を選択する

左側にメディアエリア、右側にテキストエリアが設けられたブロックが挿入されます。メディアエリアの「アップロード」か「メディアライブラリ」をクリックし❶、画像を選択します。

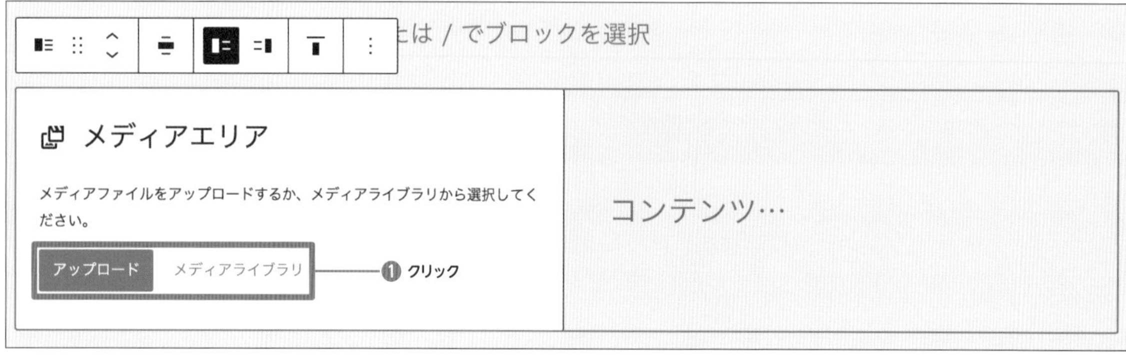

テキストを入力する

画像が挿入できたら、右側のテキストエリアにテキストを入力します❶。

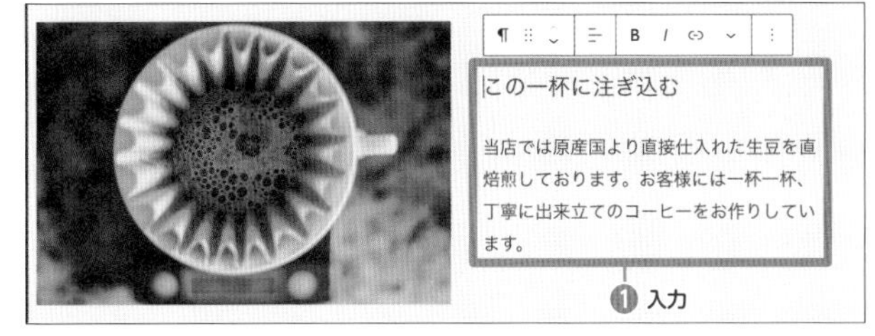

テキストエリアの色を設定する

ブロックを選択した状態で、「色設定」の「背景色」で色をクリックして設定します❶。

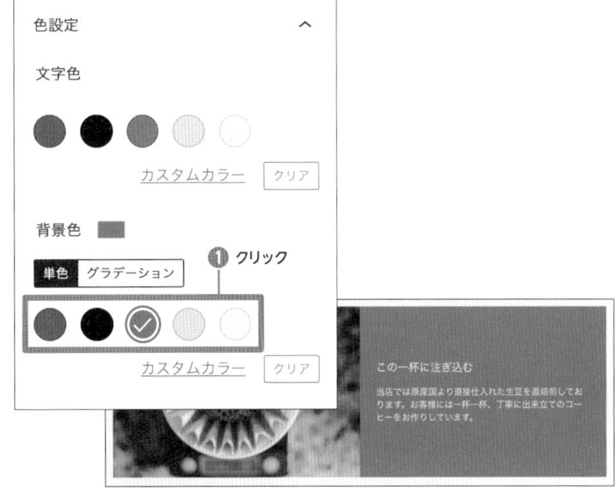

スマートフォンでの表示を設定する

スマートフォンで確認すると、画像とテキストが縦並びになっています❶。パソコンと同様に横並びにするには、「メディアと文章の設定」の「モバイルでは縦に並べる」をオフにします❷。

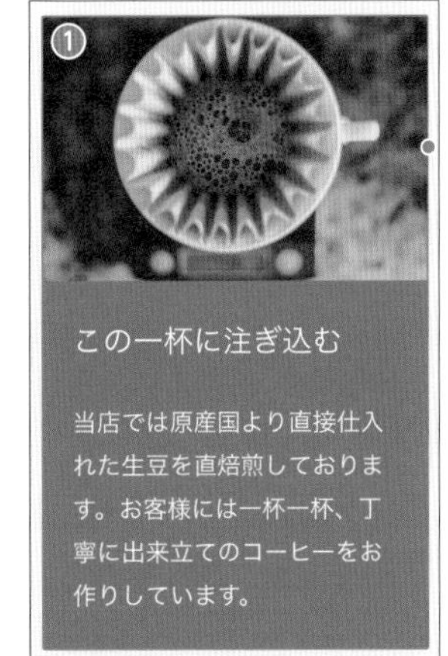

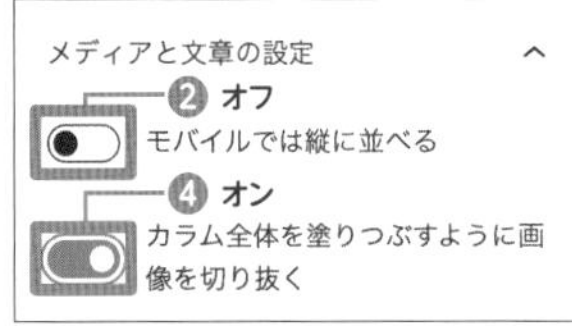

画像とテキストが横並びになります❸。「メディアと文章の設定」の「カラム全体を塗りつぶすように画像を切り抜く」をオンにすると❹、画像が上下まで広がります❺。使用する画像やテキストの分量に応じて、適切に使い分けてください。

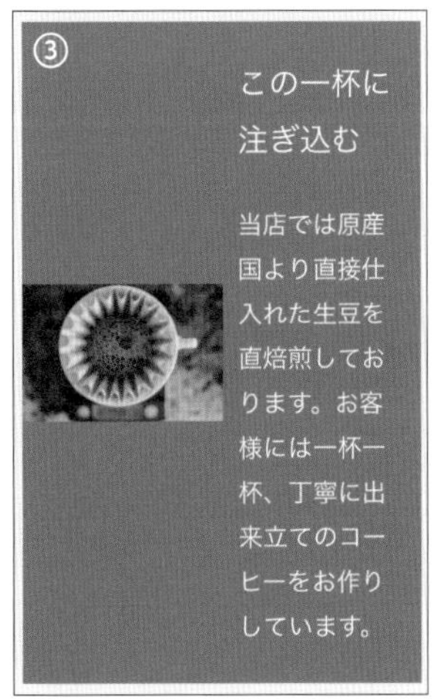

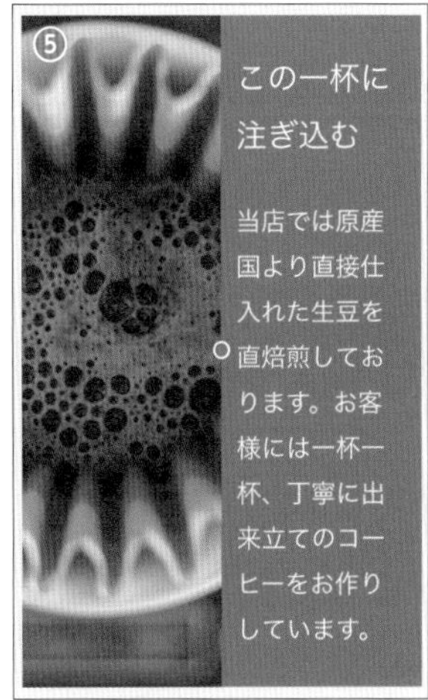

Section
009 テキストと画像の配置を互い違いにする

LEVEL

DLデータ
sample206

P.204では画像とテキストを横並びにする方法を紹介しましたが、これを応用すれば、テキストと画像の配置を互い違いにすることができます。デザインにリズムが生まれるため、ぜひ取り入れてみましょう。

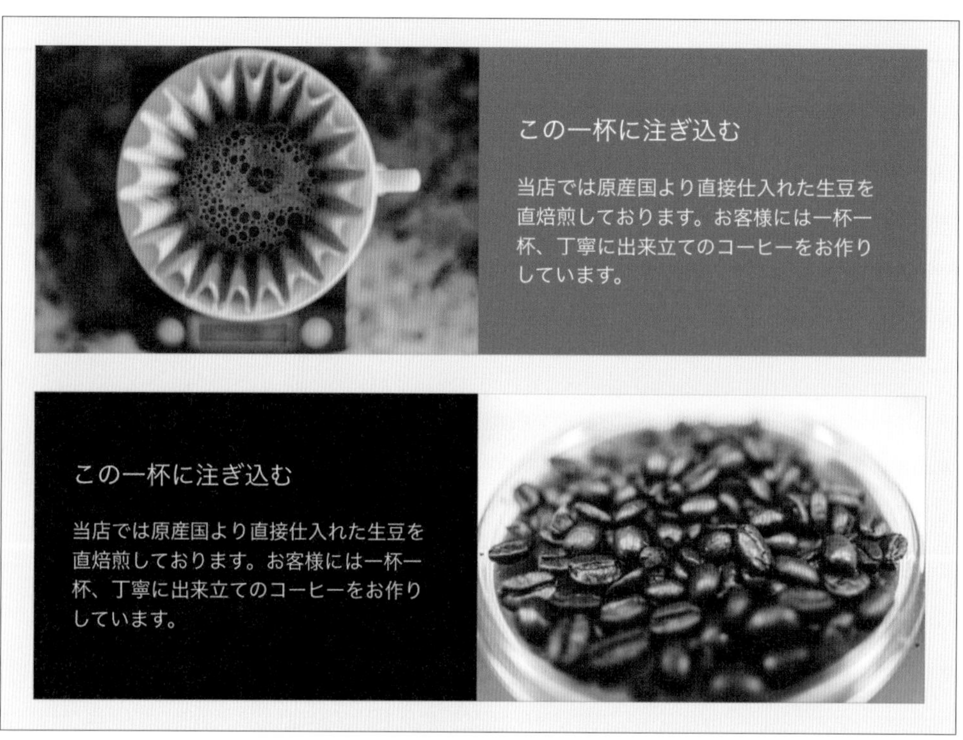

横並びのブロックを組み合わせる

横並びのブロックを複製する

P.204～205を参考に、画像とテキストが横並びのブロックを作成します。ブロックのメニューで⋮をクリックし❶、「複製」をクリックします❷。

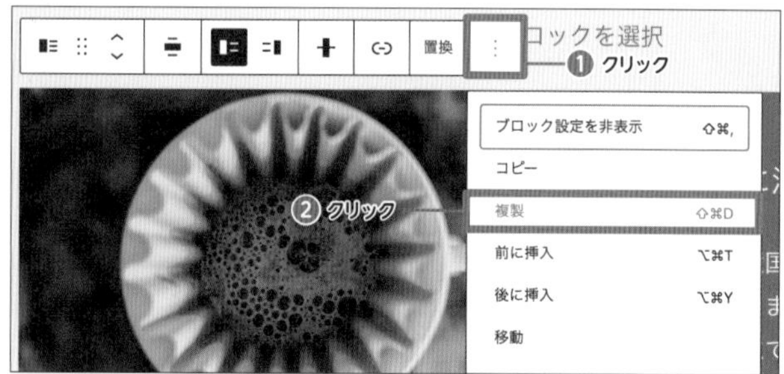

画像を右側に配置する

複製したブロックのメニューで=▮をクリックすると❶、画像が右側に表示されます。なお、もとに戻すには▮=をクリックします。

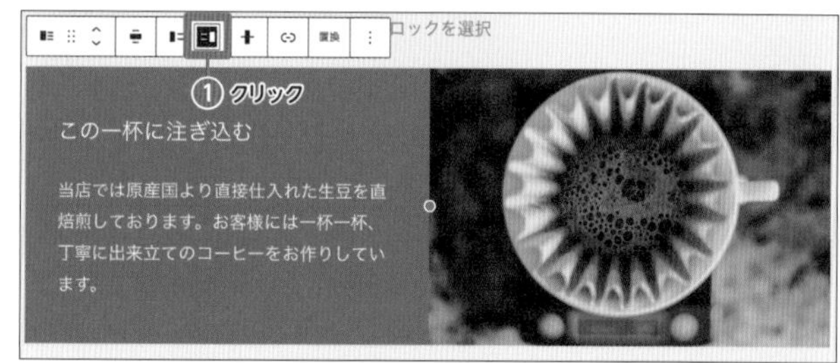

背景色を変更する

複製元のブロックとデザインを変えてリズミカルに演出するために、複製したブロックのテキストエリアの色を変更しましょう。「色設定」の「背景色」で、別の色をクリックして変更します❶。

これで、テキストと画像が美しく互い違いに表示されます。

▣ スマートフォンでの表示を修正する

テキストと画像の表示はパソコンではうまく表示されますが、スマートフォンで表示を確認してみると、2つ目のブロックの画像が、テキスト→画像の順で並んでいます❶。CSSを追加して、横幅が600px以下の場合、画像→テキストの順で並ぶようにします❷。

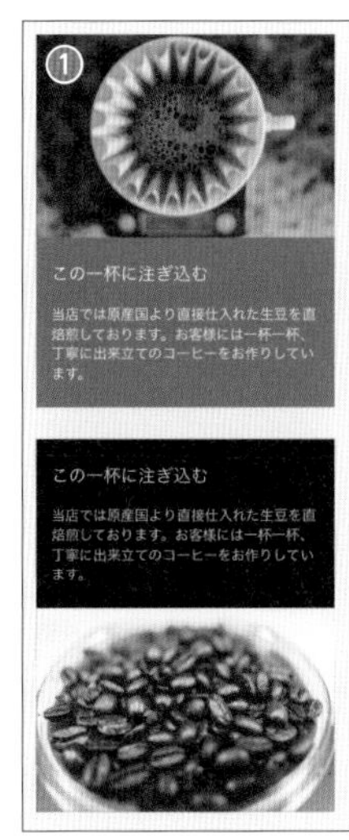

CSSを追加する

メインナビゲーションメニューで「外観」→「カスタマイズ」をクリックしてテーマカスタマイザーを開き、「追加CSS」をクリックして、次のコードを入力します。

【CSS】style.css（sample206）

```
@media(max-width:600px){
.has-media-on-the-right .wp-block-media-text__media{grid-row:1!important}
.has-media-on-the-right .wp-block-media-text__content{grid-row:2!important}
}
```

Chapter 10 投稿・固定ページのレシピ

Section
010 より自由なレイアウトにする

WordPressでは基本的に縦にブロックが並びますが、横方向にコンテンツを並べるとレイアウトの魅力が増します。カラムのブロックを使用すると、こうしたレイアウトがかんたんに実現できます。

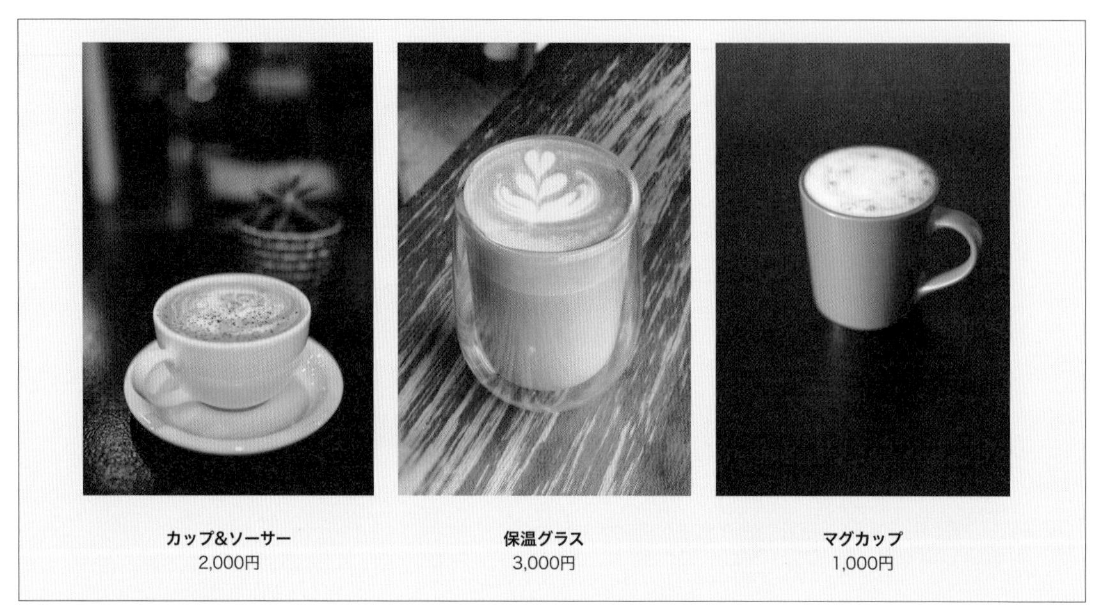

カラムを活用する

カラムのブロックを追加する

ブロックエディターを開き、ブロック一覧で「カラム」をクリックします❶。

カラムのレイアウトを選択する

カラムのレイアウトをクリックして選択します。ここでは、横に3分割する「33/33/33」をクリックします❶。

カラムにブロックを追加する

各カラムの「+」をクリックして❶、ブロックを追加します。ここでは、「画像」をクリックして画像を選択します❷。

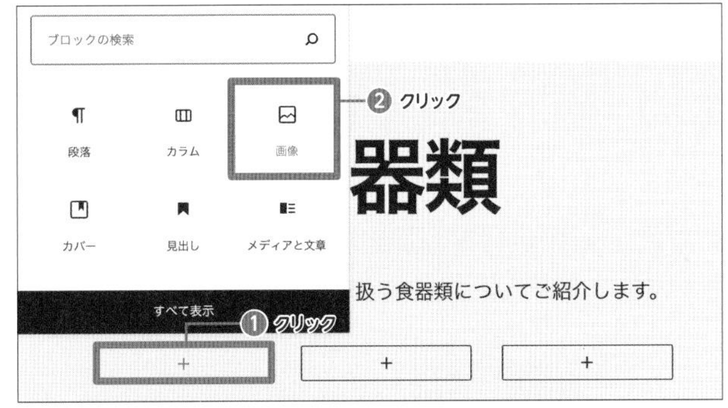

ここでは右のように、各カラムに画像を追加しました。

キャプションを入力する

各カラムの画像の下に、必要に応じてキャプションを入力します。より自由にテキストを表示したい場合は、段落を使って入力し❶、メニューで書式を設定します❷。ここでは名前を太字とし、中央に配置しました。

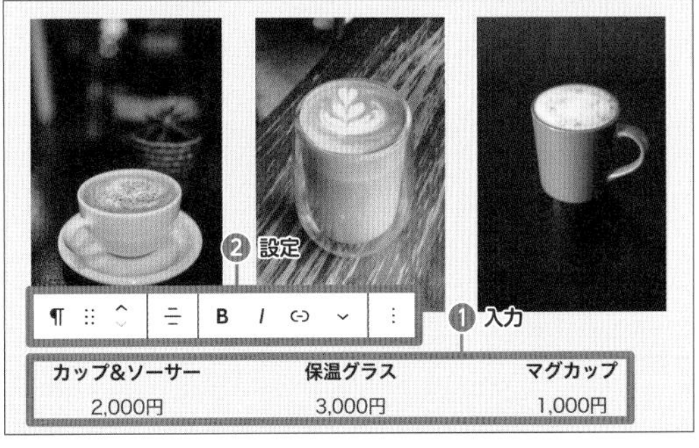

Webブラウザの幅による表示の変化

Webブラウザの幅が599px以下だと、1カラムの表示になります❶。Webブラウザの幅が781～600pxだと、2カラムの表示になります❷。

HINT カラム数の変更

カラム数を変更する場合は、カラムのブロックを選択した状態で、「カラム」に数値を入力します❶。

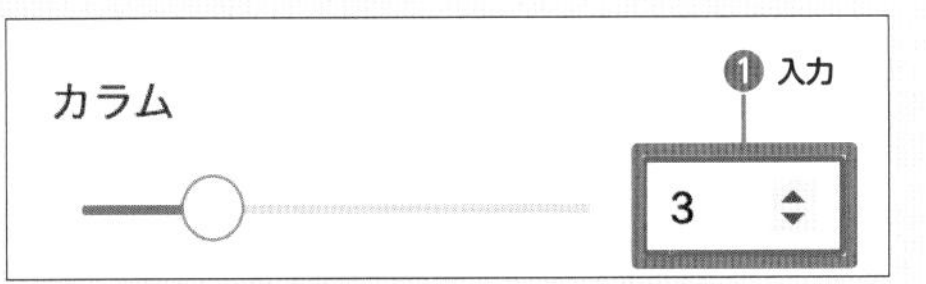

Section
011 画像を柔軟に配置する

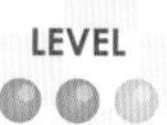

テキストと画像は通常は縦に並びますが、テキストを画像に回り込ませることもできます。画像を左に配置することも、右に配置することもできるので、変化を付けてリズミカルに演出しましょう。

吾輩は猫である。名前はまだ無い。どこで生れたかとんと見当がつかぬ。何でも薄暗いじめじめした所でニャーニャー泣いていた事だけは記憶している。吾輩はここで始めて人間というものを見た。しかもあとで聞くとそれは書生という人間中で一番獰悪な種族であったそうだ。この書生というのは時々我々を捕えて煮て食うという話である。しかしその当時は何という考もなかったから別段恐しいとも思わなかった。ただ彼の掌に載せられてスーと持ち上げられた時何だかフワフワした感じがあったばかりである。掌の上で少し落ちついて書生の顔を見たのがいわゆる人間というものの見始であろう。この時妙なものだと思った感じが今でも残っている。第一毛をもって装飾されべきはずの顔がつるつるしてまるで薬缶だ。その後猫にもだいぶ逢ったがこんな片輪には一度も出会わした事がない。のみならず顔の真中があまりに突起している。そうしてその穴の中か

吾輩は猫である。名前はまだ無い。どこで生れたかとんと見当がつかぬ。何でも薄暗いじめじめした所でニャーニャー泣いていた事だけは記憶している。吾輩はここで始めて人間というものを見た。しかもあとで聞くとそれは書生という人間中で一番獰悪な種族であったそうだ。この書生というのは時々我々を捕えて煮て食うという話である。しかしその当時は何という考もなかったから別段恐しいとも思わなかった。ただ彼の掌に載せられてスーと持ち上げられた時何だかフワフワした感じがあったばかりである。掌の上で少し落ちついて書生の顔を見たのがいわゆる人間というものの見始であろう。この時妙なものだと思った感じが今でも残っている。第一毛をもって装飾されべきはずの顔がつるつるしてまるで薬缶だ。その後猫にもだいぶ逢ったがこんな片輪には一度も出会わした事がない。のみならず顔の真中があまりに突起している。そうしてその穴の中か

▣ テキストを画像に回り込ませる

テンプレートを切り替える

ブロックエディターを開き、「投稿の属性」の「テンプレート」で「全幅テンプレート」を選択します❶。

投稿の属性

テンプレート:　❶ 選択

全幅テンプレート

画像を追加する

ブロック一覧で「画像」をクリックして、画像を追加します❶。

テキストを入力する

画像のすぐ下に段落を作り、画像に回り込ませたいテキストを入力します❶。

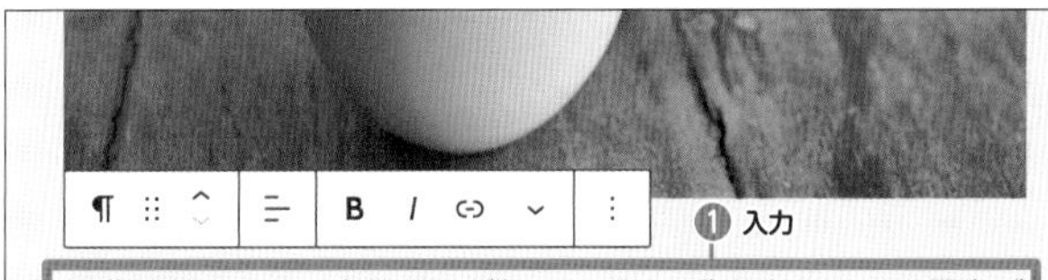

画像を縮小する

テキストが回り込めるように、画像を縮小します。画像を選択し、「画像の寸法」で縮小率(ここでは「25%」)をクリックします❶。

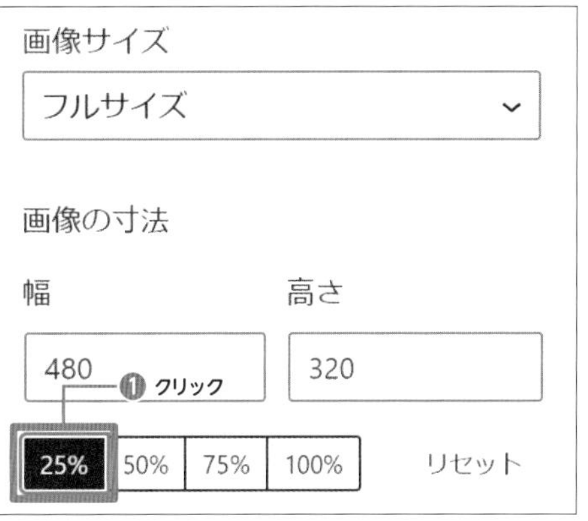

画像を左右に寄せる

画像をクリックして、メニューの ≡ (選択状況によって変化)をクリックし❶、「左寄せ」か「右寄せ」をクリックします❷。

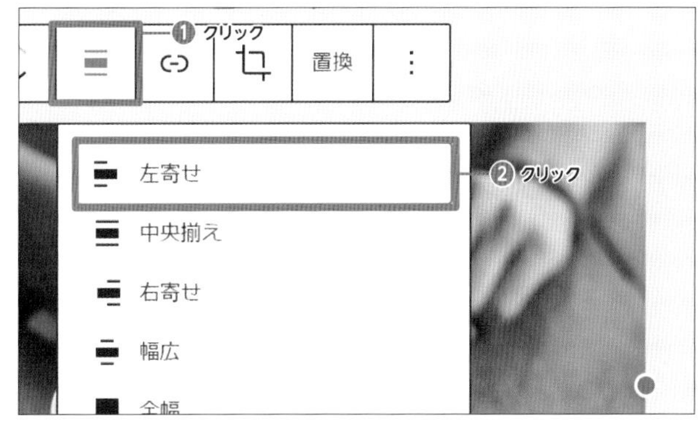

「左寄せ」を選択すると、このように画像が左上に寄った状態で、テキストが回り込みます。

「右寄せ」を選択すると、このように画像が右上に寄った状態で、テキストが回り込みます。

Section 012

コンテンツに余白や区切りを設定する

小説やレポートなどの長文記事の場合、見出しが複数入る場合があります。そのようなときに、本文の最後と次の見出しの間に余白や区切りを入れると、まとまりがわかりやすくなります。

顔の真中があまりに突起している。そうしてその穴の中から時々
ぷうぷうと煙を吹く。どうも咽せぽくて実に弱った。これが人間
ものである事はようやくこの頃知った。

吾輩は猫である。

名前はまだ無い。どこで生れたかとんと見当がつかぬ。何でも薄
暗いじめじめした所でニャーニャー泣いていた事だけは記憶して

▣ スペーサーを追加する

右のように、本文と見出しの間が近いと、まとまりがわかりにくくなります。本文と見出しの間に余白を作りたい場合は、スペーサーを挿入します。

顔の真中があまりに突起している。そうしてその穴の中から時々
ぷうぷうと煙を吹く。どうも咽せぽくて実に弱った。これが人間
の飲む煙草というものである事はようやくこの頃知った。

吾輩は猫である。

名前はまだ無い。どこで生れたかとんと見当がつかぬ。何でも薄
暗いじめじめした所でニャーニャー泣いていた事だけは記憶して
いる。

スペーサーを追加する

余白を作りたい場所を選択した状態で、ブロック一覧で「スペーサー」をクリックすると❶、余白が挿入されます。

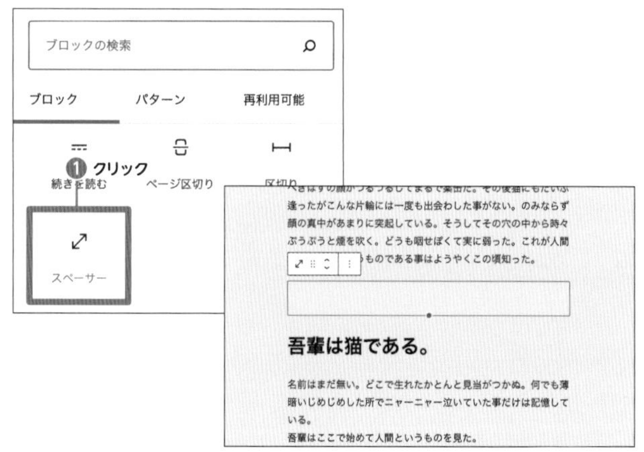

余白の高さを設定する

スペーサーの高さは、自由に調整できます。「スペーサー設定」の「ピクセル値での高さ」のスライダーを左右にドラッグして設定します❶。

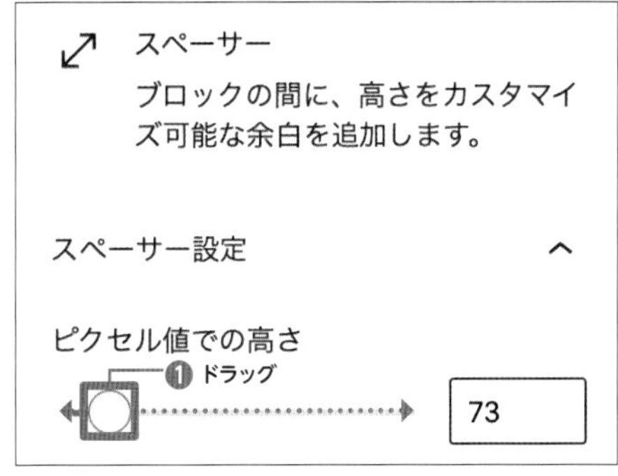

▣ 区切りを追加する

区切りのブロックを追加する

区切りを追加したい場所を選択した状態で、ブロック一覧で「区切り」をクリックすると❶、区切りが追加されます。なお、テーマによってスタイルは異なります。

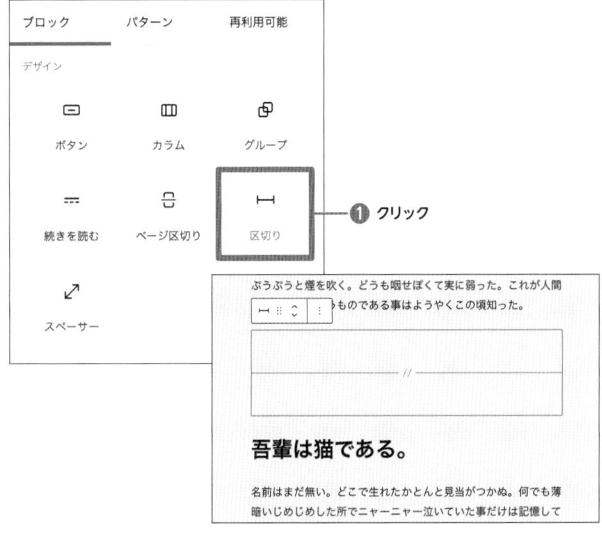

区切りのスタイルを変更する

区切りを選択した状態で、「スタイル」で区切りのスタイルをクリックして選択します❶。

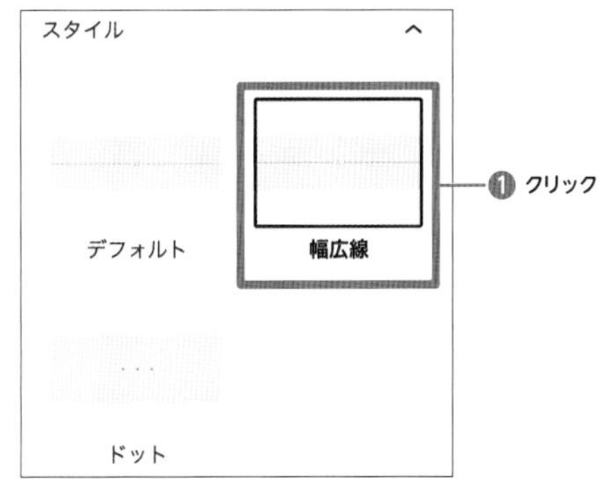

「幅広線」を選択すると、このように画面いっぱいまで区切り線が広がります。明確に区切りたい場合に使うとよいでしょう。

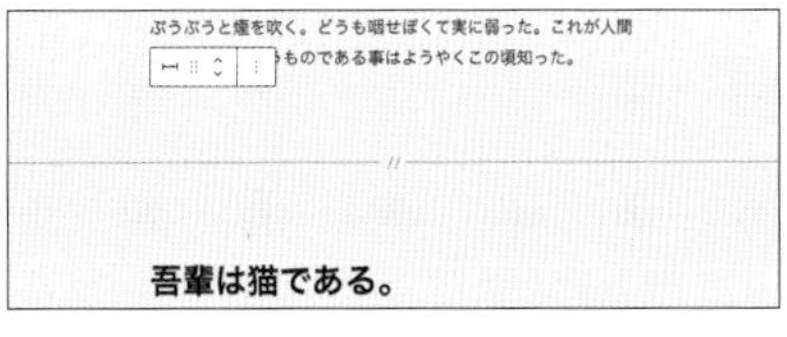

「ドット」を選択すると、このようにドットによる区切りが表示されます。控え目に区切りたい場合に使うとよいでしょう。

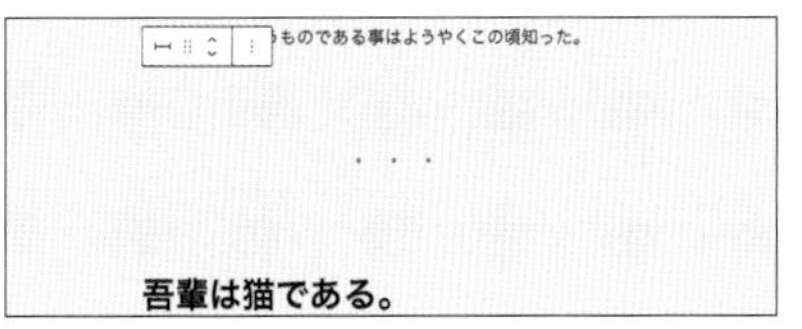

Section
013 異なるフォントを使い分ける

WordPressでは、CSSなどのカスタマイズを行わなければ、基本的にテーマで指定されているフォントが適用されます。しかし、プラグインを導入することで、Google Fontsなどをかんたんに適用できます。

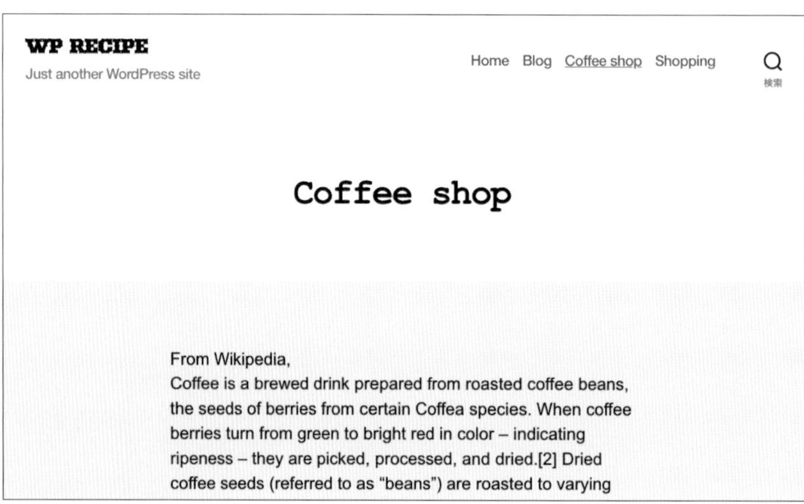

◻ Google Fontsを追加する

プラグインを追加する

P.114を参考に「プラグインを追加」画面で「Fonts Plugin | Google Fonts Typography」を検索して、「今すぐインストール」をクリックしてインストールし❶、P.115を参考に有効化します。

テーマカスタマイザーを開く

メインナビゲーションメニューで「外観」→「カスタマイズ」をクリックしてテーマカスタマイザーを開くと、「Googleフォント」が追加されているのでクリックします❶。「Googleフォント」画面が表示されたら、「基本設定」をクリックします❷。

基本設定を行う

全体的なベースのフォントは「ベースタイポグラフィ」、見出しのフォントは「見出しタイポグラフィ」、入力欄とボタンのフォントは「ボタンや入力のタイポグラフィ」で設定できます。それぞれ、「フォントファミリー」で任意のフォントファミリーを選択します❶。

選択できるのは、Google Fontsと呼ばれる各種のWebフォントです。Webフォントについては、下記のHintを参照してください。

また、各項目の■をクリックすると❷、「フォントの太さ」と「フォントスタイル」を具体的に選択できます❸。これらは選択したフォントファミリーによって異なります。

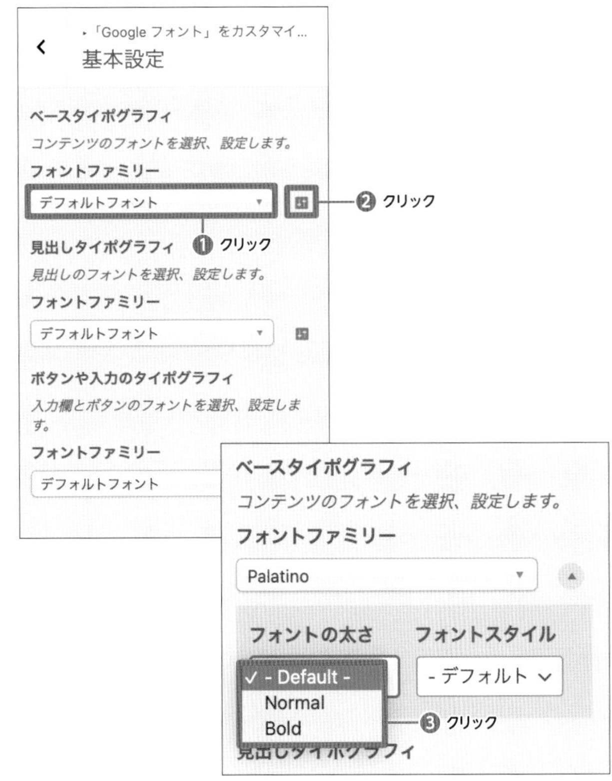

より詳細な要素のフォントを設定する

さらに詳細な要素のフォントを設定するには、「Googleフォント」画面で「高度な設定」をクリックし❶、各要素をクリックして設定します❷。

Webフォントとは

Webサイトを表示した際、閲覧者のパソコンにそのフォントが入っていなければ、意図したフォントが適用されないことがあります。そのような問題を解決する手段として有効なのが、Webフォントです。Webフォントはサーバーに保管されているフォントを呼び出して、Webサイトで表示するもので、閲覧者がそのフォントを持っていなくても、意図したとおりのフォントで表示されます。

ただし、Webフォントの読み込みは、ネット回線にとって負担です。欧文フォントより和文フォントのほうがデータ量が大きいため、和文フォントはたくさん使うべきではありません。軽い欧文フォントでも、たくさんの種類を使用せず、少ない種類だけを使うようにするとよいでしょう。

▣ Google Fontsの使用例

Google Fontsの使用例を紹介します。和文フォントでは、フォントの違いがわかりにくいので、ここでは欧文フォントで違いを確認してみましょう。右は適用前の状態です。

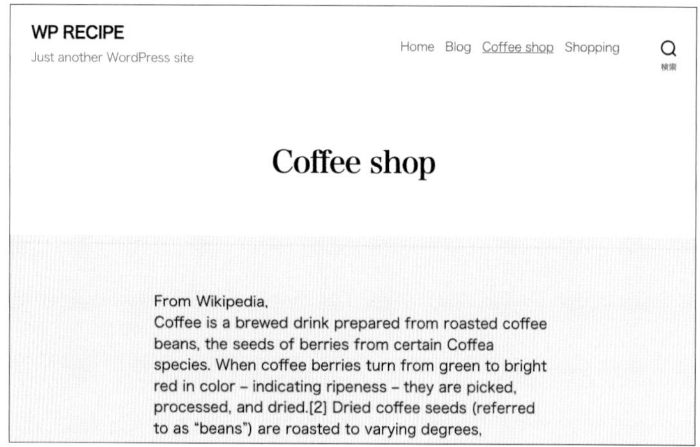

フォントを設定する

「高度な設定」の「ブランディング」では、「サイトタイトルのタイポグラフィ」で「Arbutus」を選択します❶。「サイト説明文のタイポグラフィ」では「Helvetica Neue」を選択します❷。

「高度な設定」の「ナビゲーション」では、「ナビゲーションのタイポグラフィ」で「Helvetica Neue」を選択します❸。

「高度な設定」の「コンテンツ」では、「コンテンツのタイポグラフィ」で「Arial」を選択します❹。「タイトルとH1のタイポグラフィ」では「Courier New」を選択します❺。

Webサイトを確認する

右は、設定したGoogle Fontsが適用された状態です。全体的に個性が増していることがよくわかります。このように、コンテンツの性格にあわせて、独自の雰囲気を演出してみましょう。

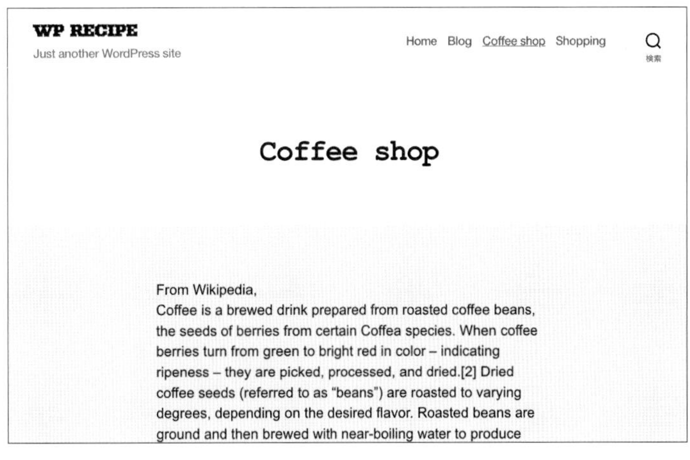

HINT Google Fonts で提供される和文フォント

Google Fontsで提供されているフォントは、「https://fonts.google.com/」で確認できます。2020年11月時点で提供されている和文フォントは以下のとおりです。

8 of 1017 families　　Sort by: Trending

Noto Sans JP　6 styles
Google
彼らの機器や装置はすべて生命体だ。

Noto Serif JP　7 styles
Google
彼らの機器や装置はすべて生命体だ。

M PLUS 1p　7 styles
Coji Morishita, M+ Fonts Project
彼らの機器や装置はすべて生命体だ。

M PLUS Rounded 1c　7 styles
Coji Morishita, M+ Fonts Project
彼らの機器や装置はすべて生命体だ。

Sawarabi Mincho　1 style
mshio
彼らの機器や装置はすべて生命体だ。

Sawarabi Gothic　1 style
mshio
彼らの機器や装置はすべて生命体だ。

Kosugi Maru　1 style
MOTOYA
彼らの機器や装置はすべて生命体だ。

Kosugi　1 style
MOTOYA
彼らの機器や装置はすべて生命体だ。

Section
014 ボタンを設置する

投稿や固定ページにCTA（Call to Action）ボタンを設置して、そのWebページを訪問したユーザーに対して、購入やお問い合わせなど、行ってほしい行動を視覚的に明示しましょう。

資料請求

詳しい資料をご希望の方は、下記、資料請求をクリックしてください。
相談をご希望の方は、お問い合わせをクリックしてください。

今すぐ資料請求する　お問い合わせ

ボタンを設置する

ボタンを追加する

ブロックエディターを開き、ブロック一覧で「ボタン」をクリックします❶。

文字列を入力する

ボタンが挿入されます。ボタンに表示したい文字列を入力します❶。

資料請求

詳しい資料をご希望の方は、下記、資料請求をクリックしてください。

❶ 入力

リンクを設定する

文字列が入力できたら、リンクを設定するために、ブロックのメニューの🔗をクリックします❶。

入力欄が表示されるので、リンク先のWebページのURLを入力します❷。外部サイトへ誘導する場合は、「新しいタブで開く」を有効にするのもよいでしょう。

ボタンのスタイルを設定する

ボタンのスタイルは、デフォルトの「塗りつぶし」以外に、「アウトライン」を選ぶことができます。「スタイル」の「アウトライン」をクリックします❶。

右のように、アウトラインのボタンにデザインが変わります。

■ ブロックパターンのボタンを使用する

ブロックパターンに切り替える

ブロック一覧で、上部の「パターン」をクリックします❶。

ボタンを選択する

プルダウンメニューで「ボタン」を選択します❶。「2ボタン」と「3つのボタン」が選択できます。ここでは「2ボタン」をクリックして、本文に挿入します❷。

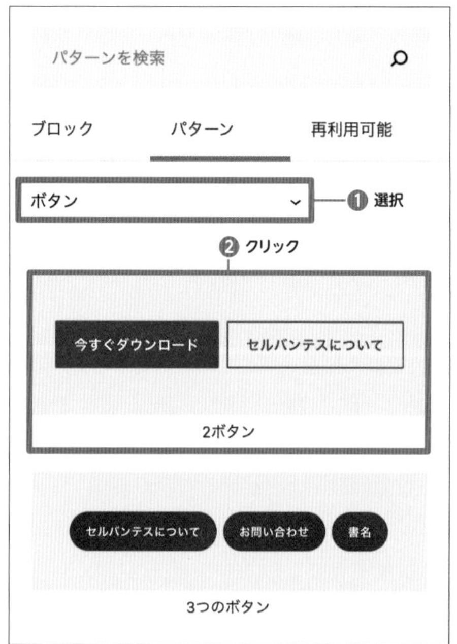

ボタンを設定する

2ボタンのブロックパターンが挿入されます。それぞれ文字列を変更して、URLを設定します❶。

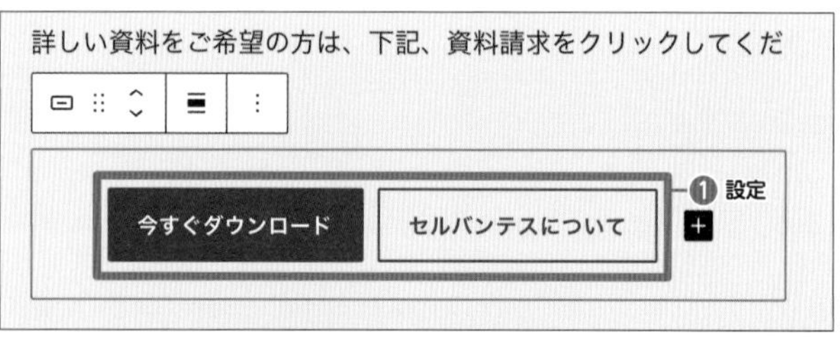

右のように仕上がります。

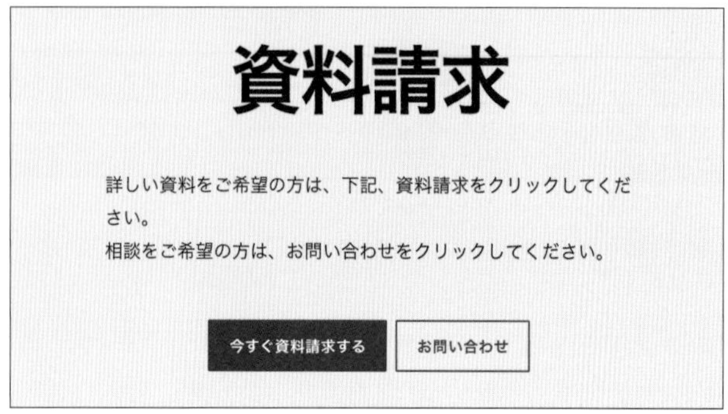

Chapter 11

プラグインを使ったレシピ

このChapterでは、さまざまなプラグインを活用した具体的なテクニックを紹介します。タイムラインの作成や、パンくずリストの作成、目次の作成などもかんたんに実現できるため、ぜひ挑戦してみましょう。

Section 001

部分的にテキストの色を変更する

LEVEL ●●○

ブロックエディターでは、段落などブロック全体の色は設定できますが、部分的なテキストの色は変更できません。これを実現するには、「Advanced Editor Tools」というプラグインを使用します。

吾輩は猫である

夏目漱石：1905年

吾輩は猫である。名前はまだ無い。どこで生れたかとんと見当がつかぬ。何でも薄暗いじめじめした所でニャーニャー泣いていた事だけは記憶している。吾輩はここで始めて人間というものを見た。しかもあとで聞くとそれは書生という人間中で一番獰悪な種族であったそうだ。この書生というのは時々我々を捕えて煮て食うという話である。しかしその当時は何という考もなかったから別段恐しいとも思わなかった。ただ彼の掌に載せられてスーと持ち上げられた時何だかフワフワした感じがあったばかりである。掌の上で少し落ちついて書生の顔を見たのがいわゆる人間というものの見始であろう。この時妙なものだと思った感じが今でも残っている。第一毛をもって装飾されべきはずの顔がつるつるしてまるで薬缶だ。その後猫にもだいぶ逢ったがこんな片輪には一度

▣ Advanced Editor Toolsを使用する

プラグインをインストールする

P.114を参考に「プラグインを追加」画面で「Advanced Editor Tools (previously TinyMCE Advanced)」を検索し、「今すぐインストール」をクリックしてインストールします❶。

プラグインを有効化する

「有効化」をクリックして有効化します❶。

テキストを選択する

色を変更したいテキストの一部を選択します❶。段落のテキストだけでなく、見出しなどでも有効です。

吾輩は猫である。名前はまだ無い。どこで生れたかとんと見当がつかぬ。何でも薄暗いじめじめした所でニャーニャー泣いていた事だけは記憶している。吾輩はここで始めて人間というものを見た。しかもあとで聞くとそれは書生という人間中で一番獰悪な種族であったそうだ。この書生というのは時々我々を捕えて煮て食うという話である。しかしその当時は何という考もなかったから別段恐しいとも思わなかった。ただ彼の掌に載せられてスーと持ち上げられた時何だかフワフワした感じがあったばかりである。掌の上で少し落ちついて書生の顔を見たのがいわゆる人間というものの見始であろう。この時妙なものだと思った感じが今でも残っている。第一毛をもって装飾されべきはずの顔がつるつるしてまるで薬缶だ。その後猫にもだいぶ逢ったがこんな片輪には一度

❶ 選択

テキストの色を変更する

テキストの色を変更するには、「テキストの色」の「選択済み文字色」で任意の色をクリックして選択します❶。なお、「カスタムカラー」をクリックすると、カラーピッカーで色を設定できます。

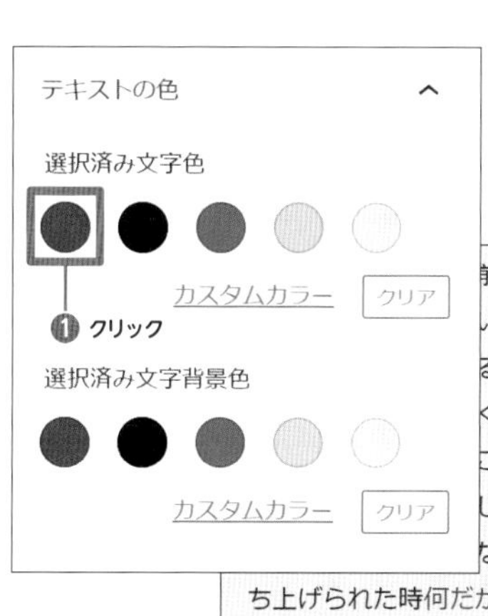

テキストの背景色を設定する

テキストの背景色を設定するには、テキストの一部を選択したうえで、「テキストの色」の「選択済み文字背景色」で任意の色をクリックして選択します❶。

Section 002

アニメーション機能でブロックを動かしながら表示する

ブロックエディターで配置できる画像や段落などのブロックには、「Blocks Animation」というプラグインで動きを加えることができます。コンテンツを回転させたりして楽しく強調しましょう。

Blocks Animationを使用する

プラグインをインストールする

P.114を参考に「プラグインを追加」画面で「Blocks Animation: CSS Animations for Gutenberg Blocks」を検索し、「今すぐインストール」をクリックしてインストールします❶。

プラグインを有効化する

「有効化」をクリックして有効化します❶。

ブロックを選択する

アニメーションを加えたいブロックをクリックして選択します❶。画像や段落など、さまざまなブロックが対応しています。

動きを設定する

対応しているブロックの場合は、「Animations」で動きを設定できます。「Animation」で基本的な動きを選択します❶。たとえば、「Flip」なら回転し、「Fade In」なら徐々に表示され、「Bounce」なら弾みます。「Delay」では動き始めるタイミングを選択します❷。「One Second」なら1秒後に動き始めます。「Speed」では動きの速さを選択します❸。「Slow」がもっともゆっくり動き、「Faster」がもっとも速く動きます。

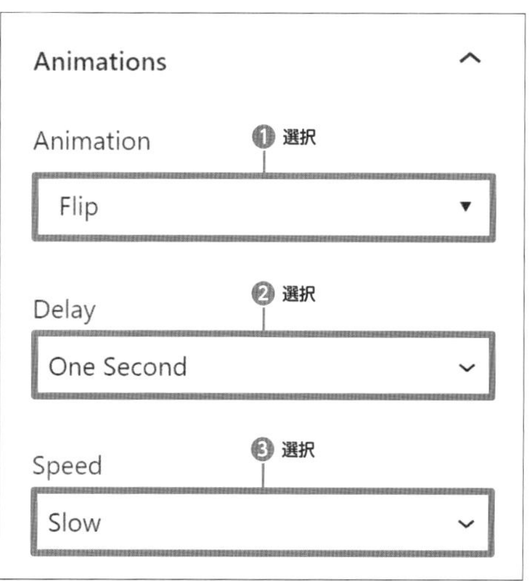

プレビューで確認する

「下書き保存」をクリックするなどして保存したうえで、「プレビュー」をクリックして❶、「新しいタブでプレビュー」をクリックします❷。

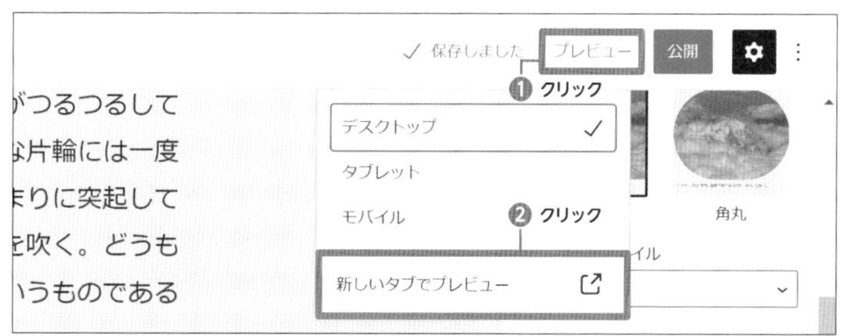

アニメーションを設定したブロックの動きを確認できます。Webブラウザを更新するごとに、動きを確認できます。

Section
003 送信フォームを作成する

ビジネス用のWebサイトでは、ユーザーがお問い合わせなどに使用する送信フォームの設置が欠かせません。こうした送信フォームは、「Contact Form 7」というプラグインによって実装できます。

◘ Contact Form 7で送信フォームを作成する

プラグインをインストールする

P.114を参考に「プラグインを追加」画面で「Contact Form 7」を検索し、「今すぐインストール」をクリックしてインストールします❶。

プラグインを有効化する

「有効化」をクリックして有効化します❶。

「コンタクトフォーム」画面を表示する

メインナビゲーションメニューに、「お問い合わせ」という項目が追加されるのでクリックして❶、「コンタクトフォーム」画面を表示します。

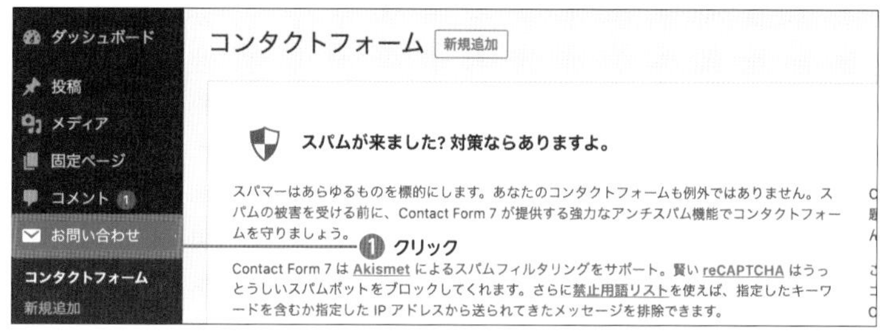

フォームを編集する

自動的に「コンタクトフォーム1」が作成されているため、まずはこれを編集します。マウスポインターを合わせ、「編集」をクリックします❶。

項目を追加する

「フォーム」でフォームの項目を設定します。デフォルトでは、「氏名」「メールアドレス」「題名」「メッセージ本文(任意)」の項目が設けられています。項目を追加したい場合は、入力欄上部の候補をクリックします。ここでは、「電話番号」をクリックします❶。

項目の内容を入力する

「デフォルト値」に入力例を入力します❶。「このテキストを項目のプレースホルダーとして使用する」にチェックを付けると❷、入力欄に入力例が表示され、ユーザーの入力を補助できます。なお、入力を必須とする場合は、「項目タイプ」の「必須項目」にチェックを付けてください。そのほかの設定については、「テキスト項目」をクリックして、公式ドキュメントを参照してください。設定が完了したら、「タグを挿入」をクリックします❸。

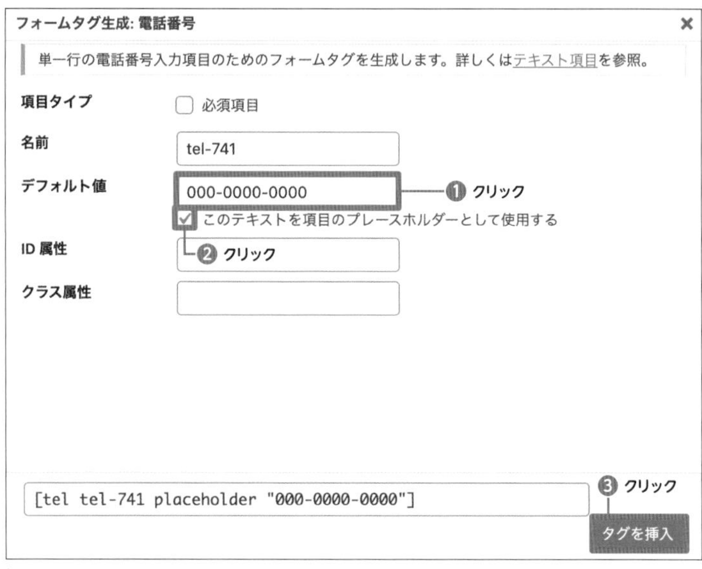

タグを編集する

タグが挿入されますが❶、記述が不十分なため、タグを修正します。前後のタグを参考に、<label>や文言を追加して編集します❷。行の頭には、半角スペースを入れても入れなくても、どちらでもかまいません。

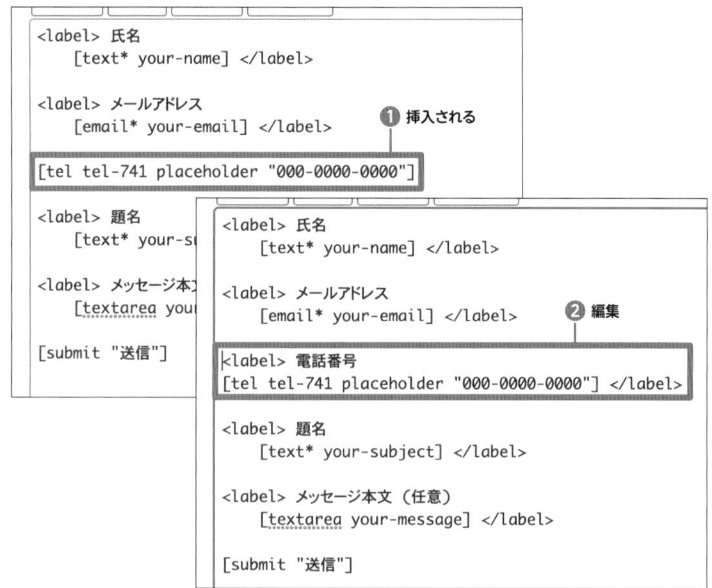

管理者へのメールを設定する

コンタクトフォームから管理者に送信されるメールの設定は、「メール」をクリックして行います❶。

■送信先

[_site_admin_email]のままだと、「一般設定」の管理者メールアドレス宛に送信されます。ここにメールアドレスを入力することも可能です。

■送信元

[_site_title]のままだと、「一般設定」の「サイトのタイトル」が送信元として表示されます。右の例で<wordpress@wp-recipe.com>が付いているのは、迷惑メールにならないための配慮です。

■題名

[_site_title]のままだと、「一般設定」の「サイトのタイトル」が表示されます。"[your-subject]"は、入力項目で送信者が入力した題名を入れるものです。

■追加ヘッダー

Reply-To:[your-email]のままだと、送信者が自分のメールアドレスとして入力したメールアドレスに、届いたメールから返信することができます。

■メッセージ本文

フォームのタグの[ ]で囲まれた部分を入力しておくと、その項目がメールの本文に含まれます。デフォルトのタグは入っていますが、フォームで電話番号などの項目を追加した場合は、そのタグを追加しておきましょう。

題名
[_site_title] "[your-subject]"
追加ヘッダー
Reply-To: [your-email]
メッセージ本文
差出人: [your-name] <[your-email]>
題名: [your-subject]
メッセージ本文:
[your-message]
--
このメールは [_site_title] ([_site_url]) のお問い合わせフォームから送信されました
空のメールタグを含む行を出力から除外する
HTML 形式のメールを使用する
ファイル添付

自動返信メールを設定する

送信者に自動返信メールを送信したい場合は、「メール(2)を使用」にチェックを付けます❶。

基本的には、管理者に送信されるメールの設定と同じ要領で設定してかまいませんが、「送信者」と「送信元」が反対になっているため、間違わないように注意してください。

なお、「メッセージ本文」には、「お問い合わせありがとうございます。担当者よりお返事させていただきますので、今しばらくお待ちくださいませ。」などの言葉を添えておくとよいでしょう。

設定を保存する

設定が完了したら、「保存」をクリックして保存します❶。

◘ 送信フォームを固定ページに設置する

送信フォームのブロックを追加する

送信フォーム用の固定ページを作成してブロックエディターで開き、ブロック一覧で「Contact Form 7」をクリックします❶。

ブロックが挿入されたら、「コンタクトフォームを選択」で、作成した送信フォーム名（ここでは「コンタクトフォーム1」）を選択します❷。

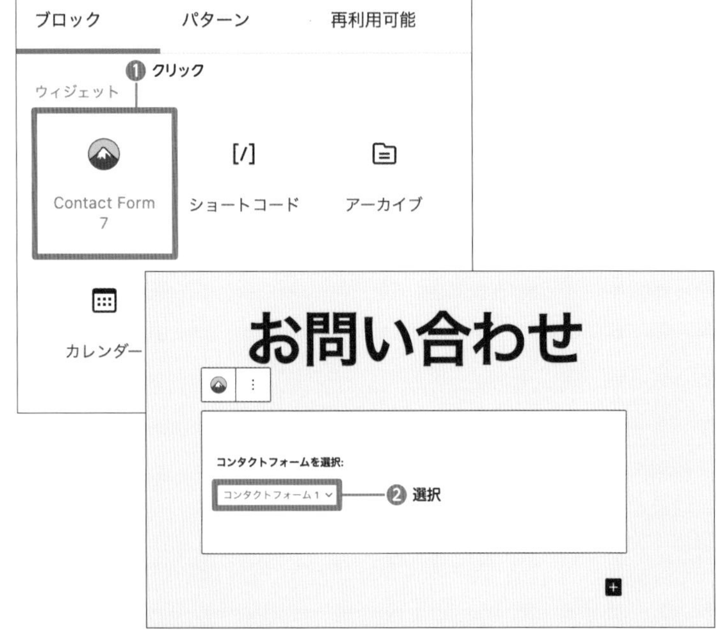

送信フォームを確認する

「プレビュー」→「新しいタブでプレビュー」をクリックし、公開されている状態を確認してみましょう。実際に送信もできるので、テストを行ってみてください。

◘ 送信完了画面を作成する

送信完了画面を作成する

送信フォームから送信したあとに、送信完了画面が表示されると親切です。

まず、表示させる右のような固定ページを作成しておきましょう。

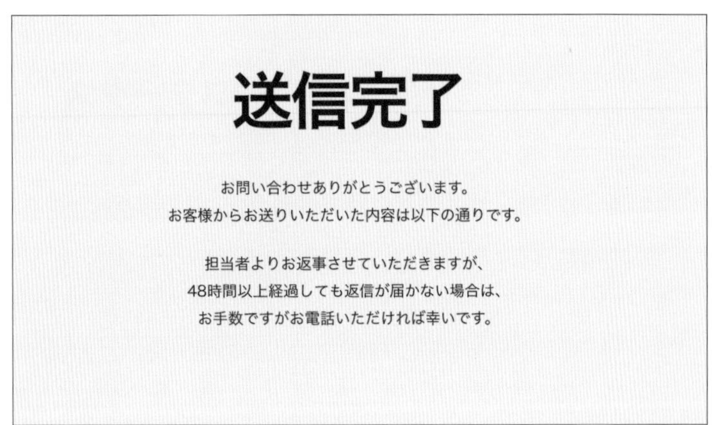

プラグインを追加する

P.114を参考に「プラグインを追加」画面で「Redirection for Contact Form 7」を検索し、「今すぐインストール」をクリックしてインストールし❶、「有効化」をクリックして有効化します。

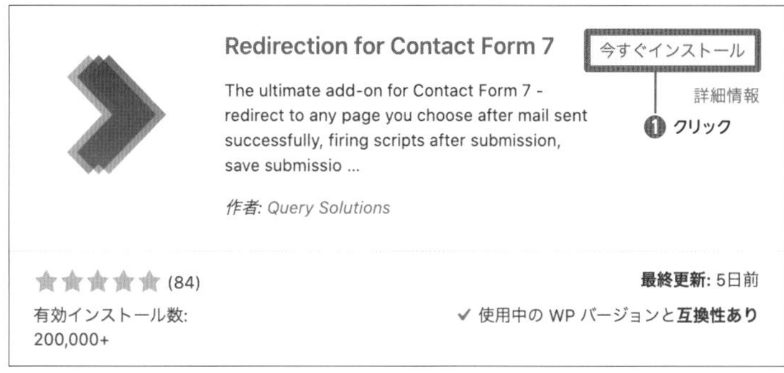

送信後の動作を設定する

作成したフォームの編集画面に戻ると、「Actions」というタブが追加されているのでクリックします❶。プルダウンメニューで、送信後の動作を設定できます。今回は送信完了画面へのリダイレクトのため、「Redirect」を選択し❷、「Add Action」をクリックします❸。

リダイレクトの設定を行う

「New Action」が追加されるのでクリックします❶。

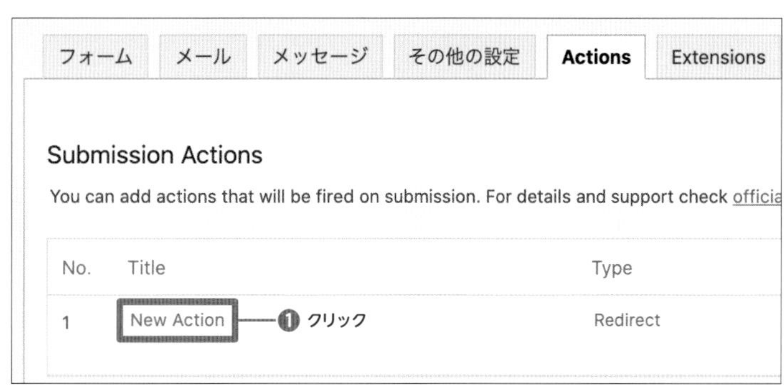

「Rule Title」に、タイトルとしてわかりやすい名前を入力します❷。「Select a page」で、送信完了後にリダイレクトする固定ページを選択します❸。完了したら「保存」をクリックし、実際にWebページで送信フォームから送信して、正しく動作するかを確認してください。

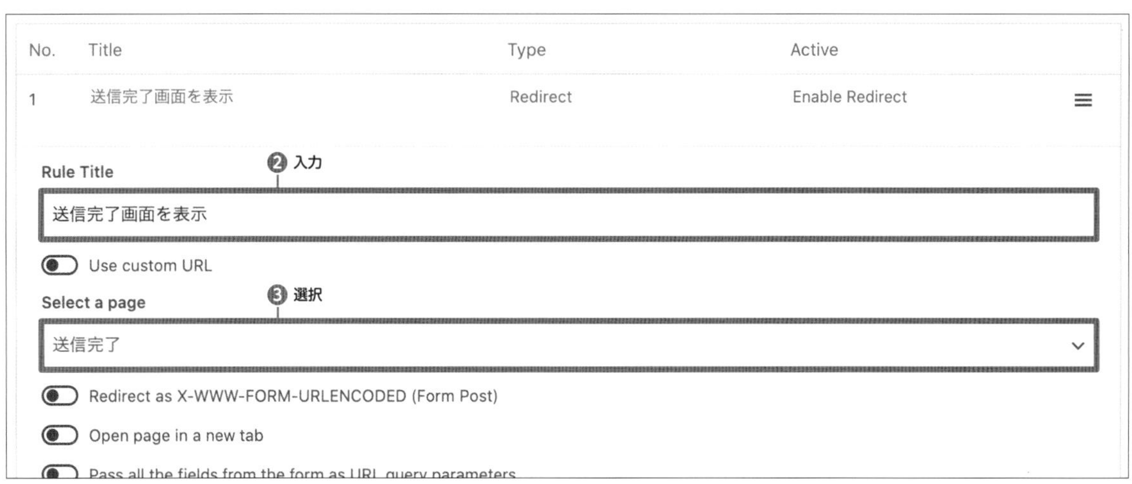

Section 004

ブロックエディターでセクションを作成する

「Ultimate Addons for Gutenberg」というプラグインを使えば、ブロックなどの要素をまとめるSection（セクション）が導入できます。より自由なレイアウトを実現したいときに便利です。

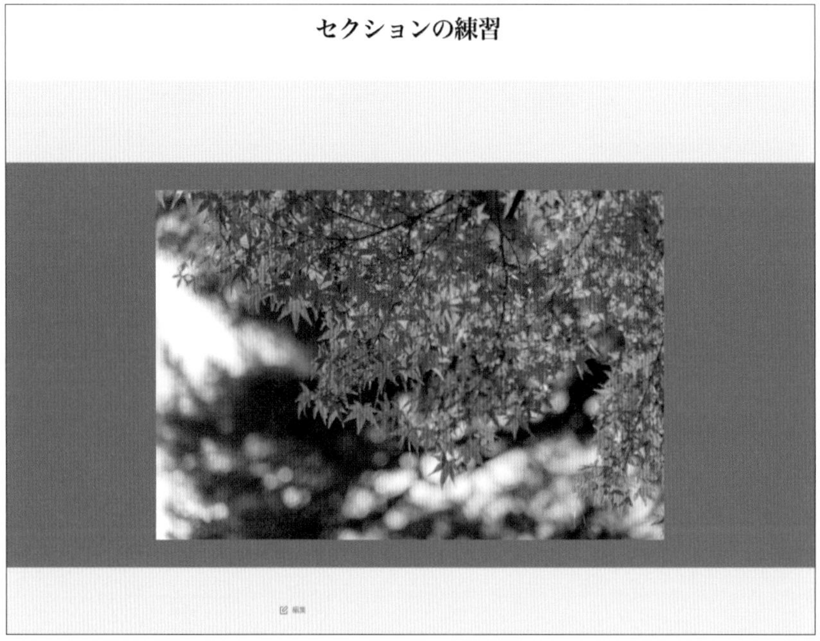

セクションを作成する

セクションは、HTMLタグの<section>で表され、Webページを構成する要素の塊を作ります。<div>と似ていますが、より大きな塊を作るものと考えてよいでしょう。たとえば、右のように使用します。

```
<section>
<h2>タイトル</h2>
<p>本文</p>
</section>
```

セクションを追加する

P.116を参考に「Ultimate Addons for Gutenberg」をインストールして有効化し、ブロックエディターで「Section」をクリックします❶。

セクションが挿入され、このような青い枠線でその範囲が示されます。セクション内には、複数のブロックを挿入することができます。ここでは、画像のブロックを追加します。

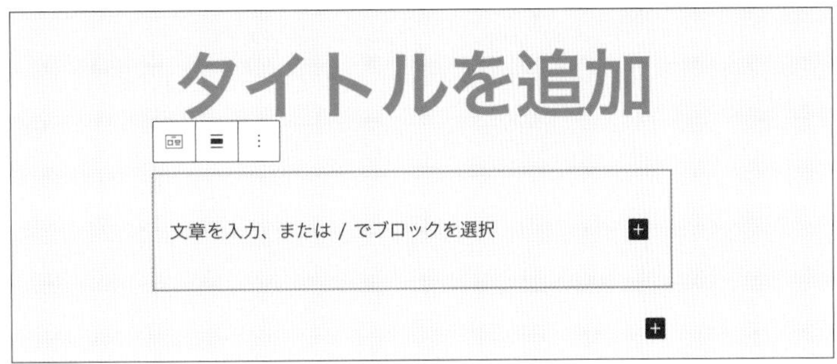

セクションの幅を設定する

セクションは、セクション内のブロックと別に、幅を設定することができます。「Layout」の「Content Width」で「Full Width」を選択します❶。「Inner Width」ではブロックの横幅を指定でき、ここでは1140のままに設定しておきます❷。

セクションのメニューで をクリックし❸、「全幅」をクリックすると❹、セクションの横幅が画面いっぱいまで広がります。

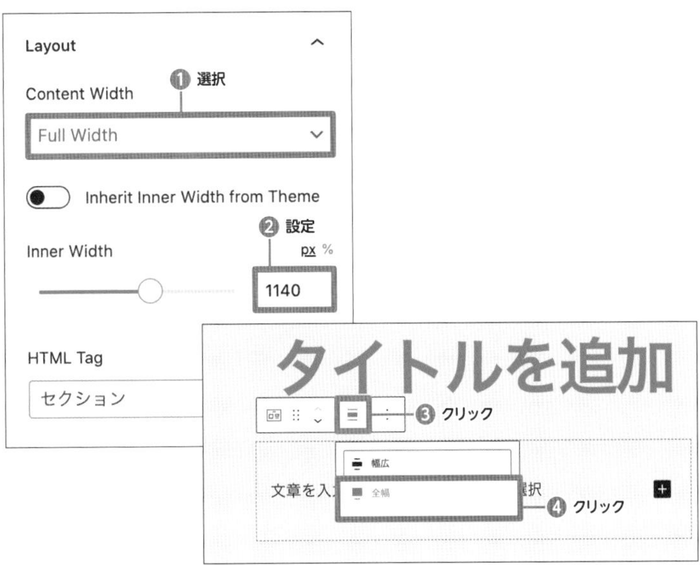

セクションの背景色を設定する

セクションの背景色を設定するには、「Background Type」で「色」を選択し❶、任意の色をクリックします❷。ここでは、右のようにセクションの背景色が灰色になります。必要に応じてこうして色を設定し、コンテンツのまとまりを視覚的にわかりやすくしましょう。

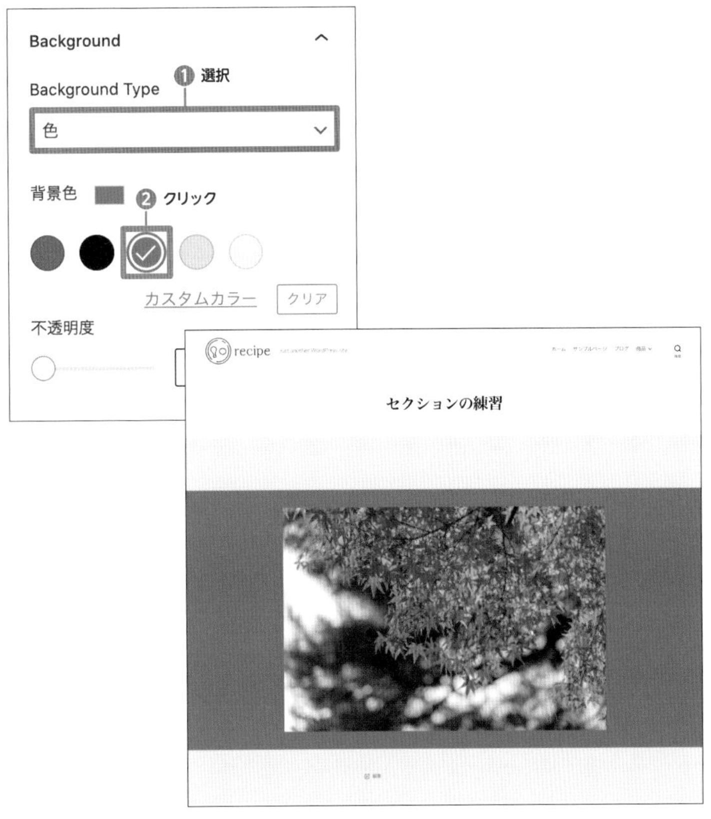

Section 005 ブロックエディターで投稿一覧を作成する

「Ultimate Addons for Gutenberg」を使えば、固定ページに投稿の一覧を作成することができます。たくさんの投稿がある場合に使用して、各投稿にアクセスしやすくしましょう。

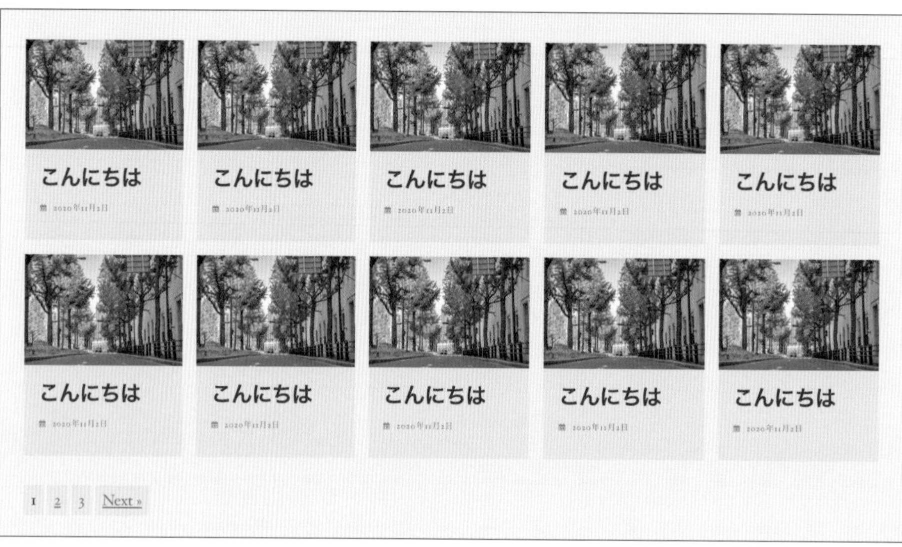

投稿一覧を作成する

Post Gridを追加する

P.116を参考に「Ultimate Addons for Gutenberg」をインストールして有効化し、ブロックエディターで「Post Grid」をクリックします❶。Post Gridが追加されると最初は右のようになるので、順に設定を行って整えていきます。

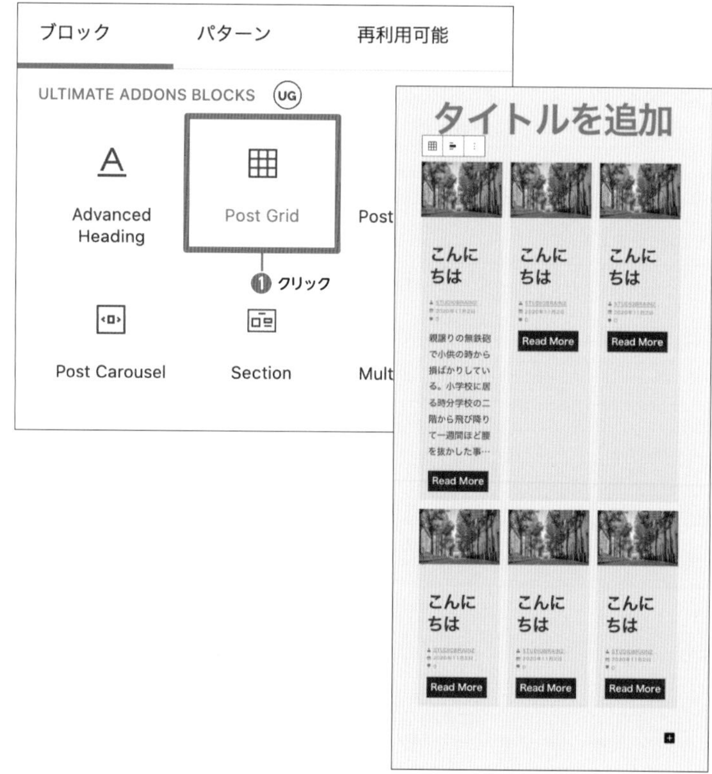

表示項目を設定する

「Read More Link」で「Show Read More Link」をオフにします❶。これで、「Read More」というリンクボタンが非表示になります。

「コンテンツ」で各項目のオン／オフを切り替えて、表示するコンテンツを設定します❷。ここでは、「Show Title」と「Show Date」だけオンにして、ほかはオフにします。

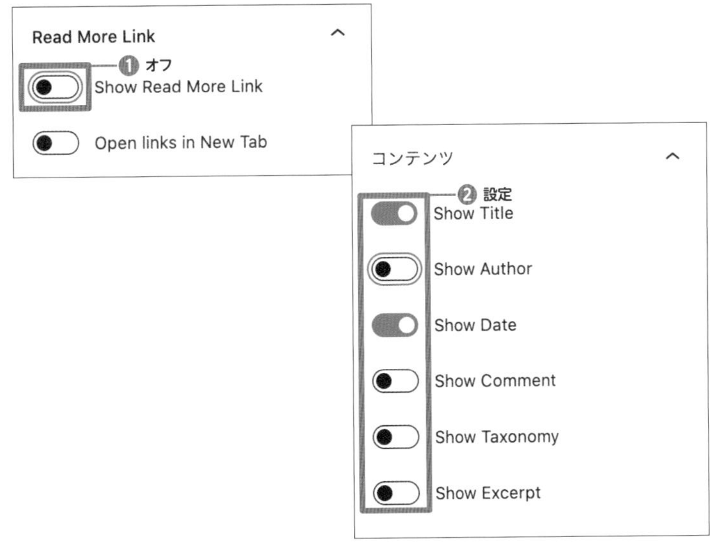

表示形式を設定する

「一般」の「Posts Per Page」で、1ページに表示される投稿の件数を入力します❶。「Order By」で並び順の基準を選択し❷、「順序」で「Descending」(降順)か「Ascending」(昇順)を選択します❸。「カラム」では、横に並ぶ数を入力します❹。パソコンは を、タブレットは を、スマートフォンは をクリックして設定します。

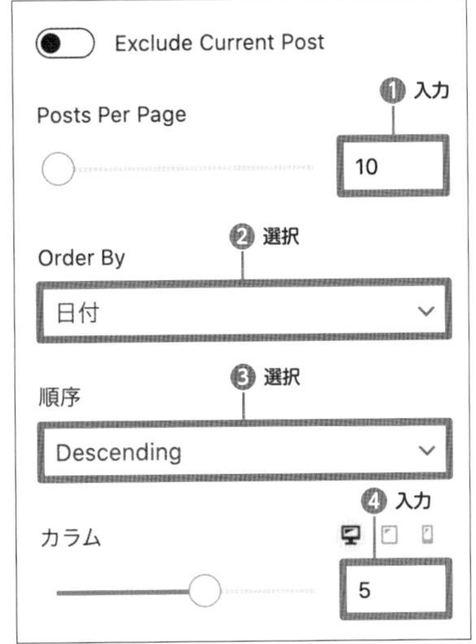

ページ送りを設定する

さらに投稿を見せたい場合は、「Post Pagination」(ページ送り)をオンにします❶。最大件数は「Page Limit」で100件まで設定できます❷。

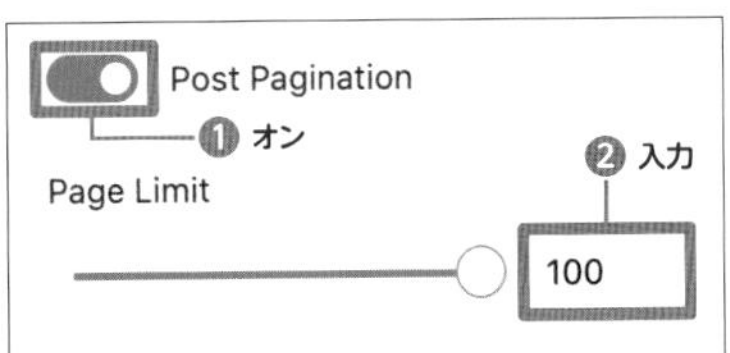

上記の設定では、右のように表示されます。Webサイトのデザインを考慮して、最適な表示を見つけてみましょう。

Section 006

LEVEL ●●●

ブロックエディターでタイムラインを作成する

ビジネスサイトでよく見かける、お申し込み後の流れを示すタイムラインも、「Ultimate Addons for Gutenberg」を使えば実現できます。視覚的に流れを表現できれば、ユーザーも安心して申し込めます。

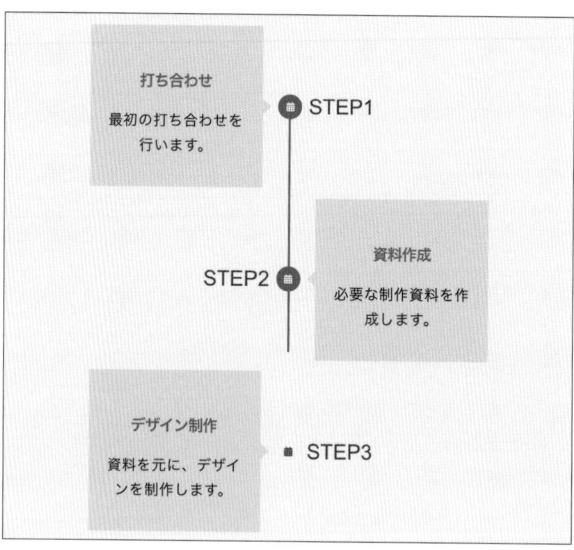

タイムラインを作成する

Content Timelineを追加する

P.116を参考に「Ultimate Addons for Gutenberg」をインストールして有効化し、ブロックエディターで「Content Timeline」をクリックします❶。ブロックを挿入するとこのようなダミーのタイムラインが作成されるので、テキスト部分をクリックして書き換えてください❷。

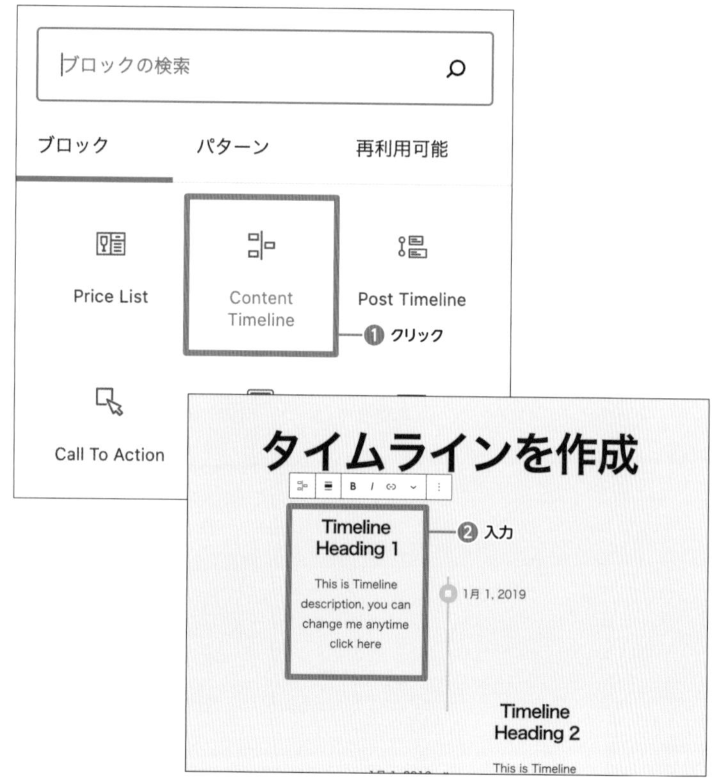

アイテムの数を設定する

「Number of Items」にアイテムの数を入力します❶。最大100まで設定できます。

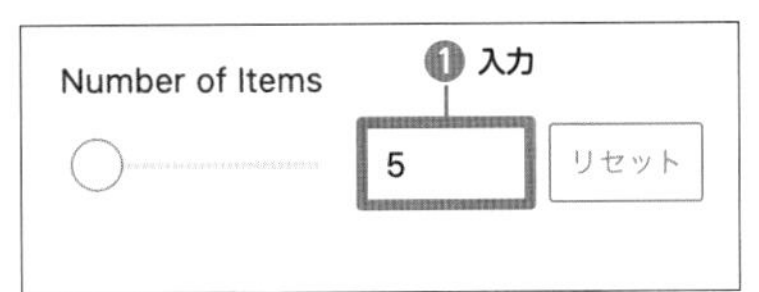

アイテムの表示を設定する

「Date Settings」では、各アイテムの横に表示される日付などの表示を設定できます。「Display Post Date」をオンにし❶、「Date Format」でスタイルを選択して❷、各項目にそれぞれ入力します❸。今回は「Normal Text」を選択し、「STEP1」～「STEP5」までを入力して、お申し込みから運用までの流れのイメージを掴んでもらうタイムラインにします。

「Connector Color Settings」では色が設定できます。「Line Color」で線の色を、「Icon Color」でアイコンの色を、「背景色」で背景色を、それぞれ設定できます❹。

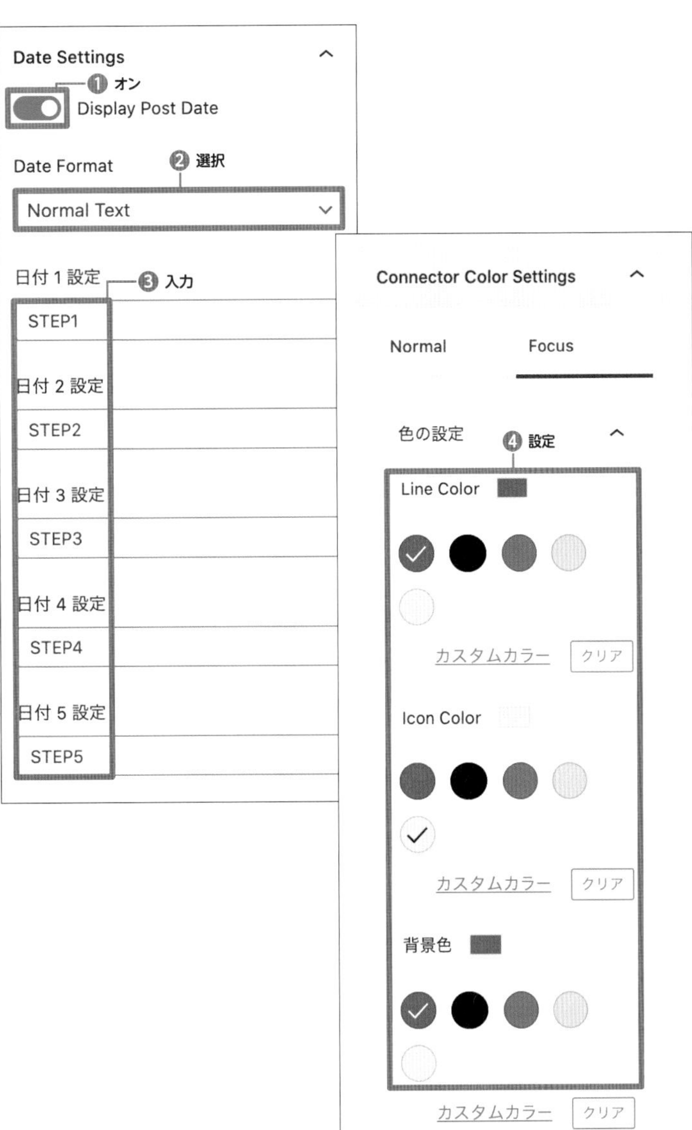

上記の設定では、右のように表示されます。お申し込み後の流れをまとめたWebページなどに追加して、視覚的なわかりやすさを高めましょう。

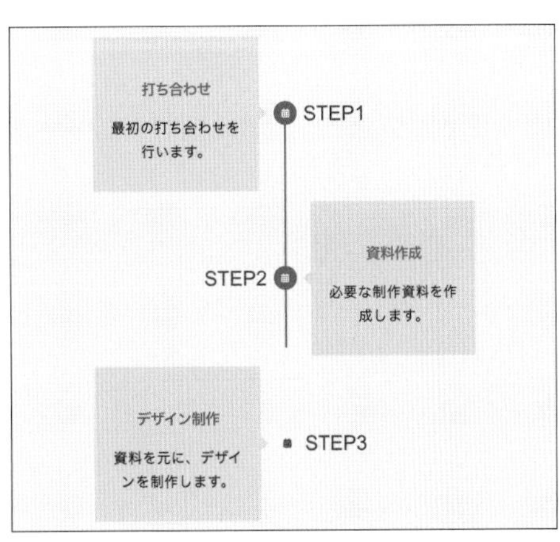

Section 007

LEVEL ●●○

ブロックエディターでカルーセルを作成する

コンテンツを横方向にスライドさせて表示するカルーセルも、「Ultimate Addons for Gutenberg」を使えば実現できます。Webサイトのトップページに、新着の投稿を掲載する場合に適しています。

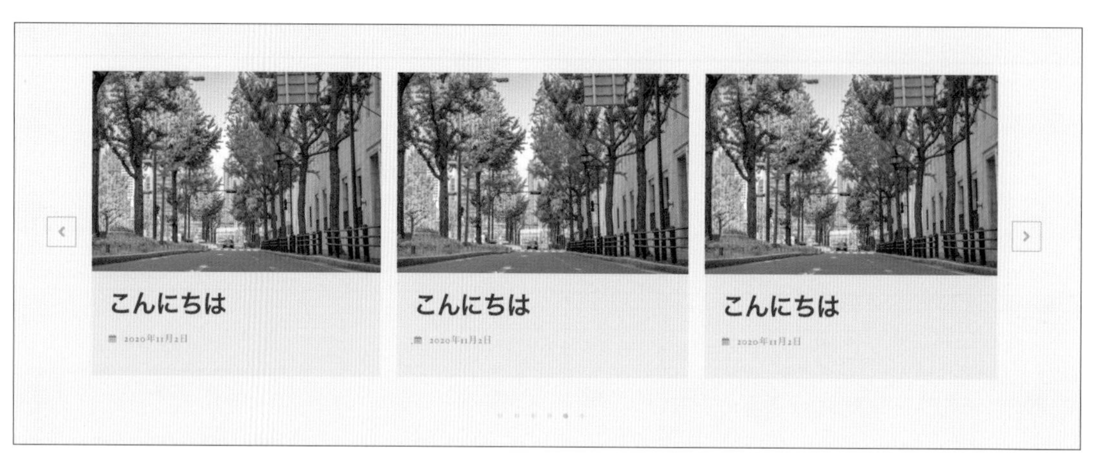

カルーセルを作成する

Post Carouselを追加する

P.116を参考に「Ultimate Addons for Gutenberg」をインストールして有効化し、ブロックエディターで「Post Carousel」をクリックします❶。

このようなカルーセルが挿入されるので、表示内容を設定していきます。

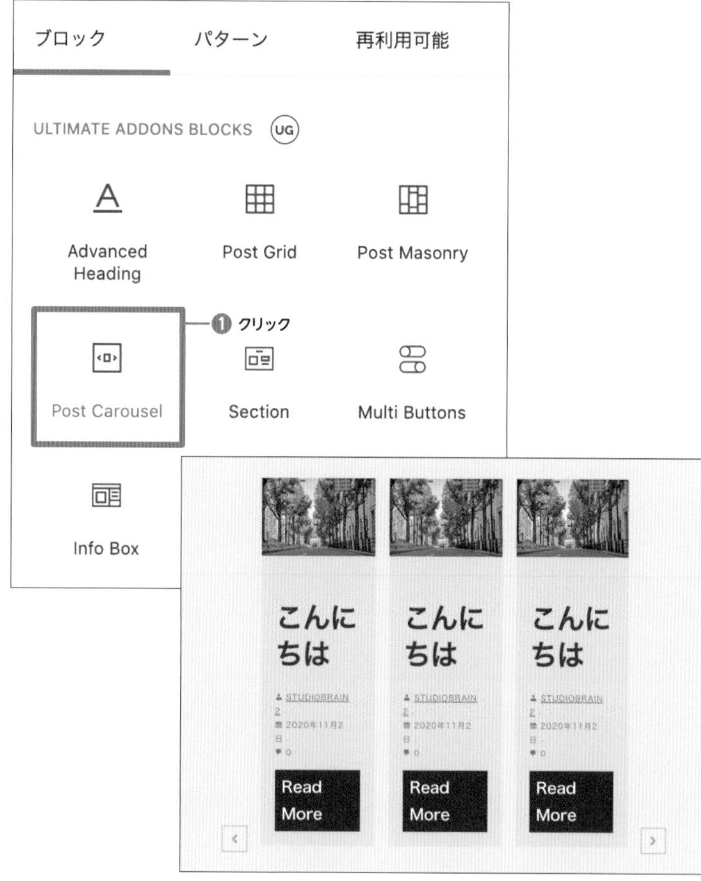

表示項目を設定する

「Read More Link」で「Show Read More Link」をオフにします❶。これで、「Read More」というリンクボタンが非表示になります。

「コンテンツ」で各項目のオン／オフを切り替えて、表示するコンテンツを設定します❷。ここでは、「Show Title」と「Show Date」だけオンにして、ほかはオフにします。なお、「一般」の「カテゴリー」で投稿のカテゴリーを選択することもできます。

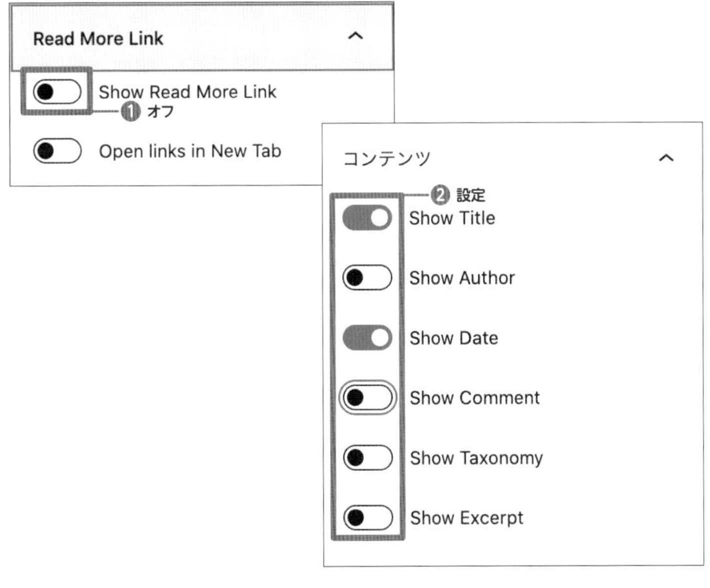

表示形式を設定する

「一般」の「項目数」で、表示する項目数を入力します❶。「Order By」で並び順の基準を選択し❷、「順序」で「Descending」（降順）か「Ascending」（昇順）を選択します❸。「カラム」では、横に並ぶ数を入力します❹。パソコンは🖥を、タブレットは▯を、スマートフォンは▯をクリックして設定します。

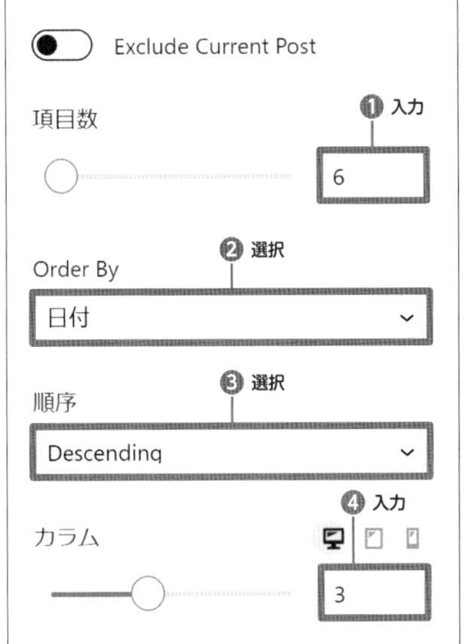

スライドを設定する

「Carousel」でスライドに関する設定ができます。自動でスライドさせたい場合は「自動再生」をオンにします❶。「Autoplay Speed」ではスライドが開始されるまでの時間を入力して設定します❷。無限にループさせたい場合は「Infinite Loop」をオンにします❸。「Transition Speed」ではスライドが完了するまでの時間を入力して設定します❹。

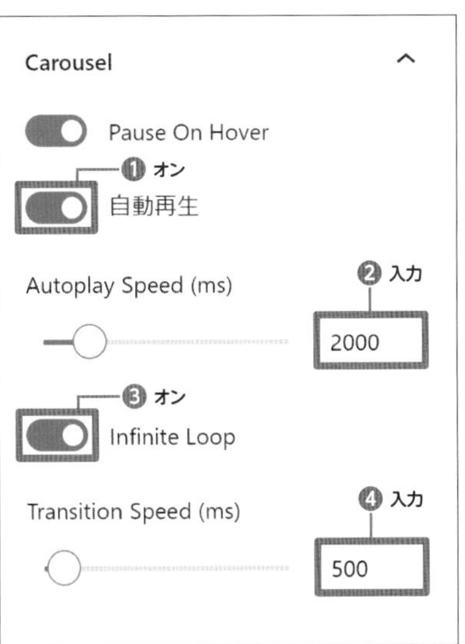

Chapter 11 プラグインを使ったレシピ

Section **008**

ブロックエディターで吹き出しを作成する

LEVEL

「LIQUID SPEECH BALLOON」というプラグインを使えば、マンガのように人物に吹き出しを付けて話しているように表現できます。会話形式の説明を行いたい場合に重宝します。

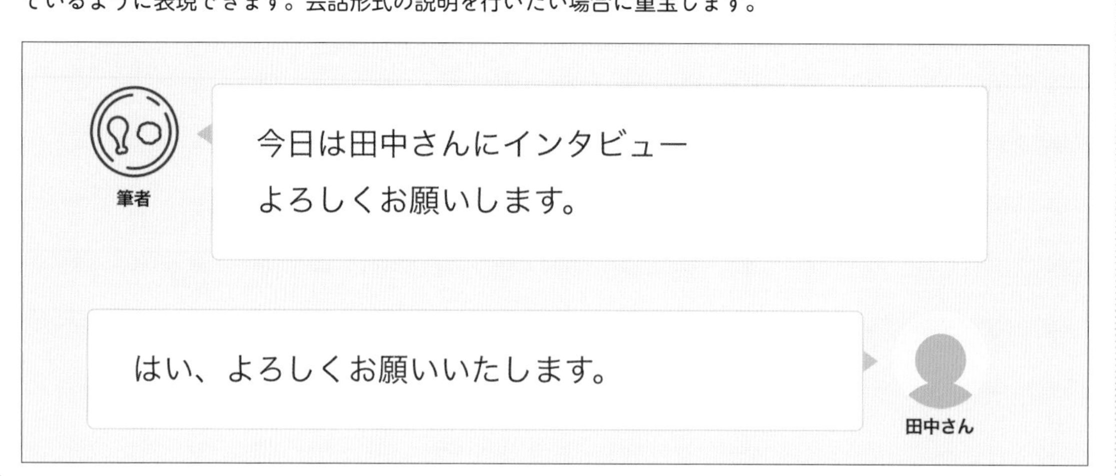

LIQUID SPEECH BALLOONを使用する

LIQUID SPEECH BALLOONを追加する

P.114を参考に「プラグインを追加」画面で「LIQUID SPEECH BALLOON」を検索し、「今すぐインストール」をクリックしてインストールし❶、「有効化」をクリックして有効化します。

LIQUID SPEECH BALLOONを設定する

メインナビゲーションメニューに、「LIQUID SPEECH BALLOON」という項目が追加されるのでクリックします❶。

設定
一般
投稿設定
表示設定
ディスカッション
メディア
パーマリンク設定
プライバシー
Akismet Anti-Spam (アンチスパム)
Duplicate Page
LIQUID SPEECH BALLOON
Advanced Editor Tools (TinyMCE Advanced)
標準
01
02
03
04
05
06
07
08
09
10
❶ クリック

吹き出しのアバターを作成する

名前の列に吹き出しのアバター名を入力します❶。人物にアイコンを設定する場合は、P.179を参考に画像をメディアライブラリにアップロードして、そのURLを入力します❷。「変更を保存」をクリックして保存します❸。

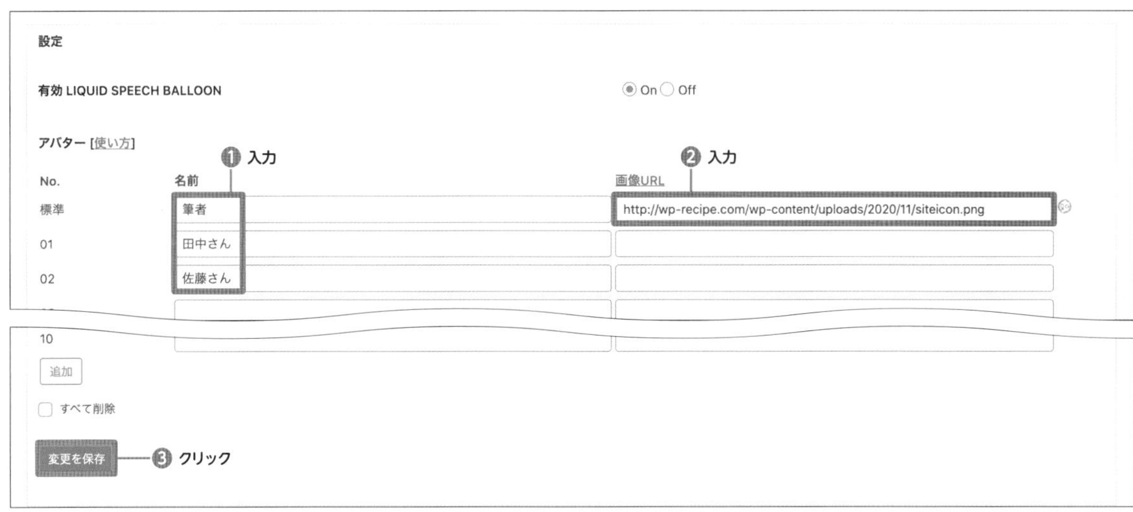

吹き出しを作成する

ブロックエディターのブロック一覧で「フキダシ」をクリックして吹き出しを追加し❶、「フキダシ設定」で「アバター」や「向き」などを選択します❷。

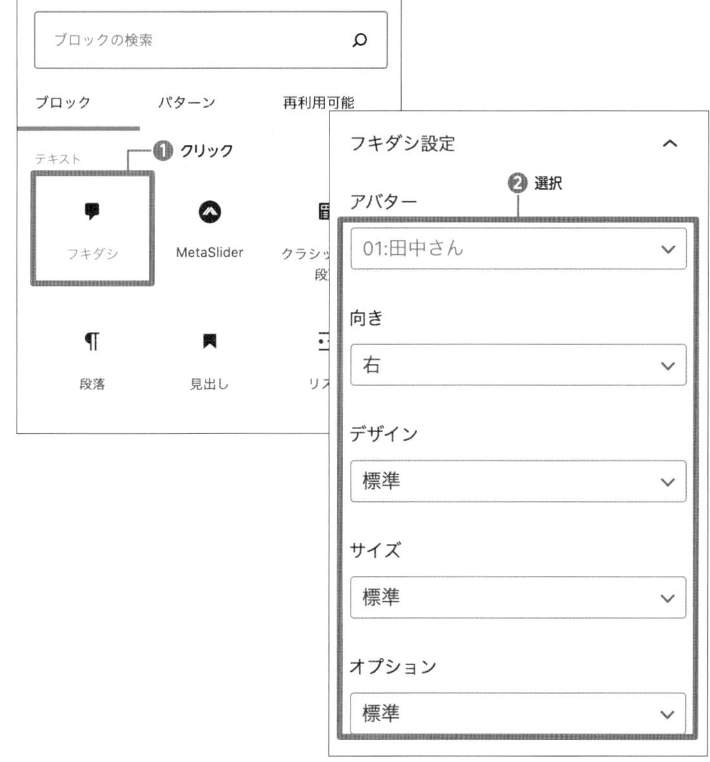

吹き出し内のテキストを入力して❸、右のように仕上げます。

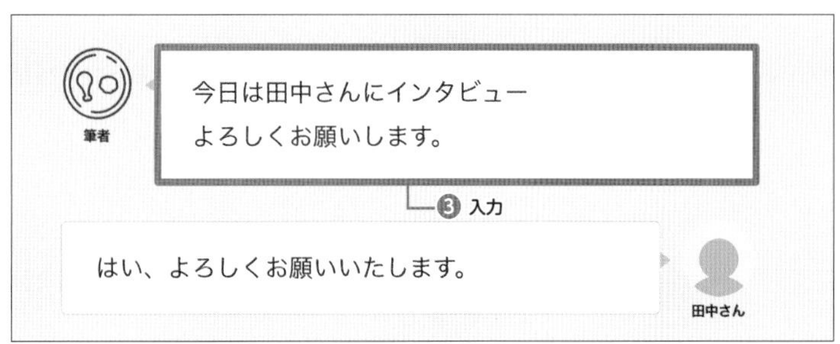

Chapter 11 プラグインを使ったレシピ

Section

009 パンくずリストを作成する

LEVEL

DLデータ
sample242

下記のような現在のWebページの階層を表示するデザインを「パンくずリスト」といいます。階層が深いWebサイトで重宝します。直接リンクをクリックして上の階層へ進むこともできて便利です。

WP RECIPE > ブログ > お知らせ > こんにちは

© 2020 WP RECIPE　Powered by WordPress

Breadcrumb NavXTを使用する

Breadcrumb NavXTを追加する

P.114を参考に「プラグインを追加」画面で「Breadcrumb NavXT」を検索し、「今すぐインストール」をクリックしてインストールし❶、「有効化」をクリックして有効化します。

コードを追加する

右のコードをテーマのテンプレートの任意の場所に追加します。

```
<?php if(function_exists('bcn_display'))
{
bcn_display();
}?>
```

今回は、フッターのテンプレートファイル「footer.php」に追加します。あとでデザインが修正できるように、右のように<div>でクラスも設定しておきます。bcnは新しく作成するクラスです。section-innerは既存のクラスで、これを入れておくと横幅などを統一することができます。

【PHP】footer.php（sample242）

```
<div class="bcn">
<div class="section-inner">

<?php if(function_exists('bcn_display'))
{
bcn_display();
}?>

</div>
</div>
```

ここでは、「footer.php」の次の場所にコードを追加しています❶。

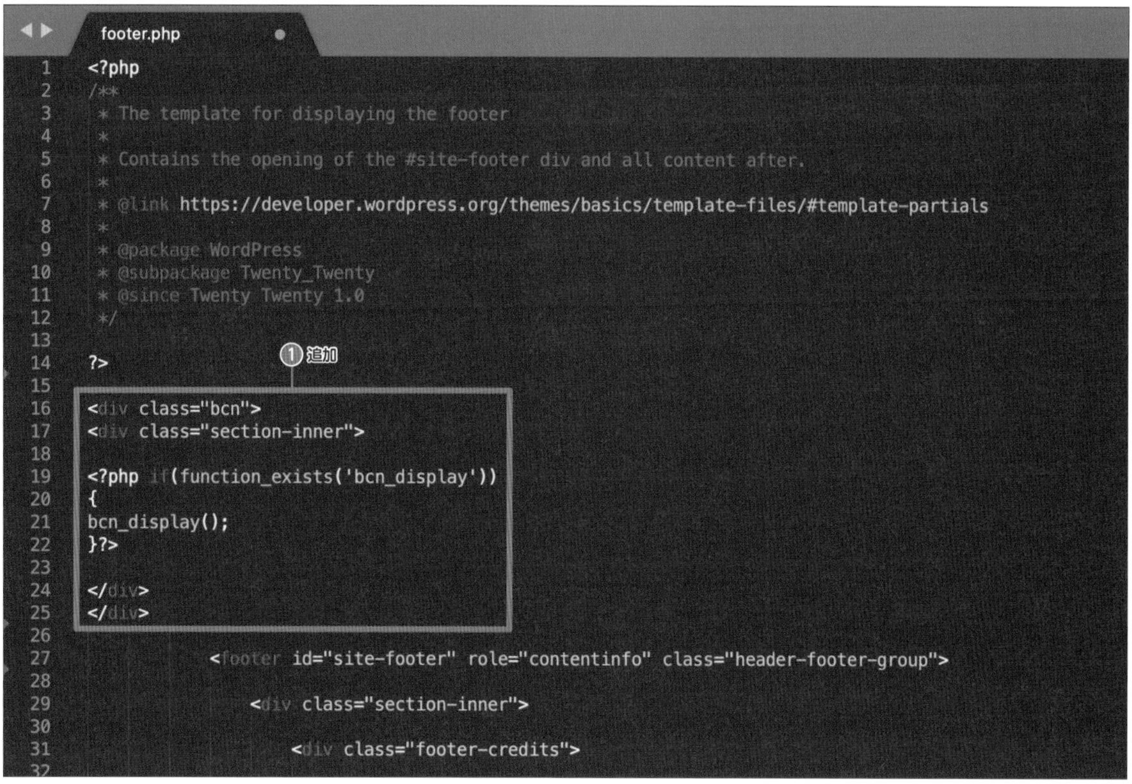

footer.php

```
<?php
/**
 * The template for displaying the footer
 *
 * Contains the opening of the #site-footer div and all content after.
 *
 * @link https://developer.wordpress.org/themes/basics/template-files/#template-partials
 *
 * @package WordPress
 * @subpackage Twenty_Twenty
 * @since Twenty Twenty 1.0
 */

?>

<div class="bcn">
<div class="section-inner">

<?php if(function_exists('bcn_display'))
{
bcn_display();
}?>

</div>
</div>

            <footer id="site-footer" role="contentinfo" class="header-footer-group">

                <div class="section-inner">

                    <div class="footer-credits">
```

❶ 追加

パンくずリストを確認する

Webサイトを表示すると、フッターに右のようなパンくずリストが挿入されています。しかし、ボーダーが入っているうえ上下の余白が狭く、見た目がよくないため、CSSで調整します。

WP RECIPE > ブログ > お知らせ > こんにちは

© 2020 WP RECIPE　Powered by WordPress

メインナビゲーションメニューで「外観」→「カスタマイズ」をクリックしてテーマカスタマイザーを開き、「追加CSS」をクリックして、次のCSSを追加します。または、テーマの「style.css」に追加します。

【CSS】style.css（sample242）

```
.footer-widgets-outer-wrapper {border-bottom:none;}
.bcn .section-inner {padding: 40px 0;}
```

Webサイトを表示すると、不要なボーダーが削除され、上下の余白が調整されています。

WP RECIPE > ブログ > お知らせ > こんにちは

© 2020 WP RECIPE　Powered by WordPress

スライドショーを作成する

画像をスライドショーで表示するには、「MetaSlider」というプラグインを使うと便利です。Webサイトのトップページなどに配置して、お店や商品の画像を見せれば効果抜群です。

MetaSliderを使用する

MetaSliderを追加する

P.114を参考に「プラグインを追加」画面で「Responsive Slider by MetaSlider」を検索し、「今すぐインストール」をクリックしてインストールし❶、「有効化」をクリックして有効化します。

スライドショーの作成を開始する

メインナビゲーションメニューに、「MetaSlider」という項目が追加されるのでクリックして❶、「空のスライドショーを作成する」をクリックします❷。

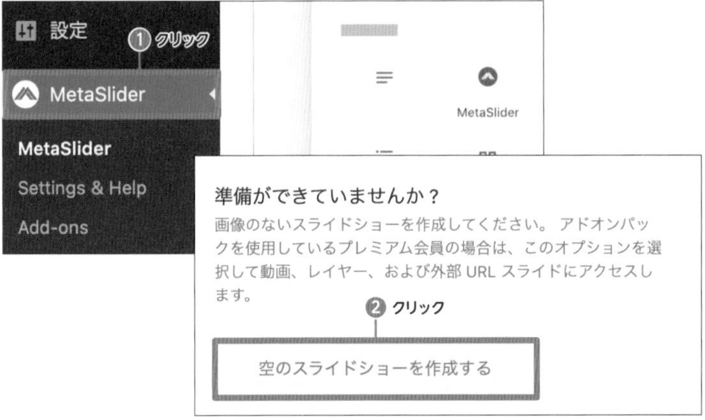

画像を追加する

「スライドを追加」をクリックし❶、スライドショーに必要な画像をすべてアップロードします。

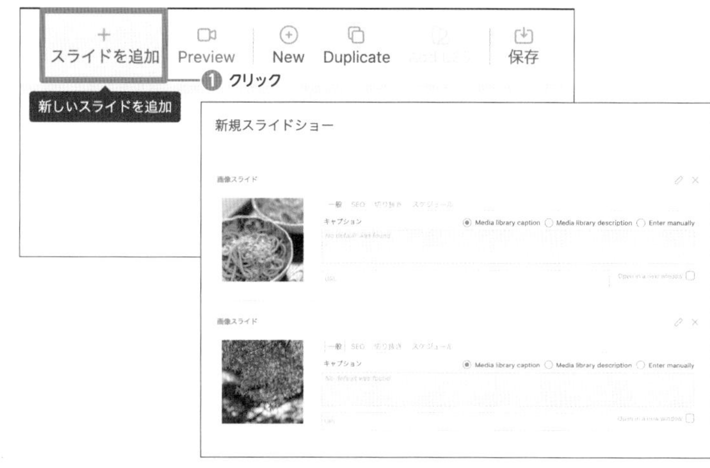

画像のサイズはデフォルトでは、幅700px、高さ300pxです。画像のサイズに合わせて変更します❷。設定できたら、「保存」をクリックして保存します❸。

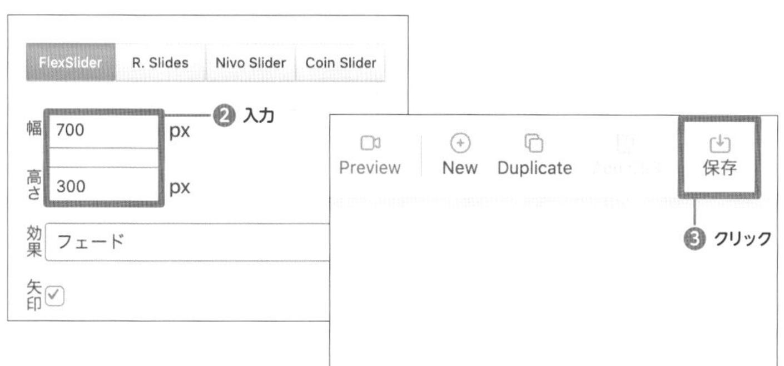

スライドショーを追加する

ブロックエディターのブロック一覧で「MetaSlider」をクリックしてスライドショーのブロックを追加し❶、「Select a slideshow」で作成したスライドショーを選択します❷。

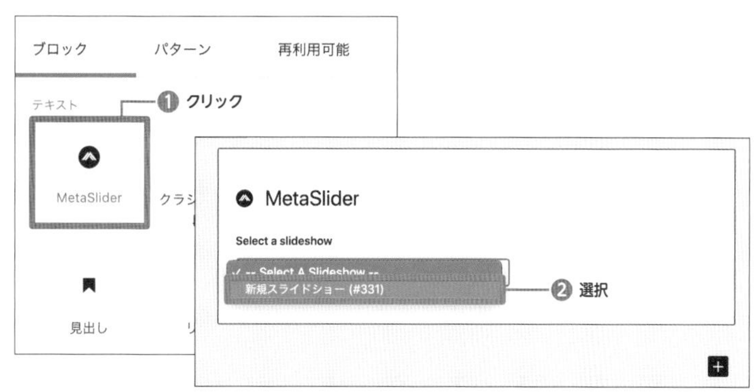

幅を設定する

「Slideshow settings」の「スライドショー幅」で任意の幅をクリックして設定します❶。完了したら、Webサイトを表示して、動作を確認します。

Chapter 11 プラグインを使ったレシピ

Section
011 関連記事を表示する

LEVEL

DLデータ
sample246

1つの投稿を開いたとき、その投稿に関連する投稿を自動的に選んで表示することも、プラグインで実現できます。これにより、ほかの投稿を見てもらう確率を高めることができます。

▣ Yet Another Related Posts Pluginを使用する

Yet Another Related Posts Pluginを追加する

P.114を参考に「プラグインを追加」画面で「Yet Another Related Posts Plugin」を検索し、「今すぐインストール」をクリックしてインストールし❶、「有効化」をクリックして有効化します。

プラグインを設定する

メインナビゲーションメニューの「設定」に「YARPP」という項目が追加されるのでクリックし❶、「関連記事設定」画面を表示します。

表示内容を設定する

「Automatic Display Options」の「Theme」で、「リスト」か「サムネイル」をクリックして表示形式を選択します❶。「ヘッダー」には「関連投稿」と入力します❷。

「変更を保存」をクリックして保存し❸、Webサイトを表示して表示を確認します。

関連スコアを調整する

もし関連記事が表示されていない場合は、「関連記事設定」画面に戻り、「The Algorithm」の「表示する最低関連スコア」の数値を、1～5までの間で変更します❶。数値が小さいほど、関連投稿が表示されやすくなります。さらに関連性の精度を高めるには、「タイトル」「内容」「カテゴリー」「タグ」を調整します。

CSSを追加する

メインナビゲーションメニューで「外観」→「カスタマイズ」をクリックしてテーマカスタマイザーを開き、「追加CSS」をクリックして、右のCSSを追加します。または、テーマの「style.css」に追加します。これで、テキストとブロックが中央に配置されます。

【CSS】style.css (sample246)

```
.yarpp-related {
    text-align: center;
    margin: auto;
}
```

Section 012 目次を作成する

「Table of Contents Plus」というプラグインを使用すれば、目次を自動で作成することができます。各項目をクリックすればジャンプできるため、目当ての部分を読みやすくなります。

Table of Contents Plusを使用する

Table of Contents Plusを追加する

P.114を参考に「プラグインを追加」画面で「Table of Contents Plus」を検索し、「今すぐインストール」をクリックしてインストールし❶、「有効化」をクリックして有効化します。

プラグインを設定する

メインナビゲーションメニューの「設定」に「TOC+」という項目が追加されるのでクリックし❶、「Table of Contents Plus」画面を表示します。

位置や表示を設定する

「位置」で、目次の表示位置を選択します❶。「表示条件」で、目次の表示条件となる見出しの数を選択します❷。「コンテンツタイプ」では、目次を表示させるコンテンツタイプを選択します❸。投稿に目次を表示させたい場合は「post」に、固定ページに表示させたい場合は「page」にチェックを付けてください。

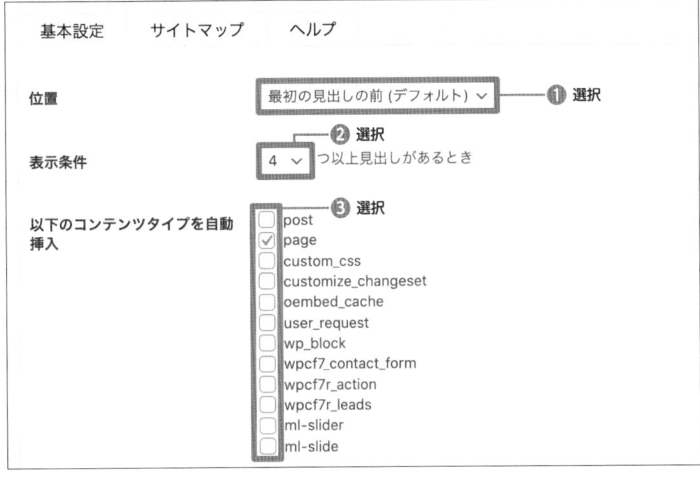

タイトルや階層を設定する

目次のタイトルを表示したい場合は、「見出しテキスト」の「目次の上にタイトルを表示」にチェックを付け❶、目次のタイトルを入力します❷。「階層表示」にチェックを付けると❸、見出しの大きさに応じて階層表示されます。「番号振り」にチェックを付けると❹、見出しに番号が付きます。

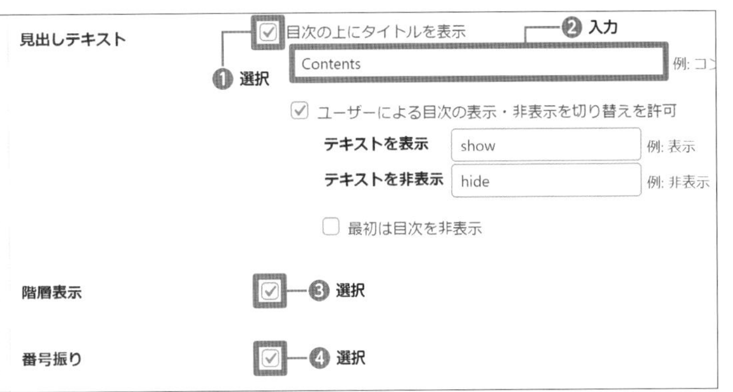

サイズを設定する

「横幅」で横幅を選択します❶。デフォルトの「自動」は、自動で横幅を設定します。「回り込み」で回り込みをするかどうかを選択し❷、「文字サイズ」で文字サイズを入力します❸。

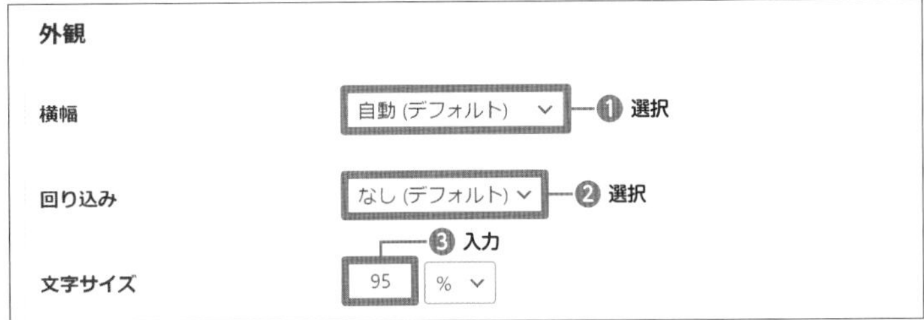

設定を保存する

「設定を更新」をクリックして保存します❶。見出しを使って投稿を作成すると、次のように目次が自動的に表示されます。

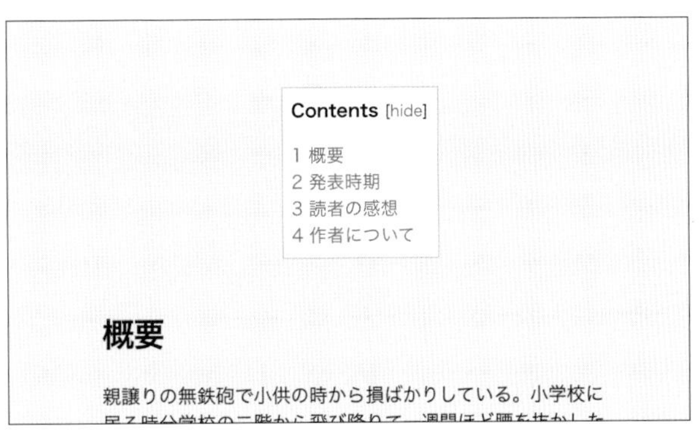

Section
013 人気の投稿を表示する

「WordPress Popular Posts」というプラグインを使用すれば、アクセス数の多い人気の投稿を表示することができます。これにより、ユーザーが人気の投稿にアクセスしやすくなります。

▣ WordPress Popular Postsを使用する

WordPress Popular Postsを追加する

P.114を参考に「プラグインを追加」画面で「WordPress Popular Posts」を検索し、「今すぐインストール」をクリックしてインストールし❶、「有効化」をクリックして有効化します。

ショートコードを埋め込む

投稿または固定ページを作成し、本文の段落に、[wpp]というショートコードを入力します❶。ショートコードとは角括弧で囲まれたコードのことで、本文の段落に入力すると、コンテンツが配置されます。

表示を確認する

ショートコードを埋め込んだら、保存してWebページを開き、右のように表示されるか確認してください。もし、表示されない場合は、いくつか投稿を閲覧してみて、少し時間を空けてから、もう一度確認してみてください。

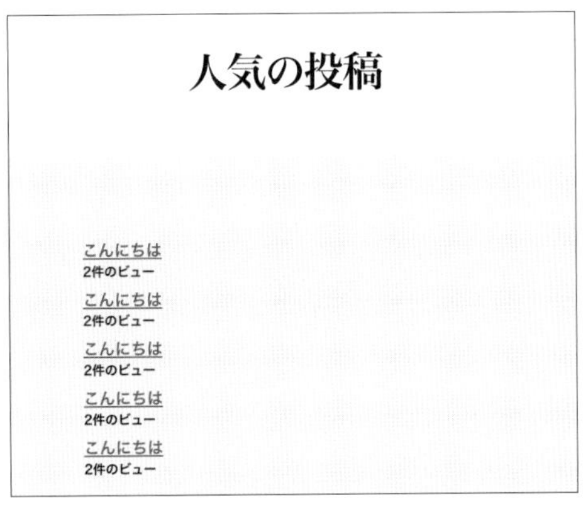

サムネイルを表示する

ショートコードを変更し、サムネイルを表示してみましょう。ショートコードを右のように書き換えて保存します❶。コード内の「150」は画像サイズを指しており、好みに合わせて変更してください。

表示を確認する

保存してWebページを開くと、このようにサムネイル付きで、人気の投稿が表示されます。

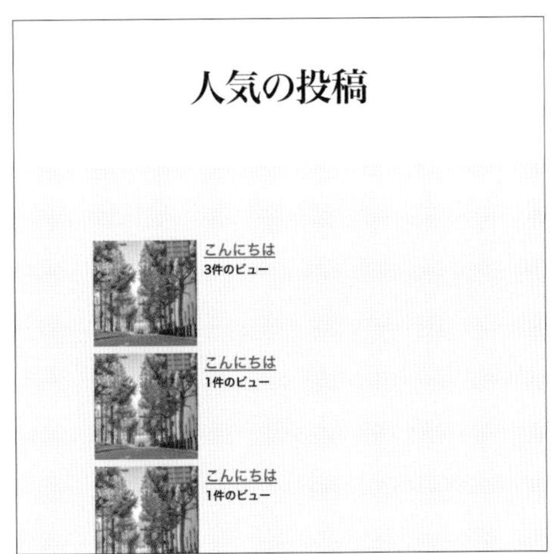

HINT アクセス数を確認する

メインナビゲーションメニューの「設定」→「WordPress Popular Posts」をクリックすると、アクセス数の多いページをグラフで確認することができます。この統計情報を参考に、コンテンツを改善しましょう。

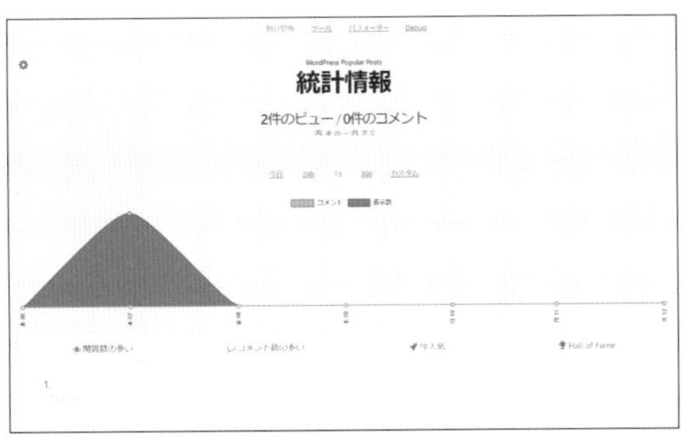

Chapter 11 プラグインを使ったレシピ

Section 014 メニューボタンにアイコンを取り入れる

通常はメニューボタンにはテキストが表示されるだけですが、「Font Awesome」というプラグインを使用すれば、このメニューボタンにアイコンも表示することができます。

Font Awesomeを使用する

Font Awesomeを追加する

P.114を参考に「プラグインを追加」画面で「Font Awesome」を検索し、「今すぐインストール」をクリックしてインストールし❶、「有効化」をクリックして有効化します。有効化すると必要なファイルが読み込まれ、アイコンを使う準備が完了します。

Font AwesomeのWebサイトを開く

「https://fontawesome.com/」にアクセスし、「○○ Free Icons」をクリックします❶。

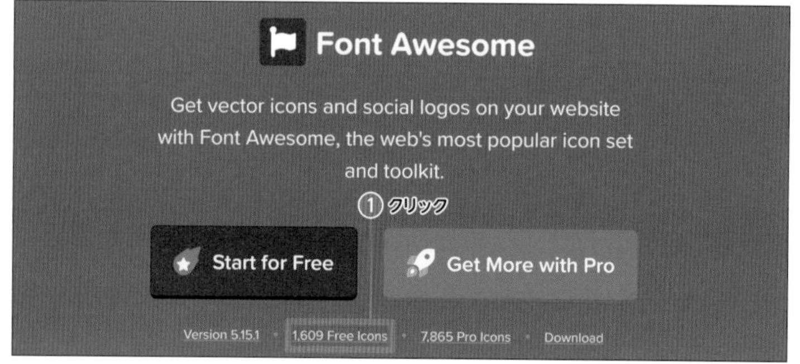

使用したいアイコンを探す

無料で使えるアイコンが一覧で表示されるので、使用したいアイコンを探します。必要なアイコンを効率的に探したい場合は、検索欄に「home」などのキーワードを入力して絞り込みます❶。使用したいアイコンが見つかったらクリックします❷。

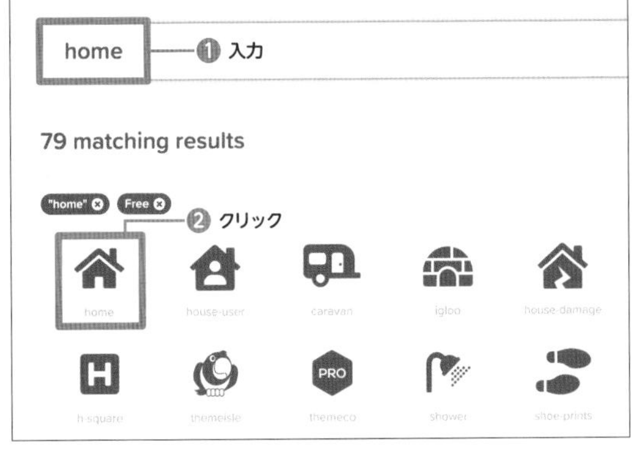

ソースコードをコピーする

アイコンの詳細画面が表示されます。画面上部のソースコード部分をクリックして、ソースコードをコピーします❶。

ソースコードを貼り付ける

メインナビゲーションメニューで「設定」→「メニュー」をクリックしてメニュー画面を開きます。「メニュー構造」でアイコンを追加したい項目の「ナビゲーションラベル」の冒頭に、ソースコードを貼り付けます❶。「メニューを保存」をクリックして保存します❷。

メニューを確認する

Webサイトを開くと、メニューボタンの左に、アイコンが挿入されていることが確認できます。

Section
015 迷惑コメントをブロックする

LEVEL

ディスカッション設定（P.54参照）でコメントを有効にすると、スパムなどの迷惑コメントが届くことがあります。スパム対策のプラグインを追加して、迷惑コメントをブロックしましょう。

▣ Akismet Spam Protectionを使用する

Akismet Spam Protectionを追加する

P.114を参考に「プラグインを追加」画面で「Akismet Spam Protection」を検索し、「今すぐインストール」をクリックしてインストールし❶、「有効化」をクリックして有効化します。

設定を開始する

プラグインを有効化すると、右の画面が表示されます。「Akismetアカウントを設定」をクリックします❶。もしこの画面が表示されない場合は、メインナビゲーションメニューで「設定」→「Akismet Anti-Spam」をクリックしてください。

プランを選択する

AkismetのWebページが表示されたら、「SET UP YOUR AKISMET ACCOUNT」をクリックします❶。個人サイトの場合は、無料プラン「Personal」の「Get Personal」をクリックします❷。商用サイトの場合は、任意の有料プランをクリックします。

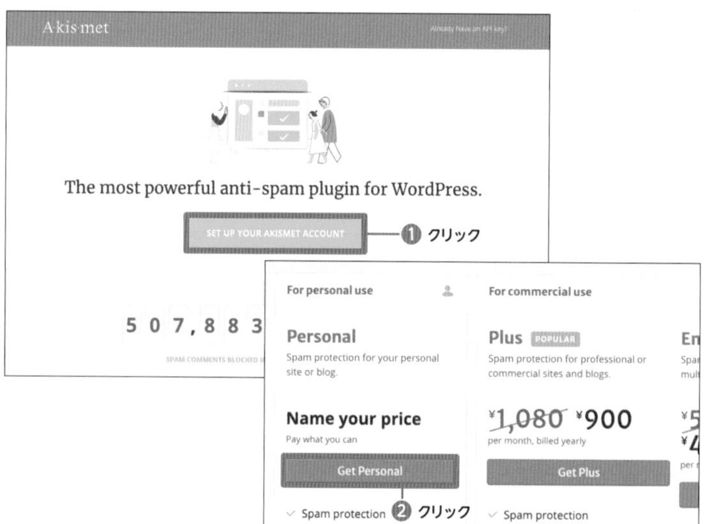

プランに登録する

金額のスライダーを左方向にドラッグして「¥0」に設定します❶。メール、名前、URLを入力し❷、3つのチェックボックスにすべてチェックを付けて❸、「CONTINUE WITH PERSONAL SUBSCRIPTION」をクリックします❹。ちなみに、3つのチェックボックスの日本語訳は以下のとおりです。

・私のサイトに収益化広告はありません。
・私のサイトでは商品やサービスを販売していません。
・私のサイトでは商売のプロモーションをしていません。

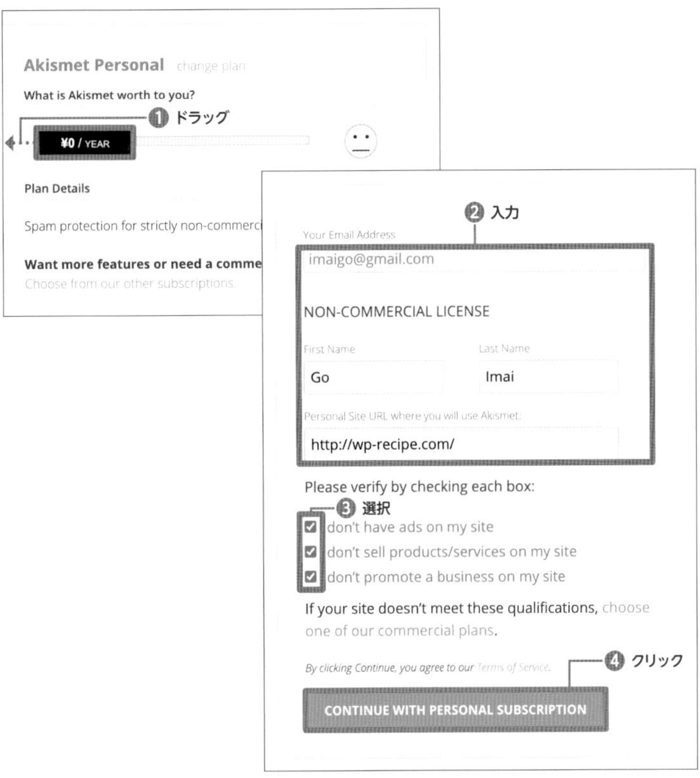

メール認証を行う

メールが送られてくるので確認します。メール本文の「Your email verification code is:」に記載されている認証コードを入力し❶、「Continue」をクリックします❷。メールで送られてきたAPIキーを「APIキーを入力してください」に入力し❸、「APIキーを使って接続する」をクリックします❹。

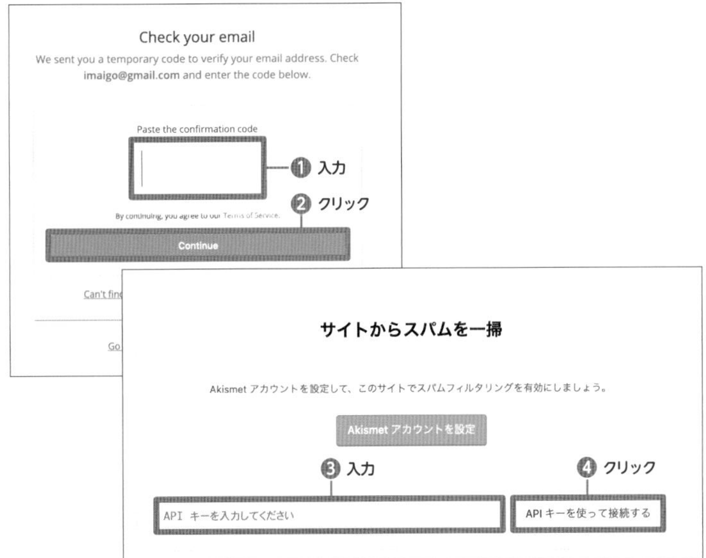

「Akismet は現在サイトをスパムから保護しています。ブログをお楽しみください。」と表示されたら、設定は完了です。これで、海外から大量に送られてくる迷惑コメントなどはスパムと判定され、メインナビゲーションメニューで「コメント」をクリックすると表示される「コメント」画面の、「スパム」にフィルタリングされます。

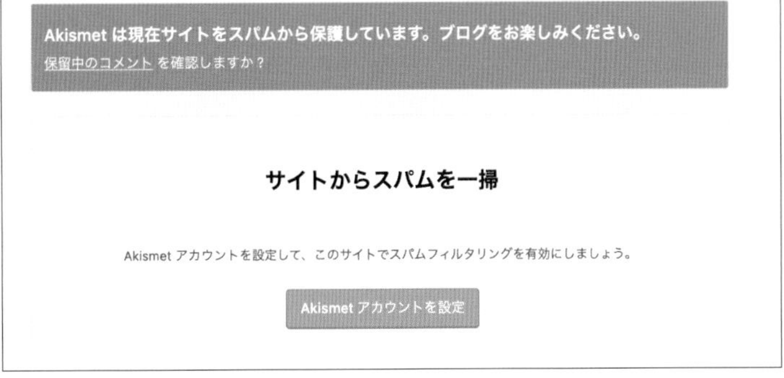

Section
016 投稿を複製する

「Duplicate Page」というプラグインを使用すれば、投稿や固定ページをかんたんに複製することができます。Webサイト制作を効率よく進めたい場合に活用するとよいでしょう。

■ Duplicate Pageを使用する

「投稿」画面を表示する

まず、通常の状態を確認します。

メインナビゲーションメニューで「投稿」→「投稿一覧」をクリックして「投稿」画面を開きます❶。

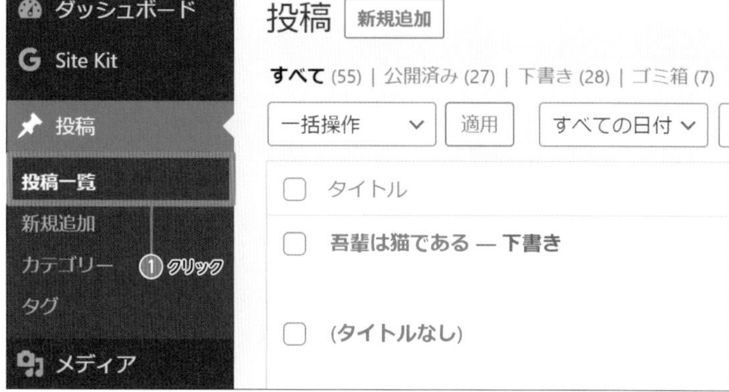

投稿のメニューを確認する

投稿にマウスポインターを合わせると❶、メニューが表示されます。「編集」「クイック編集」「ゴミ箱へ移動」などしか表示されず、ここから投稿を複製することはできません。固定ページも同様です。

以降の手順で、ここに複製のための項目を追加して、複製できるようにします。

Duplicate Pageを追加する

P.114を参考に「プラグインを追加」画面で「Duplicate Page」を検索し、「今すぐインストール」をクリックしてインストールし❶、「有効化」をクリックして有効化します。

「ページ複製設定」画面を表示する

メインナビゲーションメニューで「設定」→「Duplicate Page」をクリックして「ページ複製設定」画面を開きます❶。

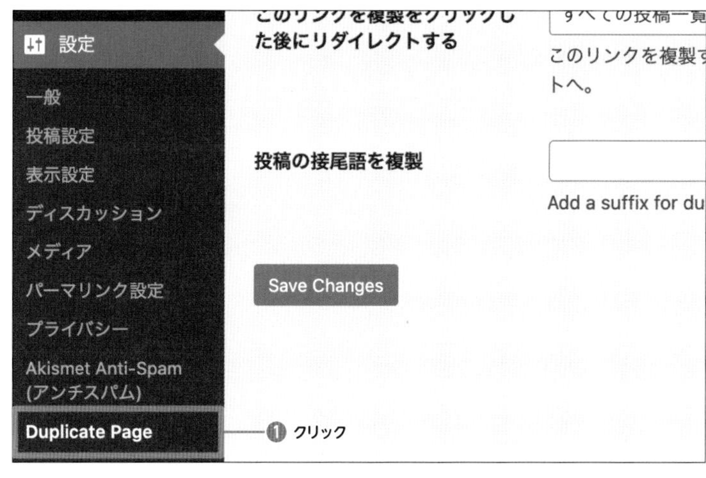

複製の設定を行う

「エディターを選択」で使用中のエディターを選択します❶。旧エディターを使用している場合を除いて、「Gutenberg エディター」を選択します。「投稿ステータスを複製」では、公開などのステータスまで複製するかを選択します❷。複製してすぐに公開したい場合は「公開」、編集してから公開したい場合は「下書き」を選択します。「このリンクを複製をクリックした後にリダイレクトする」では、複製した直後の表示先を選択します❸。投稿一覧を表示したい場合は「すべての投稿一覧へ」を、複製した投稿の編集画面を表示したい場合は「複製編集画面へ」を選択します。

設定が完了したら、「Save Changes」をクリックします❹。

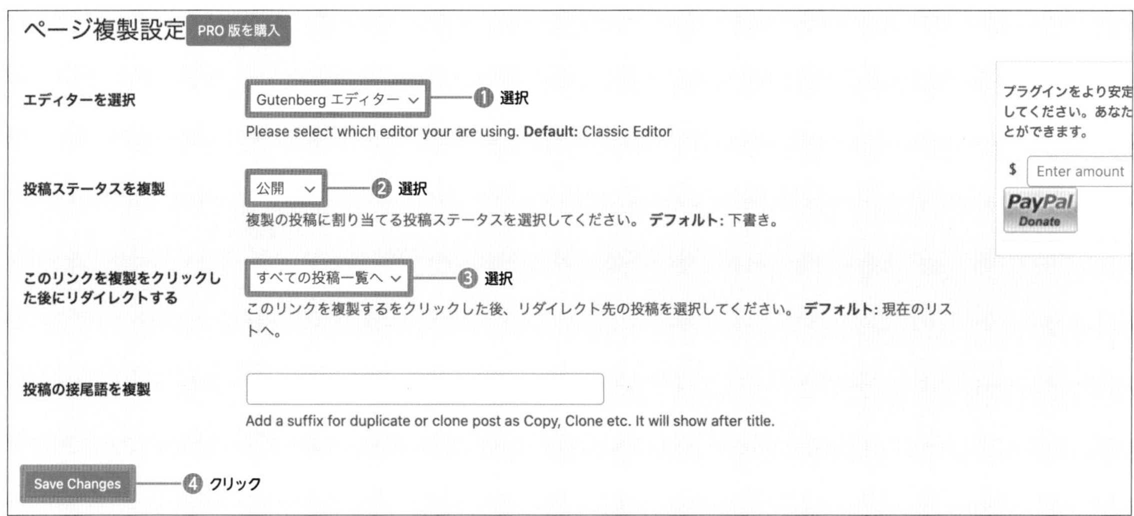

投稿を複製する

「投稿」画面を表示し、投稿にマウスポインターを合わせて「複製」をクリックすると❶、投稿が複製されます。固定ページも同様に複製できます。

サンプルページ
編集 | クイック編集 | ゴミ箱へ移動 | 表示 | 複製 ❶ クリック

サンプルページ
編集 | クイック編集 | ゴミ箱へ移動 | 表示 | 複製

サンプルページ — 下書き

Section
017 日本語化による不具合を修正する

WordPressを日本語で運用することは本来問題のないことですが、一部に不具合が残る場合があります。そのような問題を解消するために、プラグインを導入しておきましょう。

WP Multibyte Patchを使用する

WordPressの日本語版では、一部に不具合が発生する場合があります。こうした問題を解消するためのプラグインが「WP Multibyte Patch」です。

たとえば、WP Multibyte Patchを有効化すると、日本語のファイル名の画像ファイルがアップロードされた場合に、ファイル名を自動的に英数に変換してくれます。この変換をせずにそのまま運用すると、将来サーバーの変更などを行った場合に、画像がすべてリンク切れになってしまうという事態にも発展しかねません。

また、メール送信によって届いたメールの件名が文字化けするといった問題もしばしば起こりますが、WP Multibyte Patchを有効化しておけば、こうした文字化けも修復することができます。

WP Multibyte Patchは、そのほかにもいろいろな不具合を解消してくれる頼もしいプラグインです。WordPressを日本語環境で使うなら、まず有効化しておくことをおすすめします。

WP Multibyte Patchを追加する

P.114を参考に「プラグインを追加」画面で「WP Multibyte Patch」を検索し、「今すぐインストール」をクリックしてインストールし❶、「有効化」をクリックして有効化します。

WP Multibyte Patchを有効化すれば、あとはとくに行うべきことはありません。そのまま、有効化した状態で運用を続けていれば、自動的に問題を解決してくれます。

Chapter

12

CSSカスタマイズのレシピ

このChapterでは、CSSをメインとしたカスタマイズのテクニックを紹介します。コードを使用するため難しく思われがちですが、作例にならって実践するところから始めれば、それほど難しくはありません。

Section

001 CSSの基本を確認する

LEVEL

DLデータ
sample260

CSSを使えば、HTMLタグやクラスに対して自由にデザインを加えることができます。まずは、そうした高度なデザインを実現するうえで大切になるCSSの基本的な事項を、あらためて確認しましょう。

▣ CSSとは

あらためてCSSについて確認していきましょう。CSS (Cascading Style Sheets) はWebページのデザインを設定するためのプログラミング言語、またはそのファイルのことで、スタイルシートとも呼ばれます。Webブラウザで表示されるWebページは、HTML (要素) とCSS (デザイン) によって表示されています。WordPressのWebページも、もちろん例外ではありません。

CSSの適用例

CSSは、HTMLタグやクラス、IDに対して適用されます。用意されている多くのプロパティで値を設定することで、自由にデザインを作ることが可能です。

例を挙げて具体的に確認しましょう。左下のようなHTMLをWebブラウザで表示すると、右下のように表示されます❶。

【HTML】sample.html (sample260)

```
<html lang="ja">
    <head></head>
    <body>
        <h1 class="sitetitle">WP RECIPE<h1>
    </body>
</html>
```

❶

ここに、左下のようなCSSを加えると、右下のようにデザインが変化します❷。h1がHTMLタグ、.sitetitleがクラス、fonto-sizeなどがプロパティであり、それぞれに値を指定することでデザインを実現しています。これらの値を調整したり、ほかにプロパティを追加したりしながら、目的とするデザインを作成していきます。

【CSS】sample.css (sample260)

```
h1.sitetitle{
    font-size:30px;
    line-height:1.8;
    color:#fff;
    margin:10px 0 10px 0;
    display:inline-block;
    background-color:#c00;
    padding:10px 20px;
}
```

❷

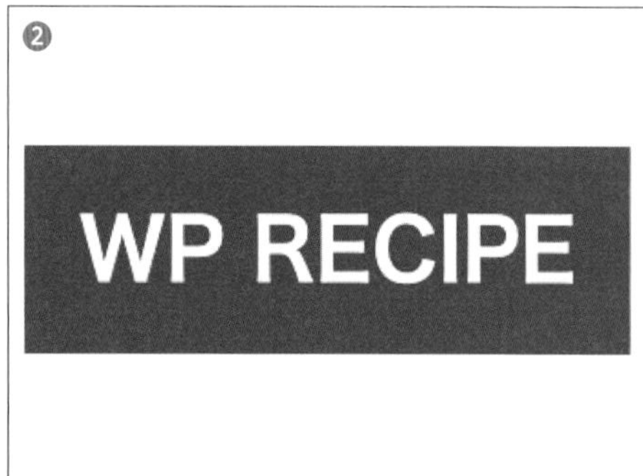

CSSの作成方法

CSSは、基本的にはテキストエディターで作成します。テキストエディターの詳細については、P.156を参照してください。しかし、テキストエディター単体では、デザインの見た目を確認しながらCSSを作成することができません。視覚的に値を調整したい場合は、Webブラウザのデベロッパーツールで CSSを作成しましょう。デベロッパーツールの詳細については、P.158を参照してください。

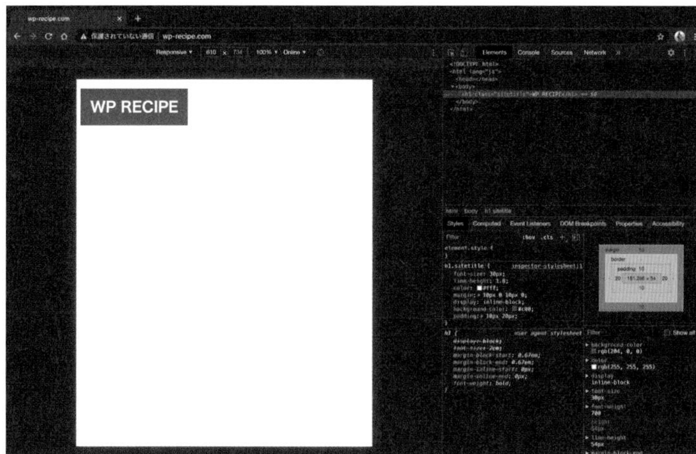

◀Google Chromeのデベロッパーツール

CSSの設定方法

これまでにも触れてきたように、WordPressでCSSを設定する方法は2つあります。1つはテーマカスタマイザーの追加CSSで設定する方法で、もう1つはテーマの「style.css」で設定する方法です。どちらの方法でも同じデザインが実現できるため、好みに合わせて方法を選択してください。

追加CSSで設定する

P.160を参考にテーマカスタマイザーの「追加CSS」画面を表示し、追加したいCSSを入力します❶。

「style.css」で設定する

P.155を参考にFTPクライアントでサーバーに接続し、テーマのディレクトリ（wp-content/themes/（テーマの名前）/）から「style.css」をダウンロードして編集します。編集後、同じ場所にアップロードします❶。

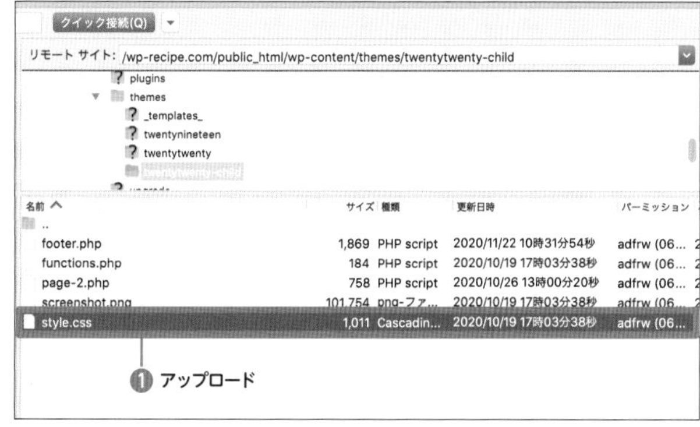

Section 002

特定の要素にのみCSSを適用する

LEVEL

DLデータ
sample262

CSSのクラスを限定してカスタマイズすることで、特定の要素にのみCSSを適用することができます。ここでは、タイトルのクラスを特定してカスタマイズし、非表示にしてみましょう。

不要なタイトルを非表示にする

以下が変更前のWebページです。このように上部に「ホーム」というタイトルが表示されていますが、このタイトルを非表示にして、すっきりとした印象に仕上げていきます。そのためには、タイトル部分のHTMLを確認し、そこで使用されているCSSのクラスを特定します。そのうえで、そのクラスが非表示になるように、CSSをカスタマイズします。

タイトルのクラスを確認する

P.158を参考に、WebページをGoogle Chromeのデベロッパーツールで開き、タイトル部分のHTMLを確認します❶。ここでは、タイトルのクラスがentry-titleであり、さらにentry-headerというクラスで囲まれていることがわかります。なお、予期せずほかの要素に影響が及ばないように、entry-headerがこのWebページで複数使われていないかも確認しておきましょう。

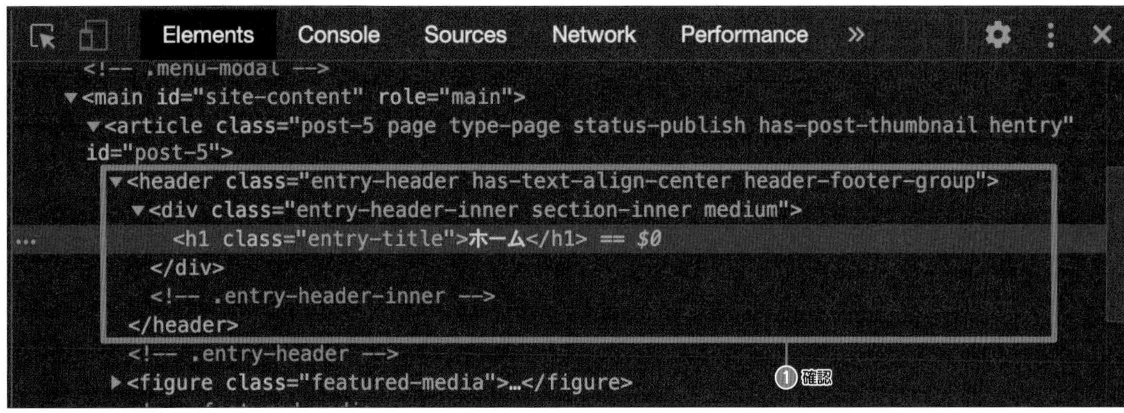

Webページ固有のクラスを確認する

次に、このWebページの<body>タグを確認します❶。<body>タグにはクラスがたくさん付いているため、ここを確認して、このWebページだけで使用されている固有のIDが付いたクラスを探します。ここでは、page-id-5というものが、このWebページ固有のクラスだとわかります。

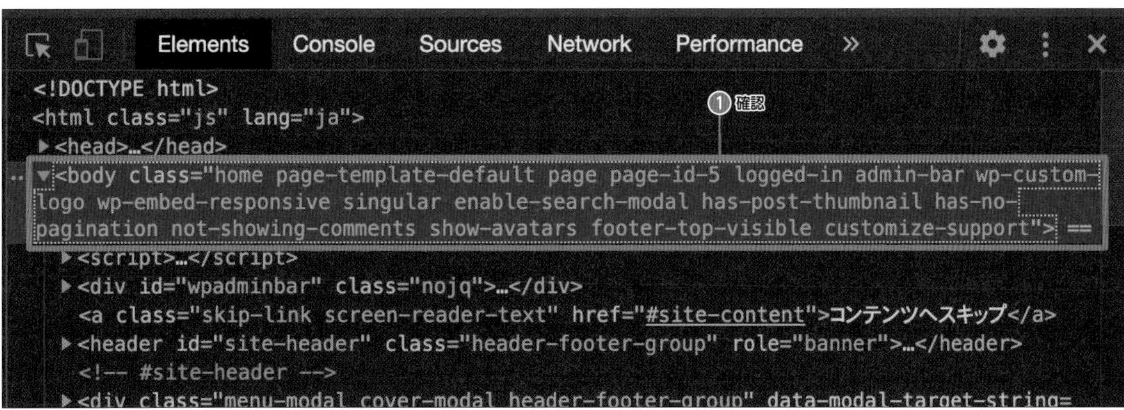

CSSを追加する

確認したクラス名を利用して、右のようなCSSを作成します。テーマカスタマイザーを開き、「追加CSS」をクリックして、このCSSを追加します。または、テーマの「style.css」に追加します。これで、不要なタイトルが消えてすっきりとします。

【CSS】style.css（sample262）

```
.page-id-5 .entry-header{display:none;}
```

Section
003 ニューモーフィズム風に仕上げる

LEVEL

DLデータ
sample264

ニューモーフィズムは、スキューモーフィズムの質感をベースとした、フラットでシンプルな新しいスタイルです。ボタンなどのデザインに適用して、スタイリッシュに演出しましょう。

ボタンを作成する

ボタンを作成する

P.218～219を参考に、ブロックエディターでボタンを作成します❶。ボタンにはテキストも入力しておきます。

ボタンの色を設定する

ボタンを選択した状態で、「色設定」で色を変更します。「文字色」では任意の色をクリックし❶、「背景色」ではWebページの背景と同じ色をクリックします❷。そうすると、右のようにテキストだけ見えるボタンになります❸。

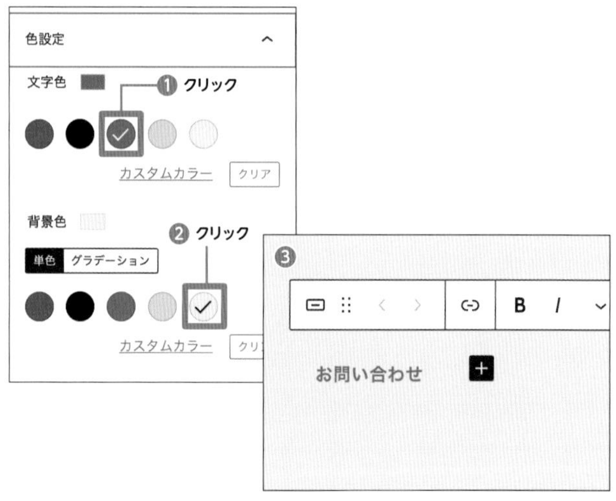

追加CSSクラスを設定する

ボタンを選択した状態で、「高度な設定」の「追加CSSクラス」に、任意のクラス名を入力します❶。ここでは、「Neumorphism」としました。

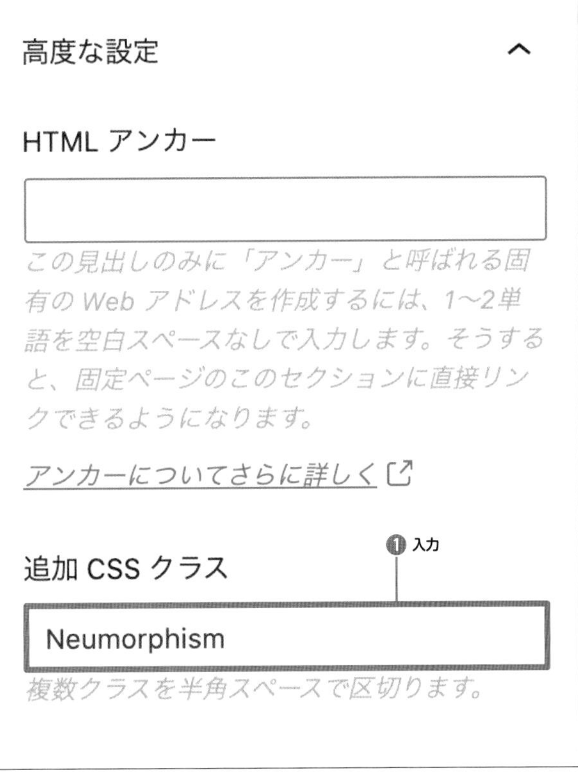

CSSを作成する

CSSを追加する

ボタンに設定したクラス名を使用して、次のようなCSSを作成します。今回は、要素のフレームの周囲にシャドウ効果を追加するbox-shadowを使用しています。いろいろな箇所で共通して使えるように、白と黒の透過で作成しました。ボタンの上側と左側を白、ボタンの下側と右側を黒とすることで、立体的に浮き上がっているように見せます。

テーマカスタマイザーを開き、「追加CSS」をクリックして、このCSSを追加します。または、テーマの「style.css」に追加します。

【CSS】style.css（sample264）

```
.wp-block-button.Neumorphism a {
box-shadow:
-6px -6px 15px 0px #ffffff,
6px 6px 15px 0px #00000021;
}
```

ボタンを確認する

Webページを表示すると、右のように仕上がっていることが確認できます。影が加わったことで、フラットなボタンがスタイリッシュに浮かび上がって見えます。

Section
004 行間を最適化する

LEVEL

DLデータ
sample266

使用するテーマごとにテキストの行間は設定されていますが、CSSをカスタマイズすれば好みの行間にできます。テキストのボリュームやレイアウトに応じて調整し、最適化しましょう。

親譲りの無鉄砲で小供の時から損ばかりしている。小学校に居る時分学校の二階から飛び降りて一週間ほど腰を抜かした事がある。なぜそんな無闇をしたと聞く人があるかも知れぬ。別段深い理由でもない。新築の二階から首を出していたら、同級生の一人が冗談に、いくら威張っても、そこから飛び降りる事は出来まい。弱虫やーい。と囃したからである。小使に負ぶさって帰って来た時、おやじが大きな眼をして二階ぐらいから飛び降りて腰を抜かす奴があるかと云ったから、この次は抜かさずに飛んで見せますと答えた。（青空文庫より）

テキストの行間を調整する

右が変更前のWebページの段落です。漢字が多めのテキストであるためか、やや行間が狭く、読みづらい印象があります。そのため、CSSをカスタマイズして行間を少し広げます。

親譲りの無鉄砲で小供の時から損ばかりしている。小学校に居る時分学校の二階から飛び降りて一週間ほど腰を抜かした事がある。なぜそんな無闇をしたと聞く人があるかも知れぬ。別段深い理由でもない。新築の二階から首を出していたら、同級生の一人が冗談に、いくら威張っても、そこから飛び降りる事は出来まい。弱虫やーい。と囃したからである。小使に負ぶさって帰って来た時、おやじが大きな眼をして二階ぐらいから飛び降りて腰を抜かす奴があるかと云ったから、この次は抜かさずに飛んで見せますと答えた。（青空文庫より）

段落のHTMLを選択する

P.158を参考に、WebページをGoogle Chromeのデベロッパーツールで開き、該当部分のHTMLをクリックします❶。ここでは、段落にあたる<p>タグをクリックします。

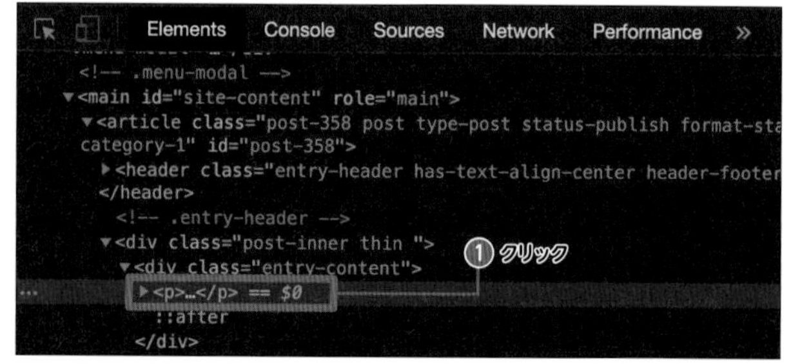

正しく選択されると、右のように表示されます。複数の段落がある場合は、別の段落を選択しないように注意しましょう。

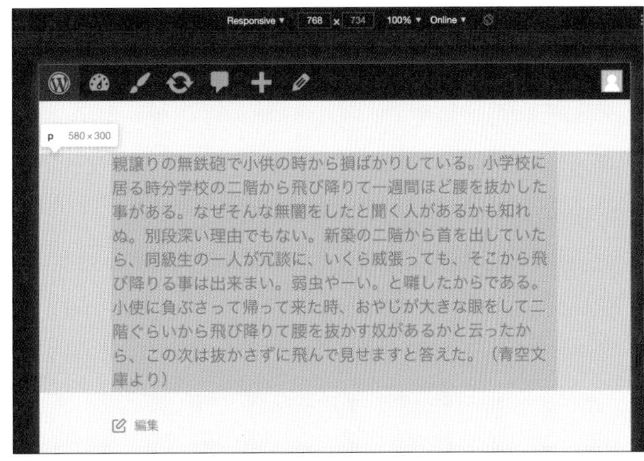

行間のプロパティを確認する

画面右下の「Styles」タブの領域で、行間のプロパティである line-height を確認します❶。クラス名も確認します❷。

```
Styles  Computed  Event Listeners  DOM Breakpoints
Filter                                 :hov  .cls  +
}
@media (min-width: 700px)
.entry-content p,                 style.css?v…=5.5.3:5355
.entry-content li {
  line-height: 1.476;
}
.entry-content p,                 style.css?v…=5.5.3:3505
.entry-content li {
  line-height: 1.4;
}
```

②確認　①確認

行間のプロパティを調整する

Webページのプレビューで行間を確認しつつ、line-heightの値を変更して、最適な値を割り出します❶。今回は1.7のときに最適化されました。

```
@media (min-width: 700px)
.entry-content p,                 style.css?v…=5.5.3:5355
.entry-content li {
  line-height: 1.7
}
.entry-content p,                 style.css?v…=5.5.3:3505
```

①入力

CSSを追加する

確認したクラス名とline-heightの値を使用して、右のようなCSSを作成します。

テーマカスタマイザーを開き、「追加CSS」をクリックして、このCSSを追加します。または、テーマの「style.css」に追加します。

【CSS】style.css（sample266）

```
.entry-content p{
line-height: 1.7;
}
```

行間を確認する

Webページを表示すると、右のように仕上がっていることが確認できます。行間がゆったりと広がったため、漢字の多い長文でも狭苦しくなくなりました。

親譲りの無鉄砲で小供の時から損ばかりしている。小学校に居る時分学校の二階から飛び降りて一週間ほど腰を抜かした事がある。なぜそんな無闇をしたと聞く人があるかも知れぬ。別段深い理由でもない。新築の二階から首を出していたら、同級生の一人が冗談に、いくら威張っても、そこから飛び降りる事は出来まい。弱虫やーい。と囃したからである。小使に負ぶさって帰って来た時、おやじが大きな眼をして二階ぐらいから飛び降りて腰を抜かす奴があるかと云ったから、この次は抜かさずに飛んで見せますと答えた。（青空文庫より）

Section
005 文字間隔を最適化する

LEVEL

DLデータ
sample268

テキストの文字間隔も、行間と同様に使用するテーマごとに設定されていますが、CSSをカスタマイズすれば好みの文字間隔にできます。テキストに応じて調整し、最適化しましょう。

親譲りの無鉄砲で小供の時から損ばかりしている。小学校に居る時分学校の二階から飛び降りて一週間ほど腰を抜かした事がある。なぜそんな無闇をしたと聞く人があるかも知れぬ。別段深い理由でもない。新築の二階から首を出していたら、同級生の一人が冗談に、いくら威張っても、そこから飛び降りる事は出来まい。弱虫やーい。と囃したからである。小使に負ぶさって帰って来た時、おやじが大きな眼をして二階ぐらいから飛び降りて腰を抜かす奴があるかと云ったから、この次は抜かさずに飛んで見せますと答えた。（青空文庫より）

テキストの文字間隔を調整する

右が変更前のWebページの段落です。行間は確保されていますが、文字が詰まり気味で、読みづらい印象があります。今回は、CSSをカスタマイズして文字間隔を少し広げます。

親譲りの無鉄砲で小供の時から損ばかりしている。小学校に居る時分学校の二階から飛び降りて一週間ほど腰を抜かした事がある。なぜそんな無闇をしたと聞く人があるかも知れぬ。別段深い理由でもない。新築の二階から首を出していたら、同級生の一人が冗談に、いくら威張っても、そこから飛び降りる事は出来まい。弱虫やーい。と囃したからである。小使に負ぶさって帰って来た時、おやじが大きな眼をして二階ぐらいから飛び降りて腰を抜かす奴があるかと云ったから、この次は抜かさずに飛んで見せますと答えた。（青空文庫より）

段落のHTMLを選択する

P.158を参考に、WebページをGoogle Chromeのデベロッパーツールで開き、該当部分のHTMLをクリックします❶。ここでは、段落にあたる<p>タグをクリックします。

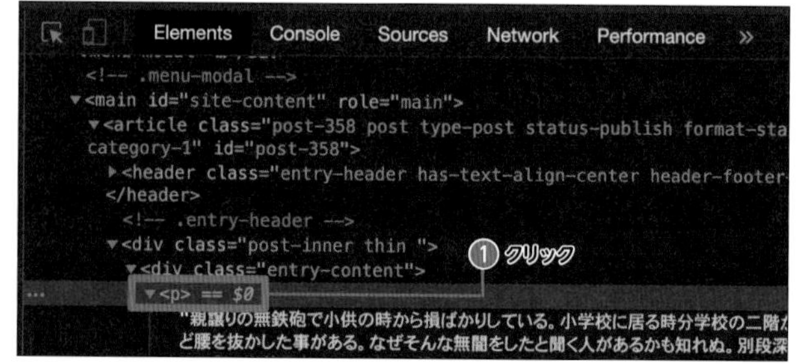

正しく選択されると、右のように表示されます。複数の段落がある場合は、別の段落を選択しないように注意しましょう。

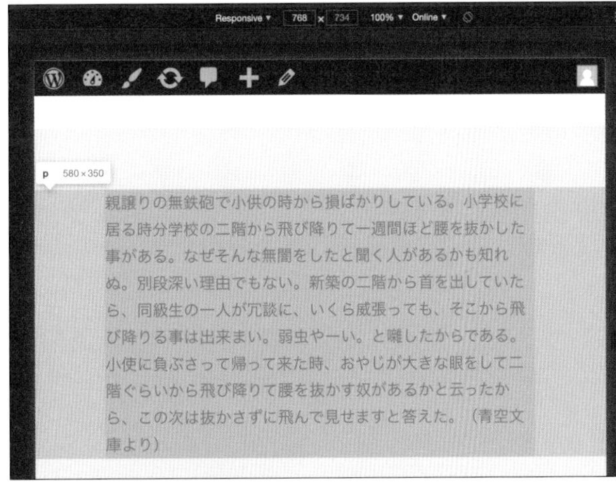

文字間隔のプロパティを確認する

画面右下の「Styles」タブの領域で、文字間隔のプロパティであるletter-spacingを確認します❶。クラス名も確認します❷。

Styles Computed Event Listeners DOM Breakpoints
Filter :hov .cls +

```
  font-size: 2.1rem;
}
.entry-content {                    style.css?v…=5.5.3:3540
  font-family: NonBreakingSpaceOverride,
    "Hoefler Text", Garamond, "Times New
    Roman", serif;
  letter-spacing: normal;
}
.entry-content {                    style.css?v…=5.5.3:3476
```

②確認 ①確認

文字間隔のプロパティを調整する

Webページのプレビューで行間を確認しつつ、letter-spacingの値を変更して、最適な値を割り出します❶。今回は0.8pxのときに最適化されました。

```
.entry-content {                    style.css?v…=5.5.3:3540
  font-family: NonBreakingSpaceOverride,
    "Hoefler Text", Garamond, "Times New
    Roman", serif;
  letter-spacing: 0.8px
}
```

①入力

CSSを追加する

確認したクラス名とletter-spacingの値を使用して、右のようなCSSを作成します。

テーマカスタマイザーを開き、「追加CSS」をクリックして、このCSSを追加します。または、テーマの「style.css」に追加します。

【CSS】style.css（sample268）

```
.entry-content p{
letter-spacing: 0.8px;
}
```

文字間隔を確認する

Webページを表示すると、右のように仕上がっていることが確認できます。 WordPressのテーマは、欧文フォントで最適化されていることがほとんどです。和文は欧文に比べて文字が大きいため、見た目が詰まり気味になります。CSSで適宜修正するとよいでしょう。

親譲りの無鉄砲で小供の時から損ばかりしている。小学校に居る時分学校の二階から飛び降りて一週間ほど腰を抜かした事がある。なぜそんな無闇をしたと聞く人があるかも知れぬ。別段深い理由でもない。新築の二階から首を出していたら、同級生の一人が冗談に、いくら威張っても、そこから飛び降りる事は出来まい。弱虫やーい。と囃したからである。小使に負ぶさって帰って来た時、おやじが大きな眼をして二階ぐらいから飛び降りて腰を抜かす奴があるかと云ったから、この次は抜かさずに飛んで見せますと答えた。（青空文庫より）

Section

006 画像に影を落とす

LEVEL

DLデータ
sample270

画像の周囲に影を落として立体感を演出することで、写真をより印象的に見せることができます。光の方向を意識して、適切な部分に影を落とすようにしましょう。

画像に影を追加する

右が変更前のWebページの画像です。画像の周囲に影がなく、すっきりとした状態ではありますが、とっておきの1枚に見せるうえではややシンプルな印象です。影を落として、より存在感を際立てましょう。

画像のHTMLを選択する

P.158を参考に、WebページをGoogle Chromeのデベロッパーツールで開き、該当部分のHTMLをクリックします❶。ここでは、画像にあたる<img>タグをクリックします。クラス名（ここでは「wp-image-294」）も確認します。

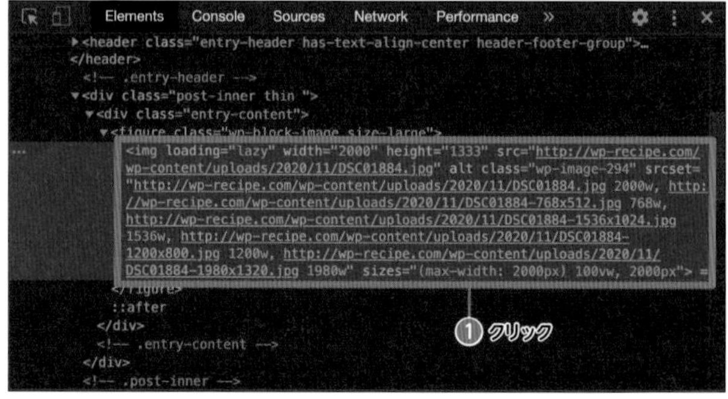

正しく選択されると、右のように表示されます。複数の画像がある場合は、別の画像を選択しないように注意しましょう。

box-shadowのプロパティを追加する

画面右下の「Styles」タブの領域で、＋をクリックします❶。

ソースコードの入力欄が追加されるので、要素のフレームの周囲にシャドウ効果を追加するbox-shadowを使い、右のように入力します❷。数値はプレビューを見ながら調整してください。

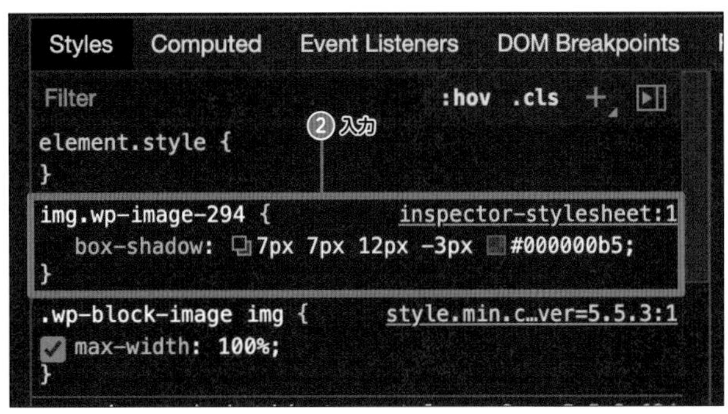

CSSを追加する

P.159を参考にソースコードをコピーして、次のようなCSSを作成します。

テーマカスタマイザーを開き、「追加CSS」をクリックして、このCSSを追加します。または、テーマの「style.css」に追加します。

【CSS】style.css（sample270）

```
img.wp-image-294 {
box-shadow:7px 7px 12px -3px #000000b5;
}
```

すべての画像に影を落とす

すべての画像に影を落としたい場合は、クラスを限定せず、右のようなソースコードにします。

```
.wp-block-image img{
box-shadow:7px 7px 12px -3px #000000b5;
}
```

Section
007 見出しのデザインでめりはりを付ける

LEVEL

DLデータ
sample272

WordPressの標準の見出しは、ただフォントサイズが異なるだけで、大きな区別がありません。そこで、CSSで自由なデザインを加えて、見出しにめりはりを付けてみましょう。

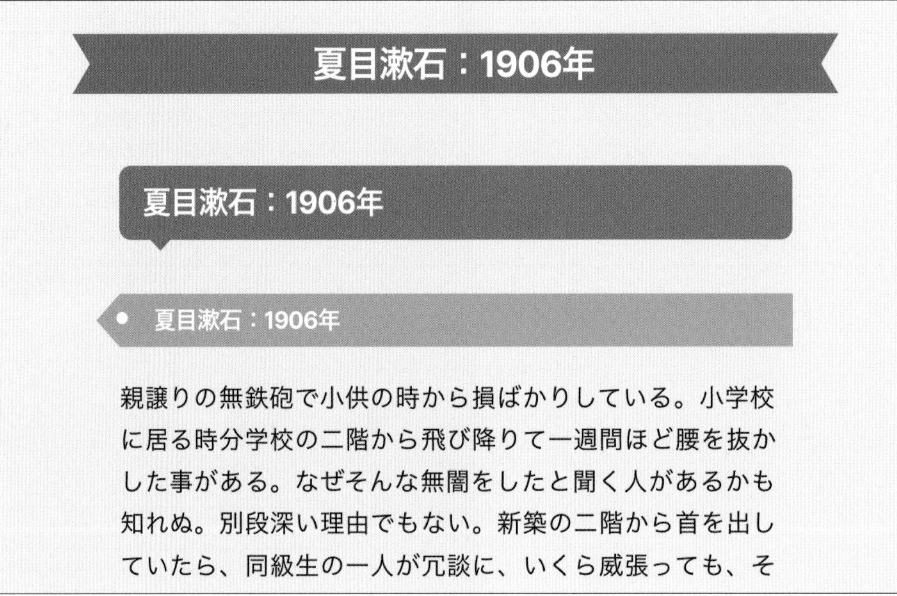

▣ 見出しにデザインを加える

右が変更前のWebページの見出しです。文章には段落があり、その段落にはそれぞれ、HTMLタグではH1～H6にあたる見出しを付けることができます。しかし、背景色を変える程度しかできません。デザインを加えて、見出しにめりはりを付けましょう。

夏目漱石：1906年

夏目漱石：1906年

夏目漱石：1906年

親譲りの無鉄砲で小供の時から損ばかりしている。小学校に居る時分学校の二階から飛び降りて一週間ほど腰を抜か

見出しにクラスを設定する

ブロックエディターで3つの見出しをそれぞれ選択し、「高度な設定」の「追加CSSクラス」に、それぞれ「hstyle1」「hstyle2」「hstyle3」というクラス名を入力して設定します❶。

高度な設定

追加 CSS クラス

❶入力

hstyle1

複数クラスを半角スペースで区切ります。

[CSS] style.css (sample272)

```
<!--見出しスタイル1-->
.hstyle1 {
  font-size:30px;
  line-height: 50px;
  position: relative;
  text-align: center;
  color: #fff;
  background: #315fbf;
}

.hstyle1:before,
.hstyle1:after {
  position: absolute;
  top: 0;
  content: '';
  border: 25px solid #315fbf;
}

.hstyle1:before {
  left: -40px;
  border-left-width: 15px;
  border-left-color: transparent;
}

.hstyle1:after {
  right: -40px;
  border-right-width: 15px;
  border-right-color: transparent;
}

<!--見出しスタイル2-->
.hstyle2 {
  position: relative;
  padding: 1.5rem 2rem;
  color: #fff;
  border-radius: 10px;
  background: #996f00;
}

.hstyle2:after {
  position: absolute;
  bottom: -9px;
  left: 1em;
  content: '';
  border-width: 10px 10px 0 10px;
  border-style: solid;
  border-color: #996f00 transparent transparent transparent;
```

CSSを作成する

「hstyle1」「hstyle2」「hstyle3」のクラスごとに、それぞれ次のようなCSSを作成します。

「見出しスタイル1」は、色を目立つ青色とし、見出しの左右の端をリボンのように内側に向かって斜めに切り込む形に仕上げるものです。

「見出しスタイル2」は、色をやや目立つ茶色とし、左下に小さな逆三角形を付けることで、吹き出しのような形に仕上げるものです。見出しの四角も丸くなるように処理して、吹き出しらしさを強めています。

「見出しスタイル3」では、色を明るいオレンジ色とし、左端に三角形を付けてペン先のように尖らせるものです。左端付近に白く塗りつぶした丸を添えることで、さらに見出しらしさを強調しています。

それぞれのプロパティの詳細な解説は割愛しますが、値を変えるなどして実験し、ぜひ独自のデザインにカスタマイズしてみてください。

```
}

<!--見出しスタイル3-->
.hstyle3 {
  font-size:20px;
  position: relative;
  height: 44px;
  padding: 1rem 2rem 1rem 3rem;
  color: #fff;
  background: #fa9441;
}

.hstyle3:before {
  position: absolute;
  top: 0;
  left: -20px;
  content: '';
  border-width: 22px 20px 22px 0;
  border-style: solid;
  border-color: transparent #fa9441 transparent transparent;
}

.hstyle3:after {
  position: absolute;
  top: calc(50% - 7px);
  left: -3px;
  width: 10px;
  height: 10px;
  content: '';
  border-radius: 50%;
  background: #fff;
}
```

CSSを追加する

テーマカスタマイザーを開き、「追加CSS」をクリックして、これらのCSSを追加します。または、テーマの「style.css」に追加します。Webページを表示すると、右のようにそれぞれの見出しがデザインされていることが確認できます。

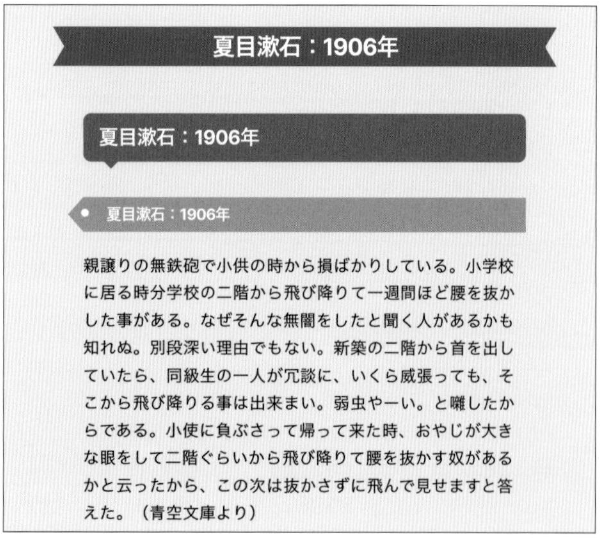

夏目漱石：1906年

夏目漱石：1906年

夏目漱石：1906年

親譲りの無鉄砲で小供の時から損ばかりしている。小学校に居る時分学校の二階から飛び降りて一週間ほど腰を抜かした事がある。なぜそんな無闇をしたと聞く人があるかも知れぬ。別段深い理由でもない。新築の二階から首を出していたら、同級生の一人が冗談に、いくら威張っても、そこから飛び降りる事は出来まい。弱虫やーい。と囃したからである。小使に負ぶさって帰って来た時、おやじが大きな眼をして二階ぐらいから飛び降りて腰を抜かす奴があるかと云ったから、この次は抜かさずに飛んで見せますと答えた。（青空文庫より）

Chapter

13

Webサイトへの集客

Webサイトを制作しても、あまりユーザーがこなければ意味がありません。そのため、効果的な集客について考える必要があります。まずは現状を分析し、よりよいWebサイトへと改善していきましょう。

Section 001 SEOの基本

Webサイトへの集客を考えるうえで欠かせないのが、SEOです。まずは正しいSEOを理解して、検索エンジンに最適なWebサイトを作るためのポイントを押さえておきましょう。

SEOと対策のポイント

SEOとは「Search Engine Optimization」の略で、日本語では「検索エンジン最適化」と呼ばれます。その名のとおり、GoogleやYahoo!などの検索エンジンでWebサイトやWebページが上位に表示されるように、内容を最適化するというものです。Webサイトへの集客を大きく左右する要素であるため、しっかりとSEOについて理解を深めたうえで、Webサイトを運営していくことが重要です。

主流はコンテンツSEO

ひと昔前にSEOという言葉が流行った時代には、検索エンジンの精度が甘かった部分を逆手に取って、検索に引っかかりやすくするためにキーワードを大量に盛り込むなどしてWebページを上位に表示させるテクニックが横行していました。こうしたSEOは極めて自分勝手で安易なものであったため、その当時の検索エンジンの上位に表示されたWebページのコンテンツには、検索したキーワードにはふさわしくないものも、決して少なくありませんでした。

そういった安易なSEOがまかりとおった結果、当然ながら、検索キーワードが持つ検索意図と適合していないWebページが検索結果の上位に表示されることになってしまいました。ユーザーはクリックしてWebページを開いてから、ガッカリするという状況です。つまりユーザーは多くのWebページを実際に開いてみないと、自分が必要とする情報にたどり着けないという状況でした。

このようなユーザーの満足度の低い状況を打破すべく、検索エンジン各社はアルゴリズムの改善に乗り出しました。その結果、今では当時に比べて格段に検索エンジンの精度が上がり、検索キーワードからユーザーが必要としているコンテンツを適切に割り出し、それらを上位に表示させるようになっています。つまり、ユーザーが実際に必要としている充実したコンテンツを用意することが、何よりのSEOであるということです。

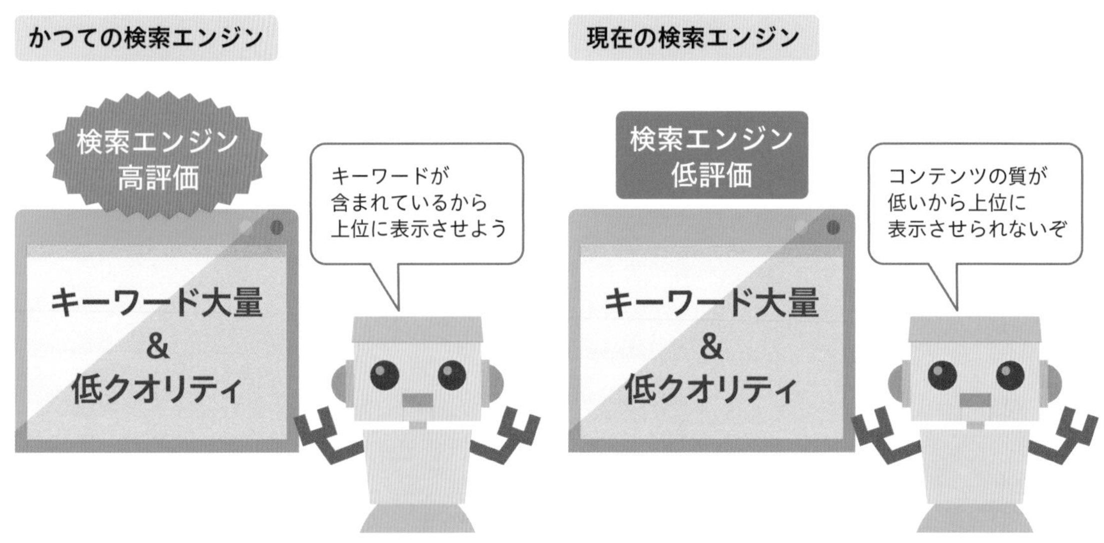

▲現在はコンテンツを充実させなければ上位に表示させることは難しい

検索意図を考える

検索キーワードによって、自分が用意したコンテンツをユーザーに見てもらうには、そのキーワードで検索するユーザーの意図を理解して、ミスマッチを防がなければなりません。実際にそのキーワードの検索結果を見てみれば、検索意図の傾向がわかります。それらのWebページと自分のWebページのコンテンツが異なる意図のものなら、キーワードを考え直したほうがよいでしょう。

たとえば、カフェのまとめページを作ったとしても、キーワードが「カフェ」だけだと不十分です。カフェの検索意図は幅広く膨大にあり、実際には「地域名＋カフェ」や「地域名＋カフェまとめ」と絞り込んでいくことになるはずだからです。さらには、「地域名＋静か＋カフェ」「地域名＋ランチ＋カフェ」などと絞り込んでいくことができます。検索意図をよく考え、コンテンツとキーワードを見直してみましょう。

▲「地域名＋カフェまとめ」での検索結果

Webページは育てるもの

「地域名＋静か＋カフェ」での検索意図は、その地域で静かなカフェを探すことであるため、静かなカフェをたくさん掲載したWebページが上位に入ってくるはずです。ほかの上位表示されているWebページが10件の情報を掲載しているなら、自分のWebページでは15件掲載するのも1つでしょう。ほかのWebページが電源やWi-Fiの利用について触れていなかったら、自分のWebページではそのあたりを調べて掲載するのも1つでしょう。このように、上位表示されているほかのWebページに負けないように、Webページを育てていくことが大切です。「たくさんのWebページを作ればどれかがヒットするだろう」という考え方はもう古いのです。意味のない不必要なWebページがたくさんあることも実はマイナス評価につながるため、ぜひ注意してください。

ドメインパワーを育てる

大切に育てたWebページがたくさんあるWebサイトは、検索エンジンに有益なWebサイトとして認識されます。こうした評価は「ドメインパワー」と呼ばれ、そうした有益なコンテンツが多く、不必要なコンテンツが少ないWebサイトに強く与えられます。ドメインパワーが強ければ、その中のWebページは新しいものでも最初から評価が高く、有利になります。

検索結果をよく見ながら、ユーザーの検索意図を理解し、そこに価値の高いページを作成すること。1つのWebページ、1つのWebサイトをじっくり育てること。これが、現在のSEOに必要なことといえます。

Section

002 今すぐ実践できるSEO

LEVEL

SEOの基本が理解できたら、今すぐできるSEOを行っていきましょう。そのうえで、タイトルやパラグラフ、画像など、具体的なコンテンツについてよく考えることが重要です。

タイトルでユーザーの心を掴む

検索結果では、それぞれのWebページのタイトルが一覧で並びます。WordPressでは、記事を作成する際の最初のタイトルが、このタイトルにあたります。ソースコードでは<title>タグでマークアップされる部分に該当し、Webブラウザでは切り替えタブの部分に表示されるほか、ブックマークの登録名にも使われます。さらには、SNSでWebページをシェアしたときにもタイトルが表示されます。つまり、タイトルとはコンテンツとユーザーを結び付けるものであり、Webページを構成する要素の中でもっとも重要なものの1つといえるでしょう。

▲Webページを代表するタイトルは、WebブラウザやSNSのシェア画面など、さまざまな場所に表示される重要な要素

タイトルで釣ってクリックさせても逆効果

Webページのタイトルをひと目見たときに、それがユーザーの見たい情報を想起させるものでなければ、当然クリックはされません。だからといって、タイトルだけを魅力的に装えばよいかというと、そうではありません。実際のコンテンツが不十分なものだったり、見たい内容ではなかったりすると、ユーザーはすぐに離れてしまいます。

従来のSEOでは、多くのアクセス数を稼ぎ、そのうちの一部のユーザーに届けばよしとする考え方がありましたが、今は通用しません。現在のSEOでは、そのキーワードで検索するユーザーが求めている情報がWebページにあるかどうかを重視します。つまり価値があると感じられる確率が高いWebページが上位に表示されるのです。多くのユーザーが無駄にクリックしたと感じるWebページは、やがて順位を下げていくことになるでしょう。ユーザーの心を掴むタイトルを考えつつも、ユーザーの期待を裏切らない適切なものにすべきです。

▣ パラグラフで意味を明確にする

Webページは、パラグラフ(意味のまとまり)が連続することで構成されています。Webページ全体として伝えたいコンテンツはタイトルやリード文で表されますが、そこからつながる、意味が細分化された異なるパラグラフを複数作ることができるはずです。その意味を一つ一つの塊にすることで、ユーザーは目的とする情報をすばやく見つけることができます。そのような、ユーザーが必要とする情報が見つけやすいWebページは、ユーザーにとって満足度が高いものでもあるでしょう。この点を意識すれば、検索エンジンのWebページへの評価は自然と高くなります。

パラグラフを構成する要素と見出し

意味のまとまりであるパラグラフを構成する要素はたくさんあります。基本は文章ですが、さらに写真やイラスト、動画などもその役割を担います。そうしたパラグラフの意味を表すタイトルは見出しと呼ばれ、Webページの場合は、主に<h2>タグを使用するとよいでしょう。<h1>タグはWebページ全体のタイトルを表すのに使われるため、パラグラフの見出しには<h2>タグが最適なのです。

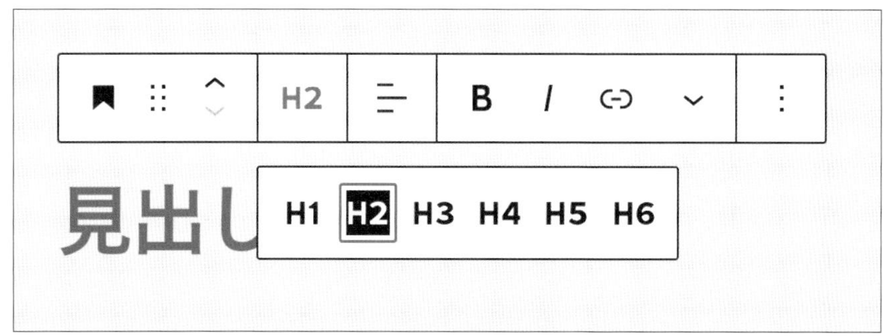

▲パラグラフの見出しには<h2>タグを使うようにする

▣ 写真やイラストも意味のあるものを

パラグラフでは、タイトルや文章はもちろん、写真やイラストなどの画像も、意味に沿うように使いましょう。画像を見ただけでパラグラフが意味するものが伝わればベストです。そうした画像は「Google画像検索」でも上位に表示されるため、そこからWebページへユーザーが流入することも期待できます。動画を挿入する場合も同様です。パラグラフの中に意味に合った動画を配置して、ユーザーが再生できるようにすれば、動画検索でも上位表示されることとなります。

▲内容にマッチする画像を適切に添える

Section
003 All in One SEOを活用する

LEVEL

WordPressで行うべきSEOは、「All in One SEO」というプラグイン1つでできます。類似のプラグインを入れると機能が競合し、うまく動作しなくなる可能性があるので注意しましょう。

All in One SEOを導入する

All in One SEOを追加する

P.114を参考に「プラグインを追加」画面で「All in One SEO」を検索し、「今すぐインストール」をクリックしてインストールし❶、「有効化」をクリックして有効化します。

All in One SEOを設定する

メインナビゲーションメニューに、「All in One SEO」という項目が追加されるので、「All in One SEO」→「ダッシュボード」をクリックし❶、「ダッシュボード」画面を表示します。

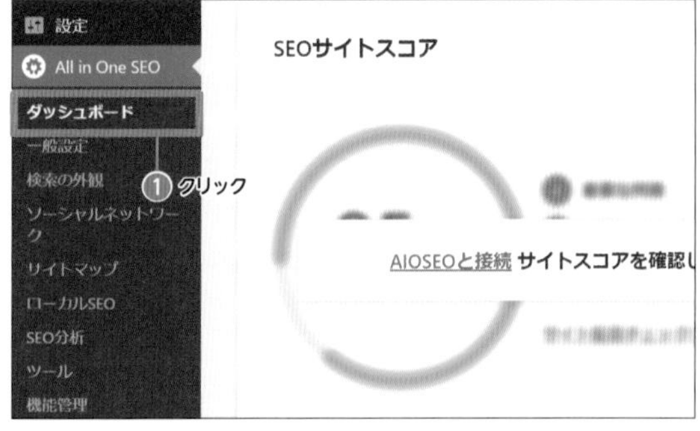

セットアップウィザードを起動する

初回は「セットアップウィザードを起動」をクリックしてセットアップウィザードを起動します❶。

「始めましょう」をクリックします❷。

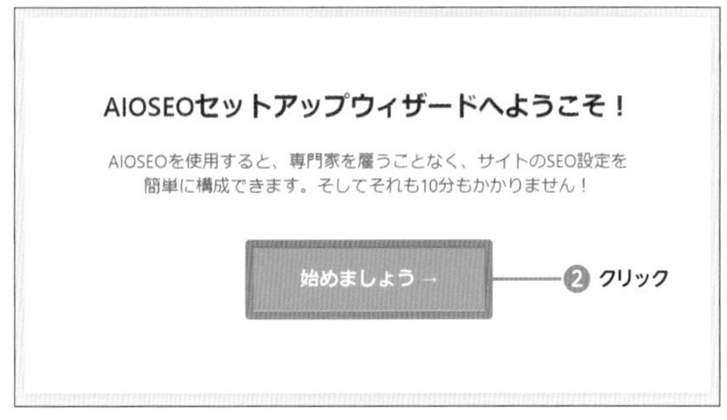

基本情報を設定する

Webサイトのカテゴリーをクリックして選択します❶。「ホームページのタイトル」には、SEOで重要になるホームページのタイトルを入力します❷。60文字以内でできるだけ簡潔に、自然な文章で、キーワードを含む形にしましょう。「メタ説明」にはWebサイトの説明文を入力します❸。160文字以内で、できるだけ自然な文章で、キーワードを含めつつ、ユーザーが興味を持ってくれるようなものを作成しましょう。タイトルもメタ情報も、デフォルトで入力されているものを変更してかまいません。また、「すべてのタグを表示」をクリックし、「サイトのタイトル」や「作者名」など、任意のタグを挿入することもできます。

設定できたら、「保存して続行」をクリックします❹。

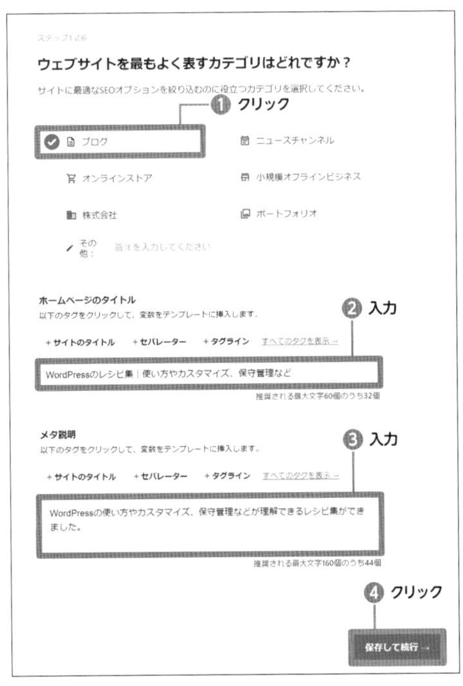

追加情報を設定する

「個人または組織」では、運営形態を「人」と「組織」からクリックして選択します❶。「組織名」「電話番号」などを任意で入力します❷。「ロゴ」では、Webサイトのロゴ(P.180参照)がある場合に設定します。「イメージをアップロード・選択」をクリックしてロゴをアップロードします❸。「デフォルトのソーシャルシェア画像」では、SNSでシェアされた場合に表示される画像を設定します。「イメージをアップロード・選択」をクリックして画像をアップロードします❹。

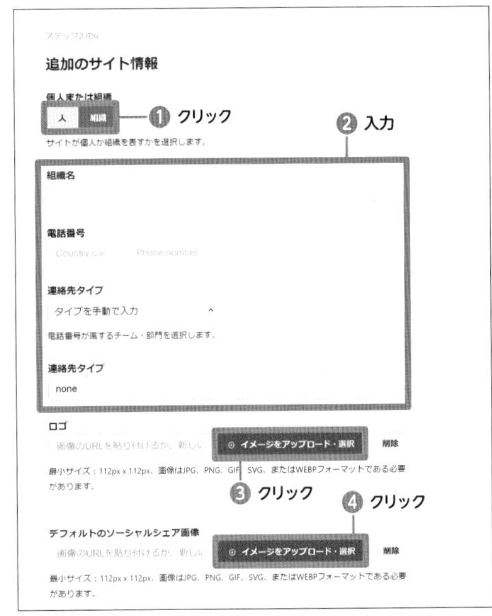

SNS情報を設定する

FacebookやTwitterなど、Webサイトに結び付いたSNSのアカウントがある場合は、「ソーシャルプロフィール」の各項目に、そのURLを入力します❶。

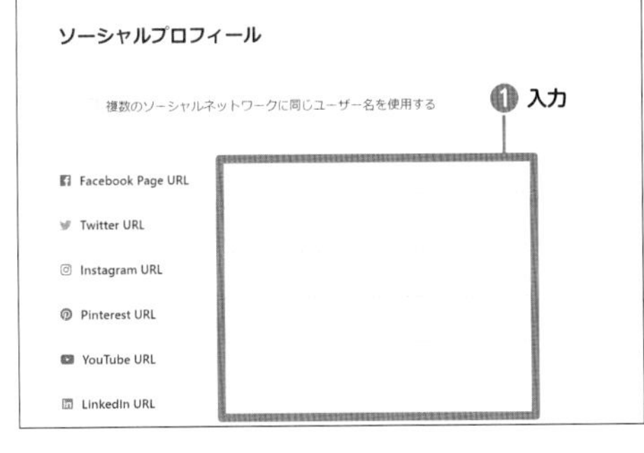

設定できたら、「保存して続行」をクリックします❷。

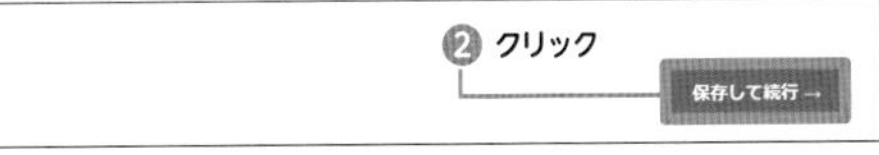

SEO機能を選択する

使用するSEO機能を選択します❶。無料で利用できるものは、「サイトマップ」「最適化された検索の外観」「分析」です。「保存して続行」をクリックします❷。

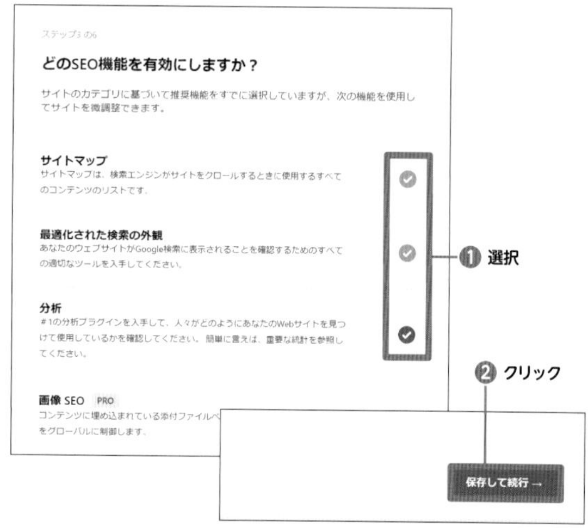

検索結果の外観を確認する

「Googleスニペットプレビュー」に、Googleでの検索結果の外観がプレビュー表示されるので確認します❶。調整したい場合はプレビューをクリックして編集します。そのほかの項目を設定し❷、「保存して続行」をクリックします❸。

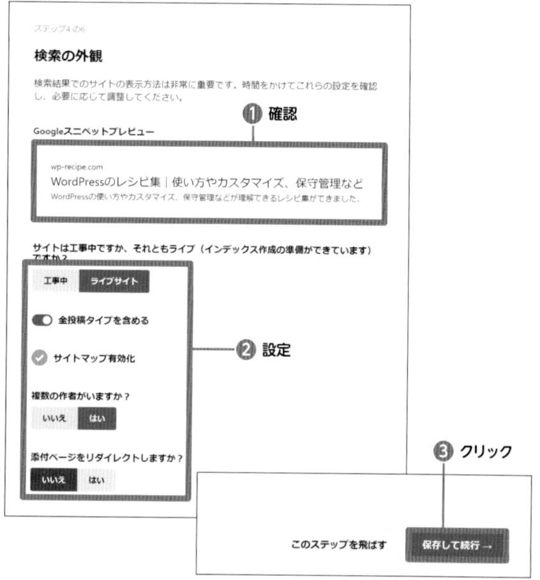

メールアドレスを設定する

メールアドレスを入力して❶、「保存して続行」をクリックし❷、AIOSEOライセンスキーの入力画面では「このステップを飛ばす」をクリックします。

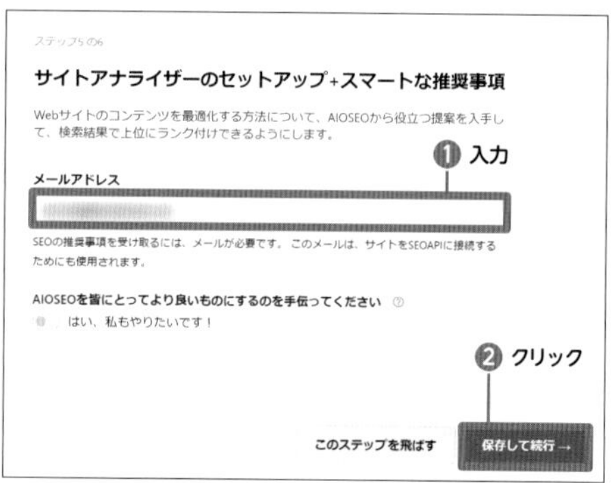

設定を完了する

「セットアップを完了し、ダッシュボードに移動します」をクリックします❶。無料版の場合は「おめでとうございます、あなたのサイトはSEO対応ではありません！」と表示されますが、気にする必要はありません。

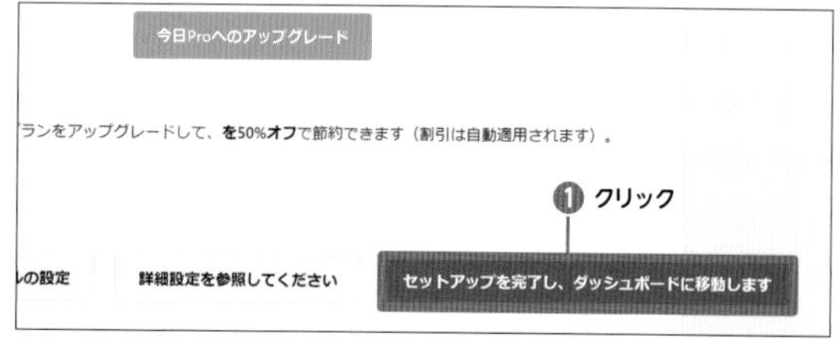

▣ SEOの状態を確認して改善する

SEOの達成状況を確認する

All in One SEOの「ダッシュボード」画面の「SEOサイトスコア」には、SEOの達成状況がスコアとして表示されています。詳細を確認するには、「サイト監査チェックリスト完成」をクリックします❶。

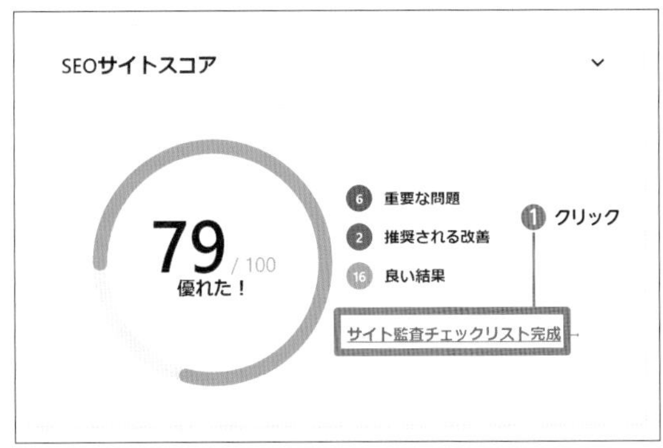

具体的な内容を確認する

よい結果が緑、推奨される改善点が青、重要な問題が赤で、それぞれ具体的に表示されます。重要な問題のみを一覧表示するには、「重要な問題」をクリックします❶。

重要な問題を確認する

重要な問題が一覧表示されます。改善したい項目の > をクリックします❶。

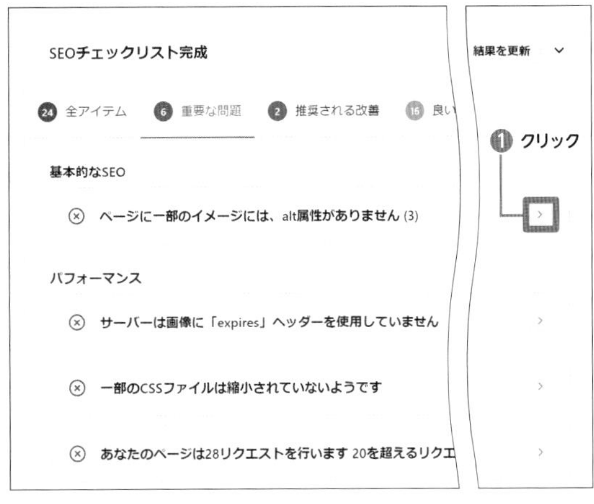

問題を改善するためのアドバイスが表示されます。「ページを変更して下さい」をクリックすると問題のWebページが表示されるので、アドバイスに従って改善します❷。

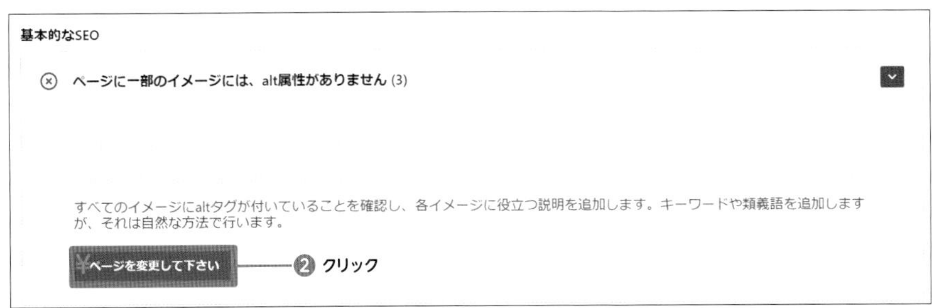

Section 004

LEVEL

Google Analyticsや Google Search Consoleと連携する

定番のアクセス解析ツール「Google Analytics」と、状況確認ツール「Google Search Console」を導入すれば、Webサイトの問題点が明確になり、SEOのヒントになるでしょう。

Site Kit by Googleを導入する

Site Kit by Googleを追加する

Google AnalyticsやGoogle Search Consoleと連携するには、「Site Kit by Google」というプラグインが必要です。P.114を参考に「プラグインを追加」画面で「Site Kit by Google」を検索し、「今すぐインストール」をクリックしてインストールし❶、「有効化」をクリックして有効化します。

Site Kit by Googleを設定する

「セットアップを開始」をクリックします❶。

Googleアカウントでログインする

「Googleでログイン」をクリックして、Googleアカウントでログインします❶。

Googleアカウントでログインすると、Site Kit by Googleからのアクセスを許可する確認画面が表示されます。「許可」をクリックします❷。

Webサイトの所有権を確認する

Webサイトの所有権を確認するため、「続行」をクリックします❶。Site Kit by Googleからのアクセスを許可していれば、所有権はすぐに確認されます。

アクセスを許可する

Googleアカウントのデータへのアクセスの可否について確認されるので、「許可」をクリックします❶。

Google Search Consoleに追加する

Google Search ConsoleにWebサイトを追加するため、「サイトを追加」をクリックします❶。

設定を完了する

「ダッシュボードに移動」をクリックして設定を完了します❶。

Google Search Consoleを使用する

「Search Console」画面を表示する

メインナビゲーションメニューで「Site Kit」をクリックし、「Search Console」をクリックします❶。

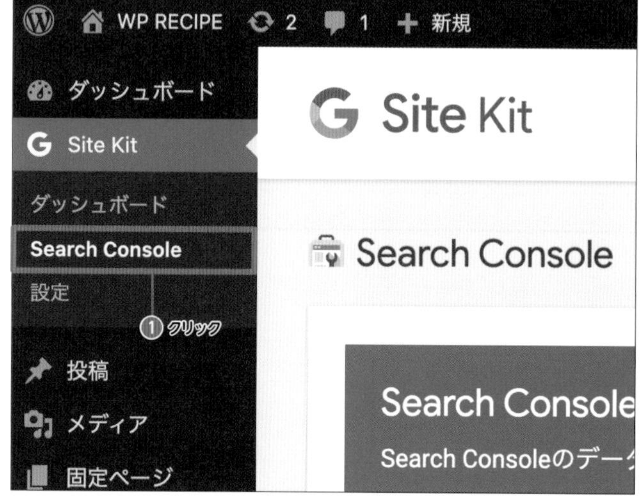

導入してすぐのタイミングではデータが収集されておらず、何も表示がありません。数日経ってから確認してください。

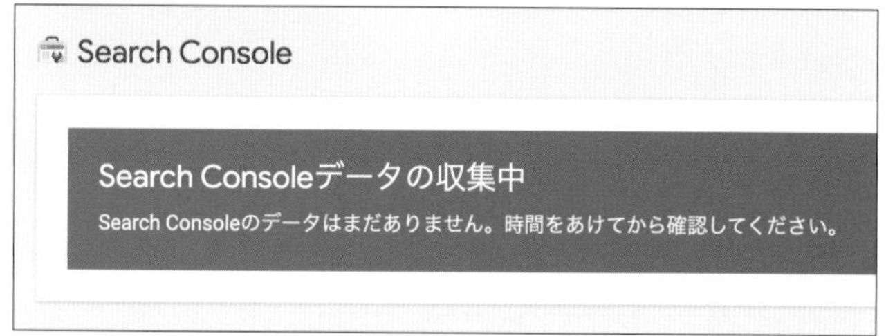

統計情報を確認する

データが収集されると、右のようにクリック数やインプレッション数など、Google Search Consoleのデータが確認できるようになります。「平均CTR」はクリック率、「平均掲載順位」はGoogleでの検索時の掲載順位です。Webサイトの変更前と変更後でこれらの指標を確認し、数値が上昇するように改善を加えていきましょう。

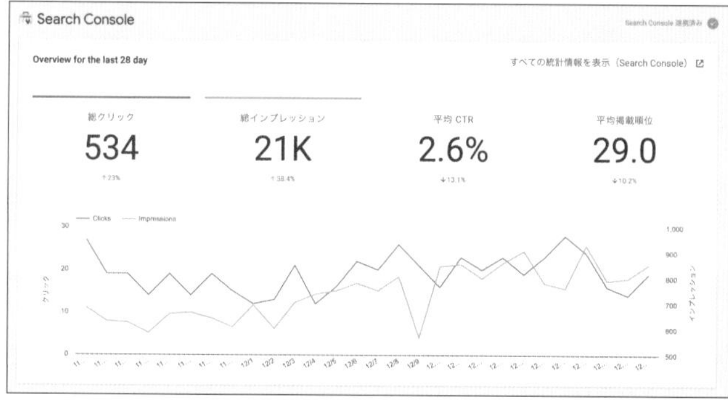

Google Analyticsを導入する

Googleアカウントでログインする

Google AnalyticsのWebサイト「https://analytics.google.com/analytics/web/」にアクセスし、「無料で設定」をクリックします❶。

アカウントを設定する

「アカウント名」に任意のアカウント名を入力します❶。どのような名前でもよいため、わかりやすくWebサイトの名前などを入力しましょう。

各項目のチェックボックスは変更せず、「次へ」をクリックします❷。

プロパティを設定する

収集データを定義するプロパティを設定します。「プロパティ名」に任意のプロパティ名を入力し❶、「レポートのタイムゾーン」でタイムゾーンを選択して❷、「通貨」で通貨を選択します❸。プロパティは1つのアカウントの中に、アクセス解析の目的に合わせて複数作ることができますが、通常は1つで大丈夫です。「次へ」をクリックします❹。

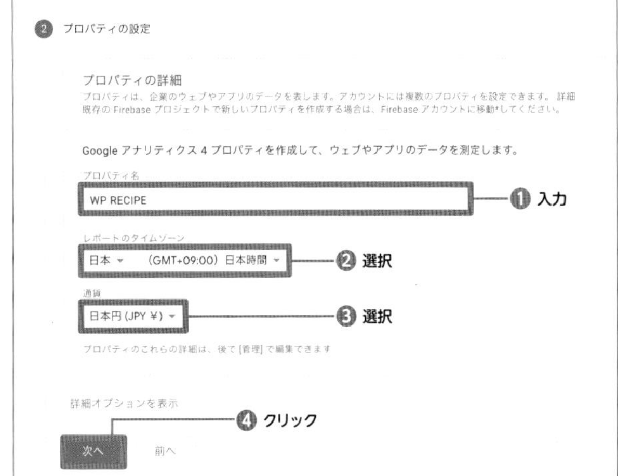

ビジネスの質問に回答する

ビジネスに関する質問が表示されるので、各項目を選択して回答します❶。「作成」をクリックします❷。

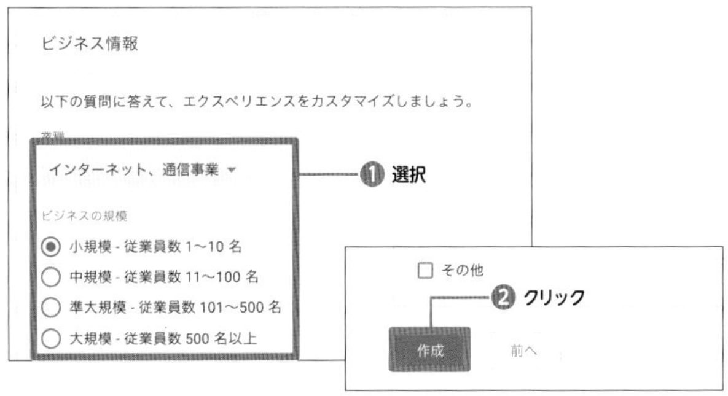

同意事項を確認する

GDPRとデータ共有についての同意を求められるので、チェックボックスをクリックしてチェックを付け❶、「同意する」をクリックします❷。

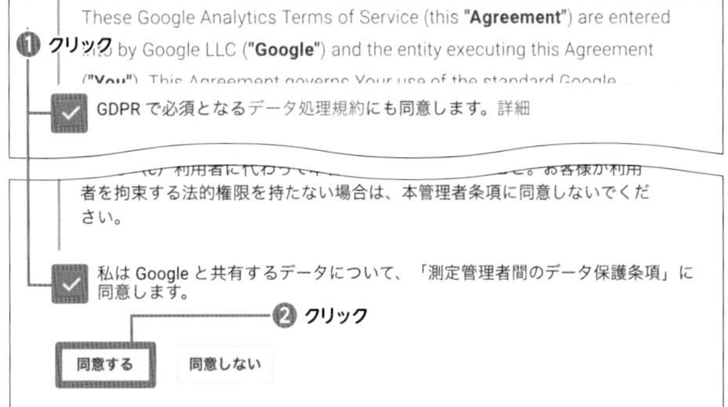

Chapter 13 Webサイトへの集客

▣ Site Kit by GoogleでGoogle Analyticsと連携する

Google Analyticsの設定が完了したら、WordPressに戻り、Google Analyticsとの連携を行います。なお、2021年1月現在、P.287で紹介したプロパティ設定を行うと、登場したばかりの新しいプロパティである「Google アナリティクス4」が採用されます。今後はこちらが主流となることと思われますが、本書執筆時点ではまだSite Kit by Googleに対応していないため、本書では従来のプロパティによる解説を行なっています。

Site Kit by Googleの「設定」画面を表示する

メインナビゲーションメニューで「Site Kit」→「設定」をクリックし❶、Site Kit by Googleの「設定」画面を表示します。

設定を開始する

「ほかのサービスに接続する」をクリックし❶、「アナリティクスのセットアップ」をクリックします❷。

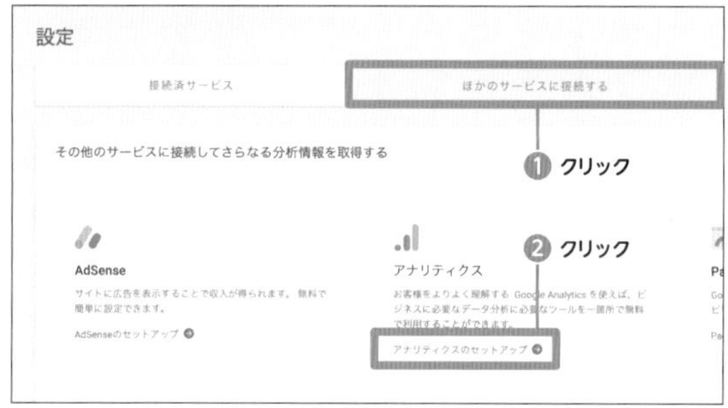

Googleアカウントでログインする

Googleアカウントでログインします。アカウント名が表示されている場合は、アカウント名をクリックします❶。

アクセスを許可する

Googleアカウントへのアクセス許可を求められるので、内容を確認して、「許可」をクリックします❶。

アカウント情報を設定する

「アカウント」でアカウントを選択し❶、「プロパティ」でプロパティ（P.287で作成したGoogle アナリティクス4プロパティがまだ対応していないため、ここでは「新しいプロパティを設定」）を選択します❷。「アナリティクスの構成」をクリックします❸。

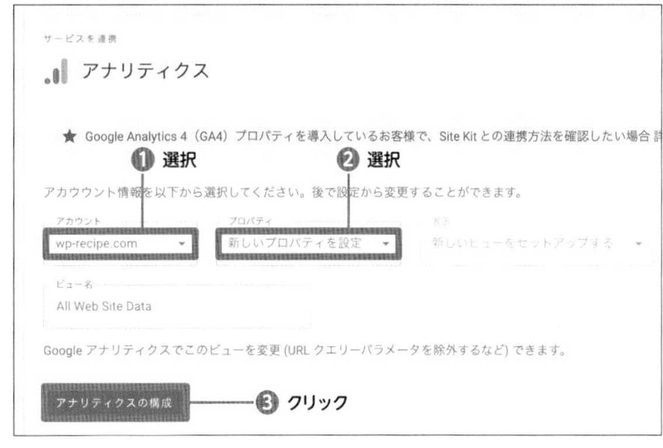

権限を追加する

新しいプロパティを作成するには権限の追加が必要になります。「続行」をクリックします❶。

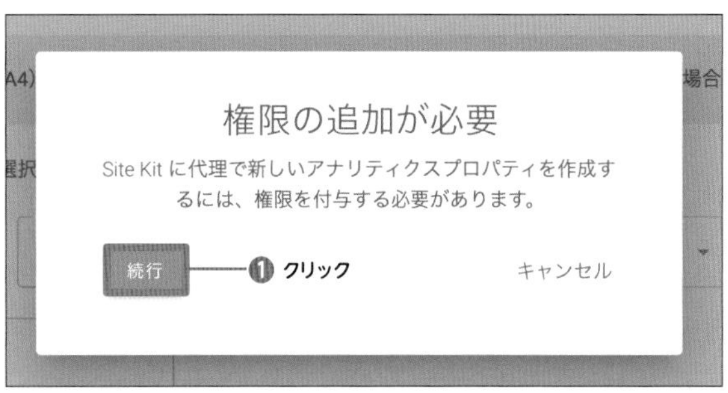

Googleアカウントをクリックして選択し❷、「許可」をクリックします❸。これで、GoogleアカウントがSite Kit by Googleに対して、Google Analyticsの編集を行うことを許可します。

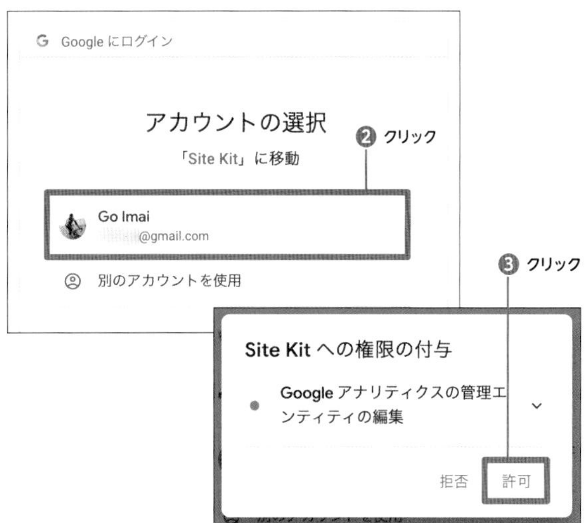

設定を完了する

チェックボックスを選択し❶、「許可」をクリックします❷。これで、Google Analyticsとの連携は完了です。

▣ Google Analyticsの解析結果を確認する

「アナリティクス」画面を表示する

メインナビゲーションメニューで「Site Kit」をクリックし、「アナリティクス」をクリックします❶。

導入してすぐのタイミングではデータが収集されておらず、何も表示がありません。数日経ってから確認してください。

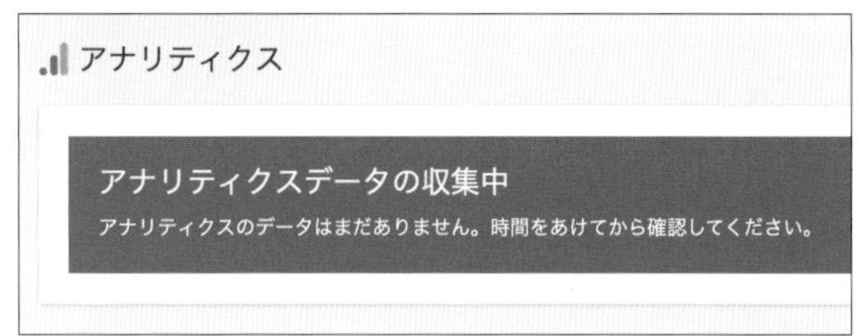

解析結果を確認する

データが収集されると、右のようにユーザー数やセッション数など、Google Analyticsのデータが確認できるようになります。「バウンス率」とは直帰率のことで、この指標が高いとユーザーがすぐにWebサイトを離れてしまうことを意味します。バウンス率が下がるよう、施策を工夫しましょう。

「Top content over the last ○○ day」では、閲覧数が多い人気のWebページが確認できます。閲覧数が低いWebページと比較して、人気につながっている部分を割り出しましょう。「Top acquisition channels over the last ○○ day」では、ユーザーの流入チャネルが確認できます。分析して、集客の改善に活かしましょう。

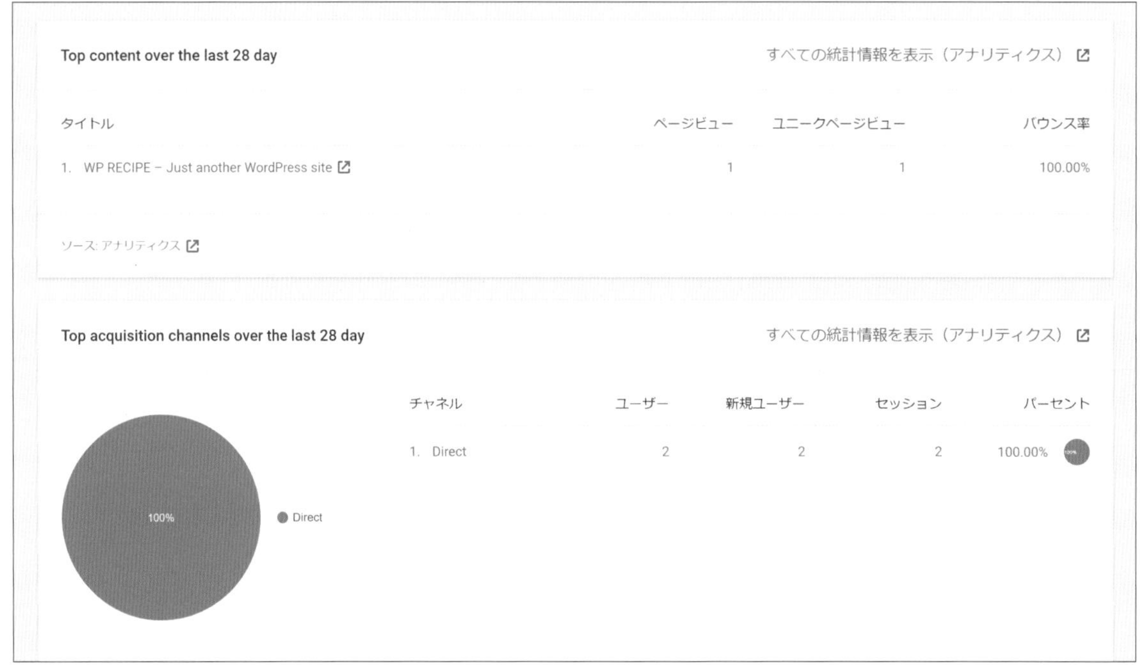

Chapter

14

Webサイトのセキュリティ

Webサイトを長く運用していくうえで欠かせないのがセキュリティ対策です。大切なWebサイトを守るために、万全の体制を整えておきましょう。万一の場合に備えたWebサイトのバックアップも重要です。

Section

001 セキュリティの基本

ログインするだけでかんたんにWebサイトが更新できるWordPressは便利ですが、危険と隣り合わせでもあります。セキュリティについて、しっかりと基本から押さえておきましょう。

使いやすさと安全はバランスよく

WordPressはログインするだけで、Webサイトの更新から環境設定、情報管理など、あらゆる操作を行えます。これは便利である反面、悪意ある部外者によって不正アクセスされた場合に大きな危険があることをも意味します。そのため、WordPressでは通常のWebサイト運営以上に、セキュリティに対して高い意識を持って取り組むことが大切です。

WordPressのセキュリティを高める具体的な手段としては、以下のようなものが挙げられます。

・ログインパスワードを難しくする
・ログインできるIPアドレスに制限を加える
・多要素認証を組み合わせる

とはいえ、これらのセキュリティ対策を過剰に徹底してしまうと、ログインの手間が増えて、運営管理しづらくなります。セキュリティが高い状態は好ましいことのように思えますが、パスワードが複雑すぎてわからなくなったり、異なる場所からアクセスできなかったり、スマートフォンが手元になくて認証ができなくなったりすることで、不都合を招くことにもなりかねないのです。ログインがしにくくなると、誰でもかんたんにWebサイトが更新できるというWordPressのせっかくのメリットが台なしになってしまいます。最悪、Webサイトを更新すべきときに更新できないということになれば、本末転倒です。

そのため、Webサイトの運用状況や管理体制に応じて、セキュリティと使いやすさの最適なバランスを考えることが重要です。

▲パスワードの強化、IPアドレスの制限、多要素認証の設定などのセキュリティ対策があるが、運用のしやすさとのバランスも大切

状況によって異なるセキュリティ対策

では、Webサイトの運用状況や管理体制ごとに、どのような対応をすべきなのでしょうか。主要な例を挙げて見てみましょう。

■常に1人でWebサイトを更新する場合
・自分のスマートフォンで多要素認証を設定する

■複数人でWebサイトを更新する場合
・管理者を増やさない（投稿者や編集者の権限を利用する）
・ユーザー全員がそれぞれのスマートフォンで多要素認証を設定する
・ユーザーごとに個別のアカウントを利用する

■常に同じ場所で複数人がWebサイトを更新する場合
・固定IPアドレスを導入し、アクセスを制限する

■常に同じパソコンやスマートフォンだが、異なる場所からWebサイトを更新する場合
・複数人での運用なら、固定IPアドレスを導入し、アクセスを制限する
・1人なら、自分のスマートフォンで多要素認証を設定する

■保守管理者がいる場合
・常にバックアップを取り、復元ができるようにする

■コストをかけたくない場合
・自分でバックアップと復元ができるようにする
・パスワードを強固にする
・管理者やそのほかのユーザーを増やさない

最後に大切になるのは復元できるかどうか

ハッキングや乗っ取り、悪意ある攻撃など、既知の問題なら対応することはできますが、未知の問題をすべて未然に防ぐことは不可能です。将来どのような新しい手口が現れるかを察知し、すべてを未然に防ぐことができれば何よりですが、そこまでするのは現実的ではないでしょう。

そこで重要になってくるのが、万一の場合に備えてWebサイトを復元できるようにしておくことです。そのためには、Webサイトのデータを定期的にバックアップしておく必要があるのです。

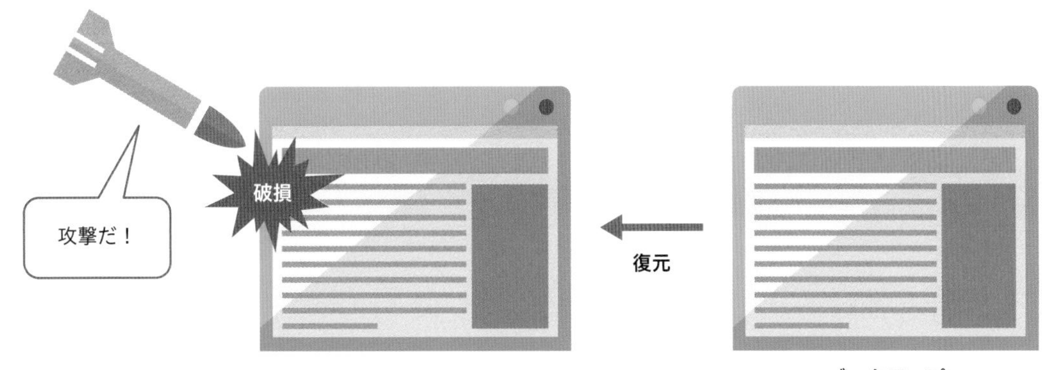

▲バックアップがあれば、仮にWebサイトが破損しても復元可能

Section 002 パスワードを管理する

かんたんに推測できるような簡易なパスワードは非常に危険です。しかし、文字を複雑に長く組み合わせるなどしてパスワードを強固にすれば、ほとんどの不正ログインは阻止できます。

強固なパスワードを設定する

WordPressでは頻繁にログインするため、つい覚えやすいかんたんなパスワードを使ってしまいがちです。しかし、このようなパスワードを使用していると、部外者に推測されてしまったり、ロボットがいろいろなパスワードの組み合わせを推測して試してくるブルートフォースアタック（パスワードの総当たり攻撃）によって不正にログインされたりしてしまうのは時間の問題です。とくに管理者権限でパスワードを破られてしまうと、被害は深刻になります。

そうならないためにも、安易なパスワードは厳禁と心得ましょう。自分以外の管理者がいる場合は、そのパスワードについても安易なものでないか注意することが大切です。以下の手順を参考に、強固なパスワードを設定するようにしてください。

「プロフィール」画面を表示する

メインナビゲーションメニューで、「ユーザー」→「プロフィール」をクリックし❶、「プロフィール」画面を表示します。

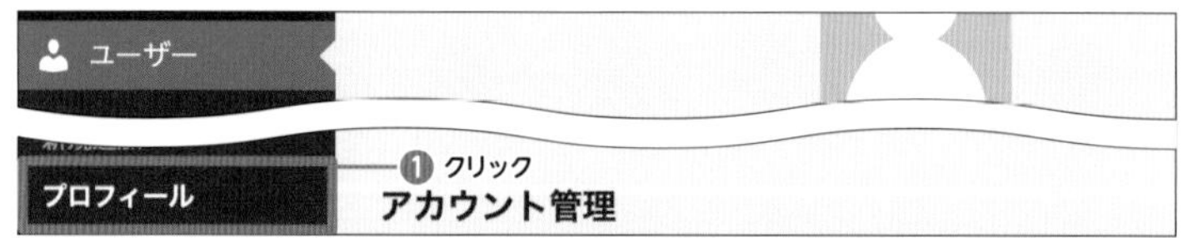

パスワードを生成する

「アカウント管理」の「パスワードを生成する」をクリックします❶。

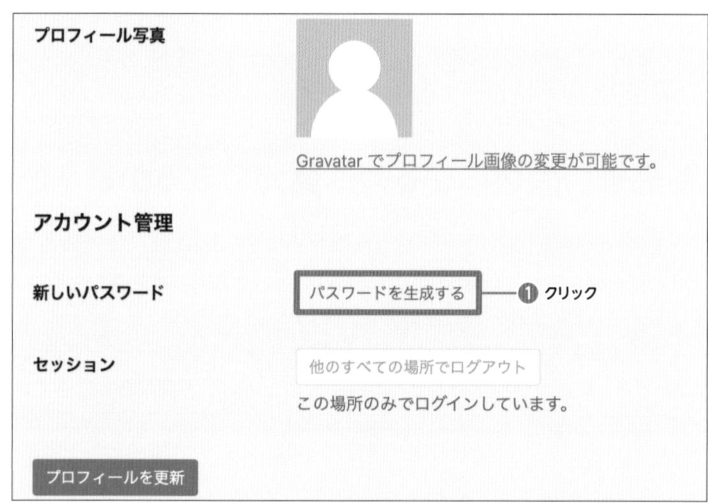

自動的にパスワードが生成されます。「強力」と表示されていることを確認します❷。このように表示される複雑なパスワードなら安全なので、そのまま使用できます。

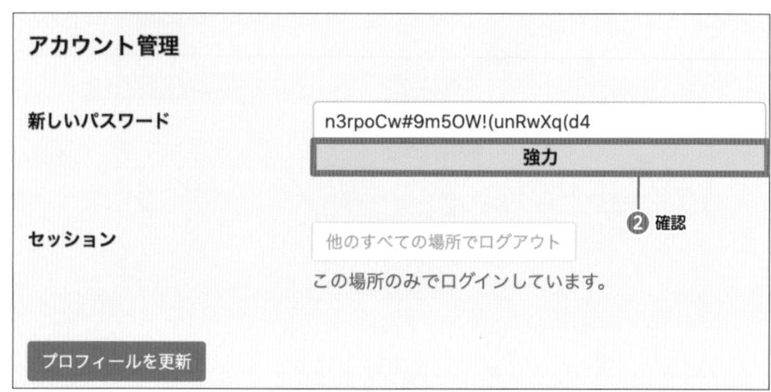

パスワードを短くしてみる

パスワードを短くしようとすると、右のように「強力」という表示が、「普通」に変わり❶、強度が落ちます。

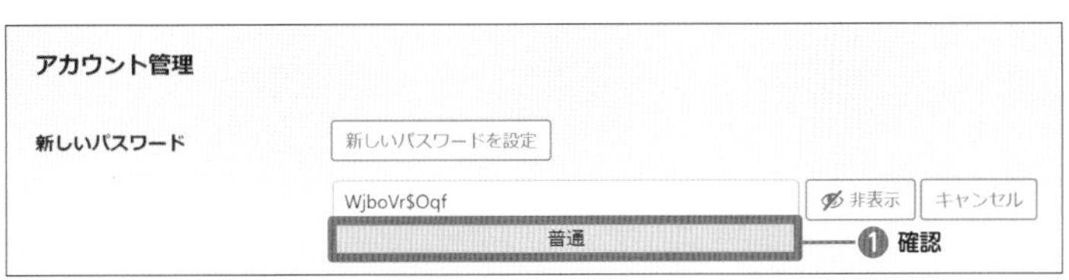

パスワードをさらに短くしようとすると、右のように「脆弱」に変わり❷、強度が落ちます。このレベルのパスワードは推奨できませんが、万一使用する場合は、「脆弱なパスワードの使用を確認」にチェックを付けます❸。

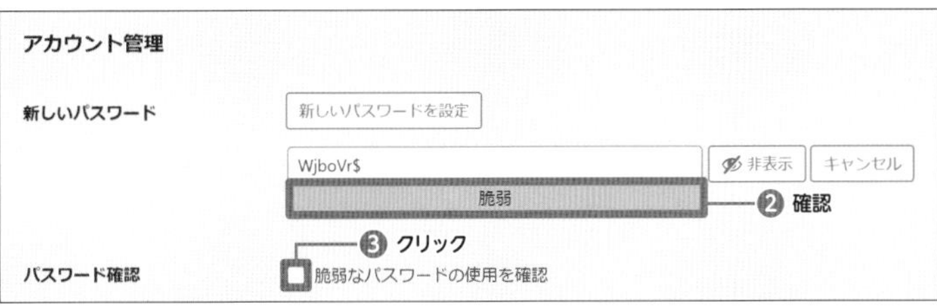

パスワードをさらに短くしようとすると、右のように「非常に脆弱」に変わり❹、最低の強度まで落ちます。このように、パスワードが短いほど、強度が落ちるのです。

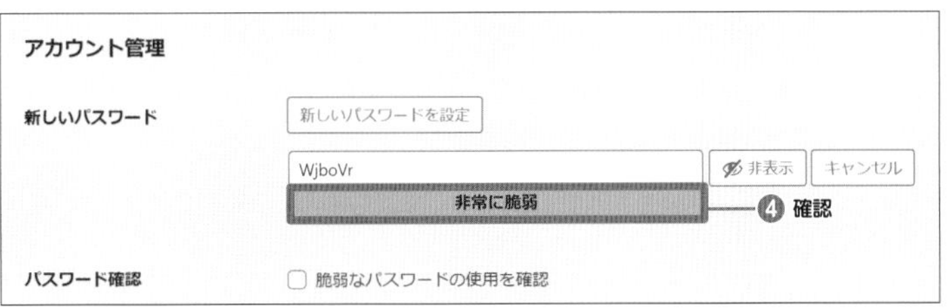

右のようにパスワードが長い場合でも、単純な文字や数字の組み合わせでは「非常に脆弱」となり❺、十分な強度は出ません。文字や数字などを複雑に組み合わせたものにしましょう。

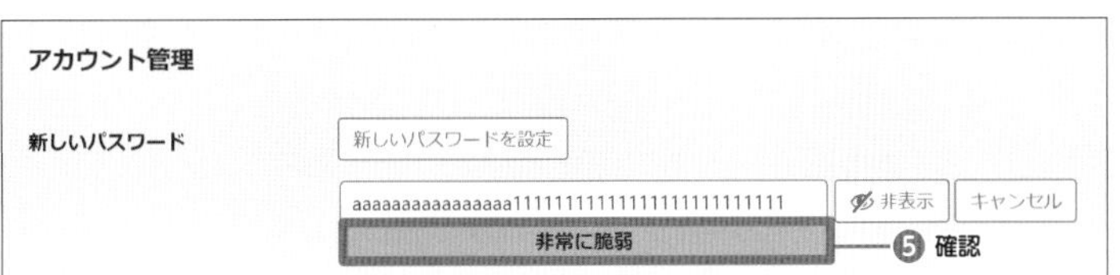

パスワードを保存する

強固なパスワードを入力したら、「プロフィールを更新」をクリックして保存します❶。

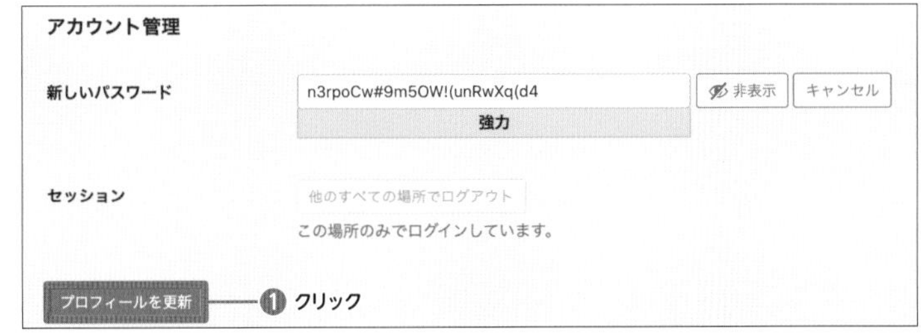

HINT 難しいパスワードの入力方法

難しいパスワードは手打ちで入力することが大変で、間違えることも多くなります。それでは毎回のログインが不便になるので、自分のWebブラウザにはパスワードを保存するようにするとよいでしょう。どのWebブラウザにも、パスワードの保存機能がありますので、最初にログインするときに保存するようにしてください。もっとも、共用のパソコンやWebブラウザでは、この方法を使ってはいけません。

Section

003 不正ログインを防ぐ

LEVEL

DLデータ
sample296

強固なパスワードを使うこと以外にも、WordPressへの不正ログインを防ぐ方法はあります。1つはIPアドレスを限定すること、もう1つは多要素認証を設定することです。

IPアドレスを制限する

WordPressの不正ログインを防ぐためには、ログイン画面のURLにアクセスできるアクセスポイントを、固定IPアドレスで制限する方法が有効です。もっとも、一般のインターネットサービスプロバイダーでは、IPアドレスが固定されないため、毎回IPアドレスが変わってしまうことになり、この方法は採用できません。しかし、そのような場合でも「VPN」と呼ばれるサービスを使うことで、自分だけの固定IPアドレスを持つことができます。

たとえば、インターリンクが提供している「マイIP・マイIPソフトイーサ版」というVPNサービス（有料）を利用すれば、固定IPアドレスが提供されないプロバイダーやネットワーク環境からでも、固定IPアドレスが利用できるようになります。このようなVPNサービスを利用していることを前提に、IPアドレスを限定する方法を解説します。

ちょっと先行くインターネット INTERLINK
1995年にプロバイダー業務を開始して
インターリンクは26年目を迎えました。
企業情報　採用情報　サイトマップ
サイト内検索
HOME　サービス一覧　キャンペーン　会員サポート
HOME ＞ サービス一覧 ＞ マイIP・マイIPソフトイーサ版
サービス一覧
マイIP・マイIPソフトイーサ版
最大2ヶ月無料体験
サービス紹介
固定IPアドレスが使えるVPNサービス
Point 1 固定IPでVPN接続
Point 2 どこでも固定IPが使える
Point 3 VPNと固定IPでセキュリティーを高める
Point 4 抜群の疎通性
マイIP・マイIPソフトイーサ版とは
固定IPアドレスが提供されないプロバイダーやネットワーク環境からでも、
グローバル固定IPアドレス（静的IPアドレス）が利用できるサービスです。
インターネットができるパソコンやモバイル端末から弊社サーバーにVPN接続することで、固定IPアドレスで通信できるようになります。
マイIP
幅広いOSに対応。格安シンプル。
・月額1,100円
・PPTP／L2TP接続に対応
マイIP ソフトイーサ版
悪条件に強い。複数IPにも対応。
・月額1,320円×固定IP数
・専用ソフトで接続
サービス一覧
マイIP・マイIPソフトイーサ版
サービス紹介
料金
活用事例
お申し込みの流れ
よくある質問
サービス別利用規約
お申し込み
マイIP・マイIPソフトイーサ版
最大2ヶ月無料体験
サービスのお申し込み
最大2ヶ月無料体験
インターリンクは
すぐに使えて

▲インターリンク「マイIP・マイIPソフトイーサ版」のWebページ
https://www.interlink.or.jp/service/myip/index.html

VPN接続をする

VPNサービスで一度固定IPアドレスの設定をしておけば、VPN接続をするだけで、固定IPアドレスからアクセスすることができるようになります。

アクセス制限の設定をする

あとは、WordPressのログイン画面に、その固定IPアドレスだけアクセスできるようにして、それ以外はアクセスできなくします。そのためには、「.htaccess」という「.txt」などの拡張子がないファイルを使用しますが、既存の.htaccessファイルを編集する方法と、新しく.htaccessファイルを追加する方法の2つがあります。

既存の.htaccess ファイルを編集する

既存の.htaccess ファイルを編集する場合は、P.155を参考にFTPクライアントでサーバーに接続し、.htaccessファイルをダウンロードします❶。

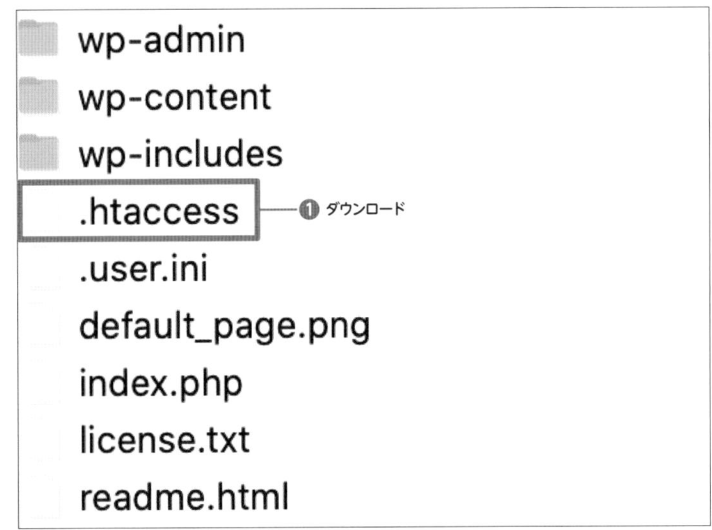

.htaccessファイルの任意の場所（いちばん上など）に、右のコードを追加し、同じ場所にアップロードします。これでログイン画面へのアクセスが制限されます。

.htaccess（sample296→296）

```
<Files "wp-login.php">
order deny,allow
deny from all
allow from 固定IPアドレスが入ります
</Files>
```

新しく.htaccess ファイルを追加する

新しく.htaccessファイルを追加する場合は、右のコードを記述した.htaccessファイルを「メモ帳」などで作成し、サーバーの「wp-admin」フォルダの中にアップロードします。これでログイン画面へのアクセスが制限されます。

.htaccess（sample296→297）

```
order deny,allow
deny from all
allow from 固定IPアドレスが入ります
```

▣ 多要素認証を設定する

「Google Authenticator」を追加する

多要素認証を設定するには、「Google Authenticator」というプラグインを使用します。P.114を参考に「プラグインを追加」画面で「Google Authenticator」を検索し、「今すぐインストール」をクリックしてインストールし❶、「有効化」をクリックして有効化します。

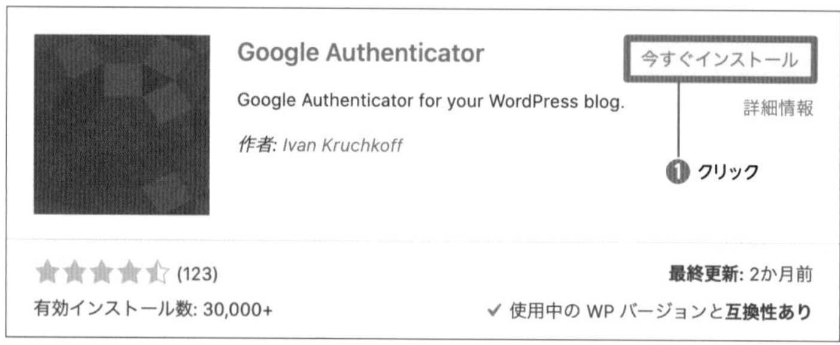

「プロフィール」画面を表示する

メインナビゲーションメニューで、「ユーザー」→「プロフィール」をクリックし❶、「プロフィール」画面を表示します。

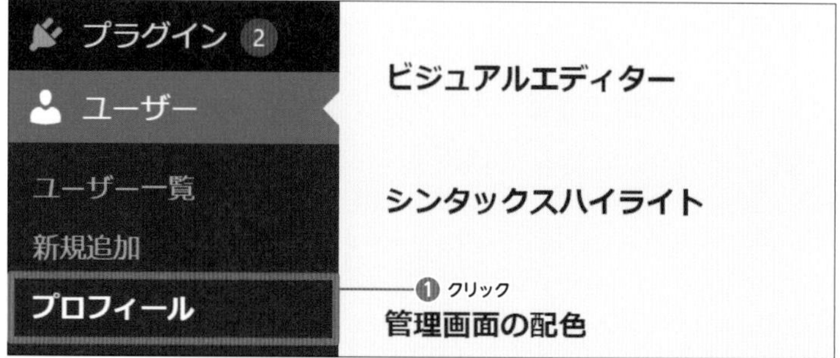

QRコードを表示する

「Google Authenticator Settings」の「Active」にチェックを付け❶、「Show/Hide QR code」をクリックし❷、QRコードを表示します。これをのちの手順で、スマートフォンのアプリで読み込みます。

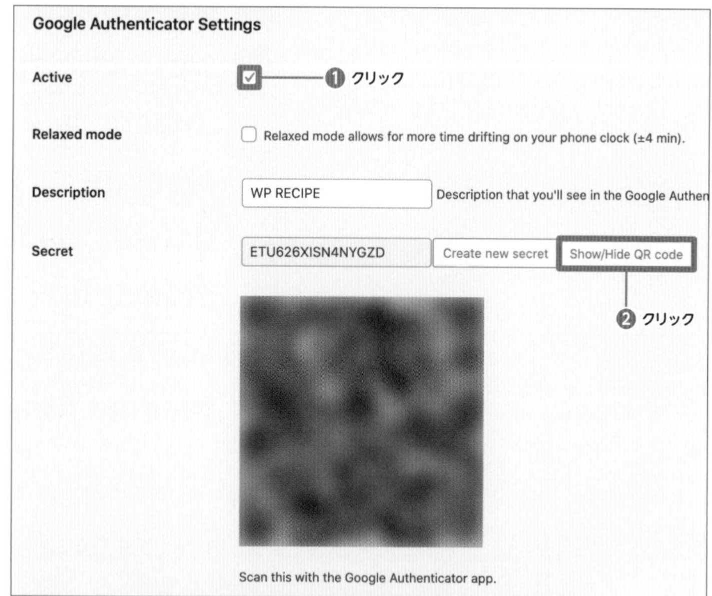

スマートフォンでアプリをインストールする

スマートフォンで、「Google Authenticator」をインストールします。

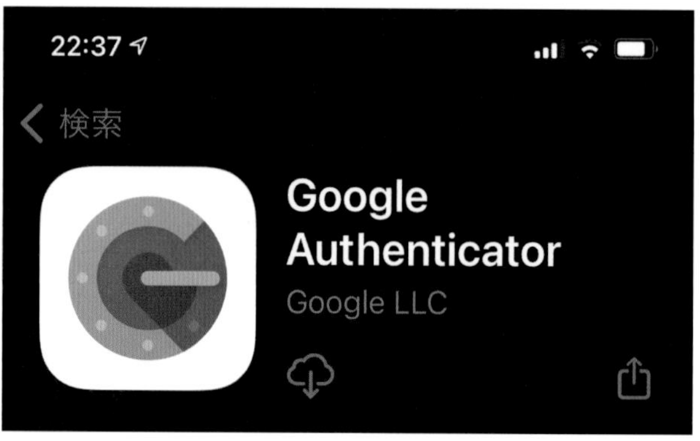

QRコードを読み取る

スマートフォンで「Google Authenticator」を起動し、「設定を開始」をタップします❶。「バーコードをスキャン」をタップして❷、先ほど表示したバーコードを読み込みます。

認証番号を確認する

「WordPress」に6桁の認証番号が表示されているので確認します❶。

多要素認証をする

WordPressのログイン画面にアクセスし、ユーザー名とパスワードを入力し❶、先ほどの6桁の認証番号を「Google Authenticator code」に入力して❷、「ログイン」をクリックして認証します❸。この認証番号がなければログインできないため、安全性が高くなります。

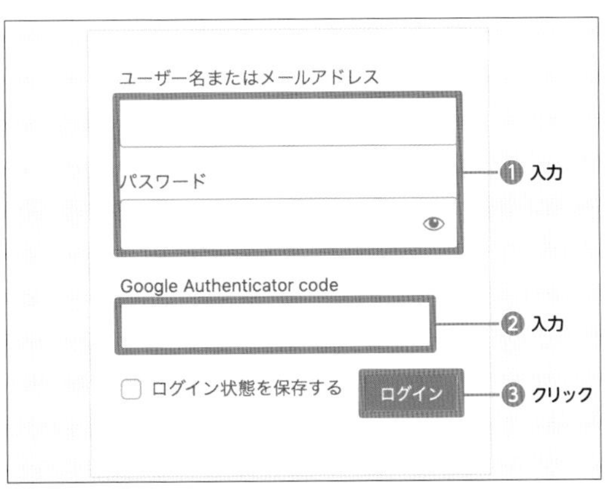

Section 004

Webサイトをバックアップする

LEVEL

万が一に備えて、WordPressのデータを丸ごとバックアップしておきましょう。ここでは、「All-in-One WP Migration」というプラグインを使用した方法を紹介します。

All-in-One WP Migrationでバックアップする

「All-in-One WP Migration」を追加する

P.114を参考に「プラグインを追加」画面で「All-in-One WP Migration」を検索し、「今すぐインストール」をクリックしてインストールし❶、「有効化」をクリックして有効化します。

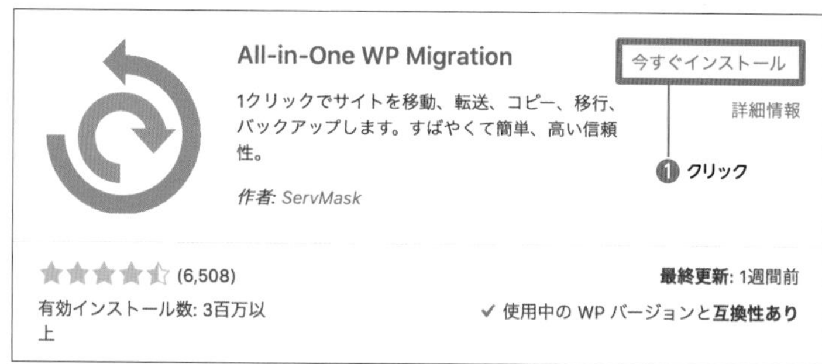

「バックアップ」画面を表示する

メインナビゲーションメニューで、「All-in-One WP Migration」→「バックアップ」をクリックし❶、「バックアップ」画面を表示します。

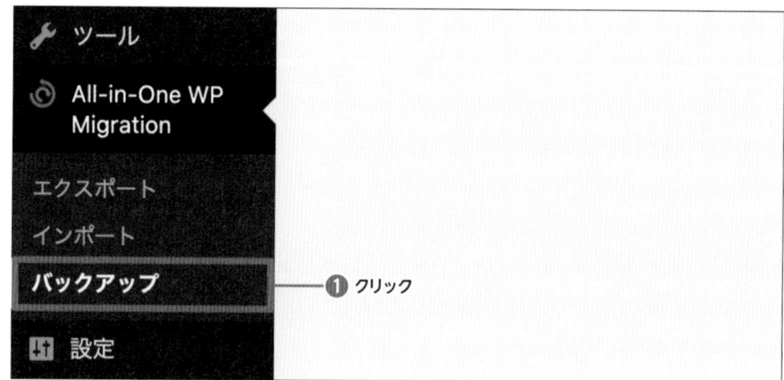

バックアップする

「バックアップを作成」をクリックします❶。

バックアップデータが作成されます。「○○をダウンロード」をクリックすると❷、パソコンにダウンロードできます。wpressという拡張子のファイルがダウンロードされますが、このファイルはAll-in-One WP Migrationでインポートする以外の目的に使用することはできません。「閉じる」をクリックします❸。

バックアップを確認する

バックアップが完了すると、サーバーに保存されたバックアップファイルが「バックアップ」画面に表示されます。なお、バックアップファイルは複数作成することもできます。

バックアップを削除する

バックアップファイルを削除する

バックアップファイルが多くなるとサーバーの容量が少なくなるので、不要なバックアップは削除しましょう。バックアップファイルを削除するには、「バックアップ」画面で削除したいファイルの⊗にマウスポインターを合わせ、「削除」→「OK」をクリックします❶。

HINT バックアップファイルを再度ダウンロードする

バックアップファイルを再度ダウンロードしたい場合は、「バックアップ」画面でダウンロードしたいファイルの⊕にマウスポインターを合わせ、「ダウンロード」をクリックします❶。

Section 005 Dropboxに定期的なバックアップを自動で行う

バックアップを定期的に自動的に行いたい場合は、プラグインを用いたDropboxへの自動バックアップが有効です。なお、あらかじめDropboxのサービスに登録している必要があります。

▣ All-in-One WP Migration Dropbox Extensionでバックアップする

「All-in-One WP Migration Dropbox Extension」を購入する

「All-in-One WP Migration Dropbox Extension」というプラグイン（有料）を使えば、All-in-One WP Migration（P.300参照）が拡張され、自動的にDropboxにバックアップすることが可能になります。「https://servmask.com/products/dropbox-extension」にアクセスし、「Starting from ＄99」をクリックし❶、画面の指示に従って購入して、プラグインファイルをダウンロードします。

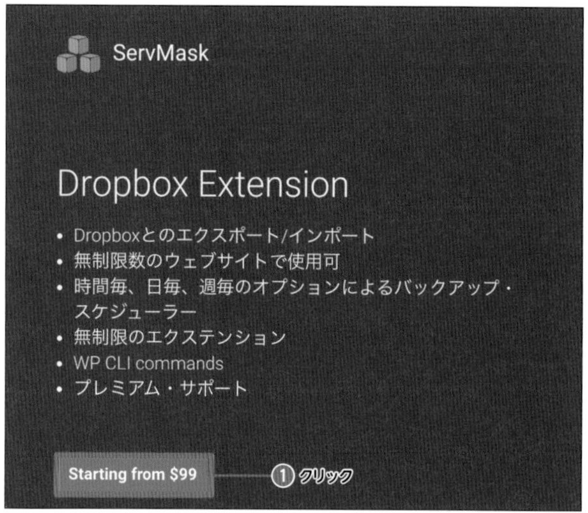

「プラグインを追加」画面を表示する

メインナビゲーションメニューで、「プラグイン」→「新規追加」をクリックし❶、「プラグインを追加」画面を表示します。

プラグインをアップロードする

「プラグインのアップロード」をクリックします❶。

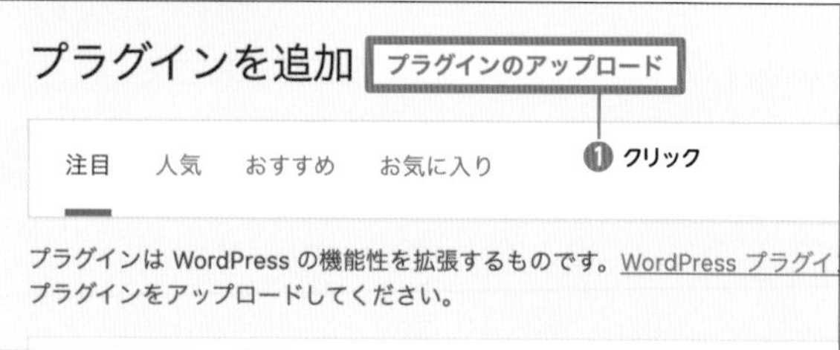

「ファイルを選択」をクリックしてプラグインファイルを選択し❷、「今すぐインストール」をクリックします❸。

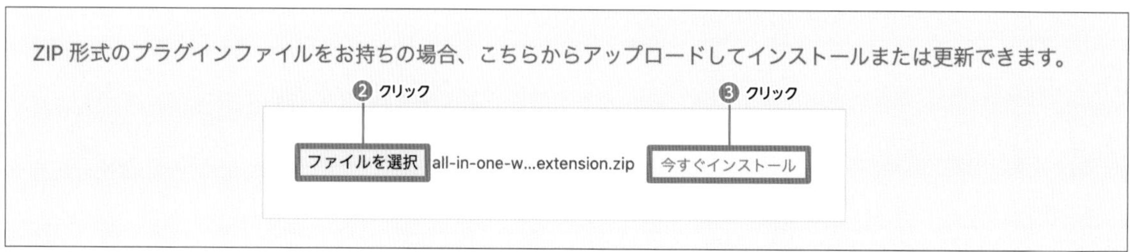

プラグインを有効化する

インストールが完了したら、「プラグインを有効化」をクリックして有効化します❶。

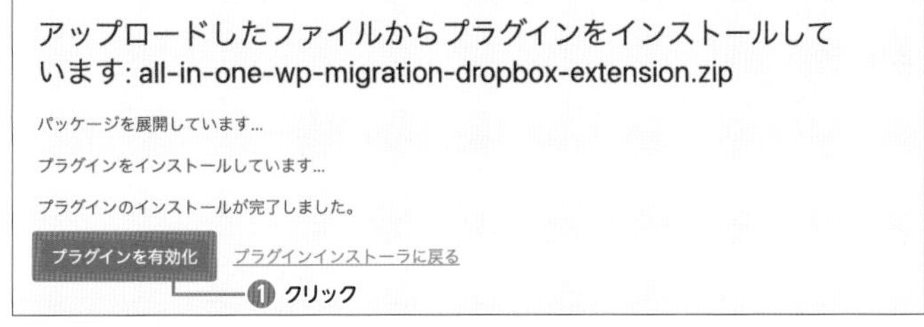

プラグインを設定する

メインナビゲーションメニューで、「All-in-One WP Migration」→「Dropbox Settings」をクリックします❶。

Dropboxと接続する

「LINK YOUR DROPBOX ACCOUNT」をクリックします❶。

DROPBOX SETTINGS

LINK YOUR DROPBOX ACCOUNT

❶ クリック

Dropboxとの接続が完了し、右のように表示されます。うまく接続できない場合は、使用中のパソコンでDropboxが使用できているかを確認し、再試行してください。

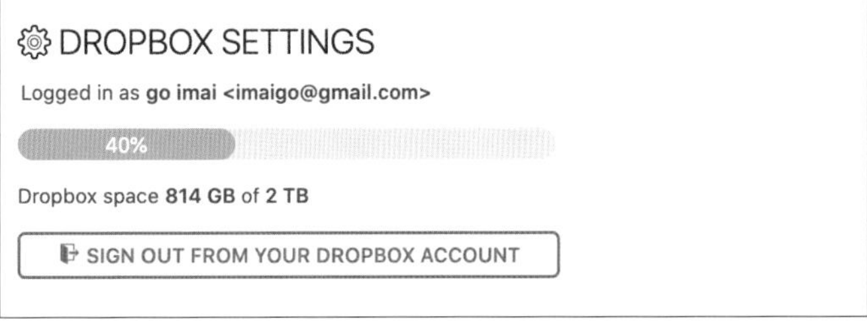

バックアップの設定を行う

「Configure your backup plan」でバックアップの頻度を設定します。おすすめは1日1回のバックアップです。そのためここでは「Every day」を選択し❶、時間を入力します❷。

DROPBOX BACKUPS

Configure your backup plan

Backup time: 5:40 pm Asia/Tokyo ❷ 入力

Every hour / Every day / Every week / Every month ❶ 選択

Last backup date: None

Next backup date: None

Disable connecting to Dropbox via SSL (only if export is failing)

「Retention settings」でDropboxに保存するバックアップデータの数を入力します❸。0にすると削除されず、容量が足りなくなってしまうので注意しましょう。Dropboxでは削除したファイルが30日間ゴミ箱で保存されるため、保存するファイルは、1でも十分です。「UPDATE」クリックして保存します❹。

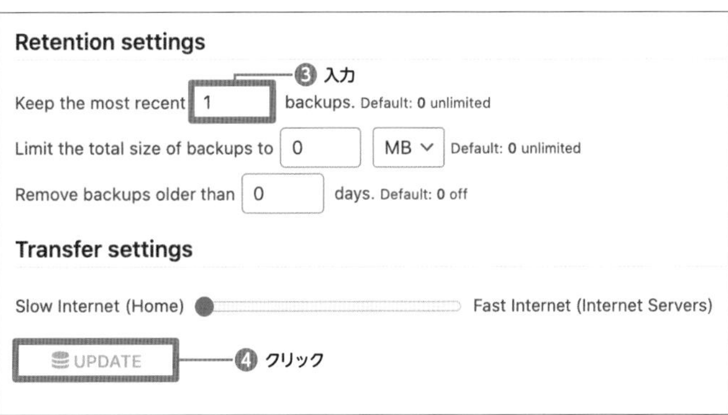

Section 006 バックアップからサイトを復元する

Webサイトに問題が発生したら、All-in-One WP Migration (P.300参照) でバックアップしたデータを使って、Webサイトを復元しましょう。

▣ All-in-One WP Migration でサーバーの容量を増やす

サーバーによっては、All-in-One WP Migrationでアップロードできるバックアップデータの容量が小さく制限されているため、アップロードできるデータの容量を増やす必要があります。その場合は、復元の前に、512MBまで使える無料オプションのプラグインをインストールしましょう。

「サイトのインポート」画面を表示する

メインナビゲーションメニューで、「All-in-One WP Migration」→「インポート」をクリックし❶、「サイトのインポート」画面を表示します。

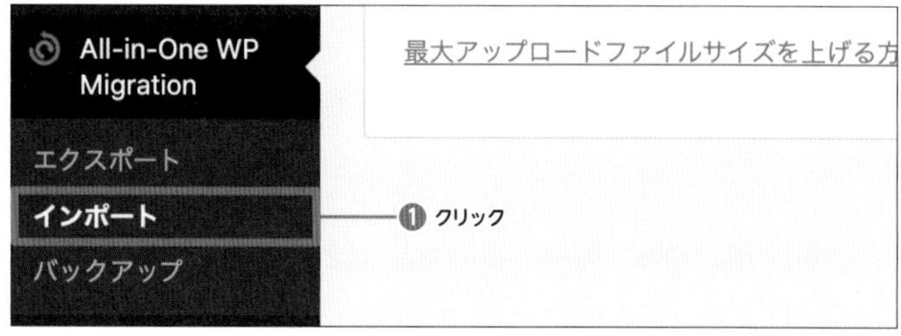

プラグインをダウンロードする

「最大アップロードファイルサイズ」で、現在の容量を確認できます。右の例では1GBと十分あるため、本来は容量を増やす必要はありません。容量を増やす場合は、「無制限版の購入」をクリックします❶。

最大アップロードファイルサイズ: 1 GB.
最大アップロードファイルサイズを上げる方法 または ⓘ 無制限版の購入
❶ クリック

右のWebページが表示されます。今回は上限を512MBまで引き上げる無料のBasicを使用します。「Download」をクリックして❷、プラグインファイルをダウンロードします。

All-in-One WP Migration Import
Basic
For sites < 512MB
Download
Install Instructions
❷ クリック
Premium
For large sites
Get Started

プラグインをアップロードする

メインナビゲーションメニューで、「プラグイン」→「新規追加」をクリックし、「プラグインのアップロード」をクリックします❶。

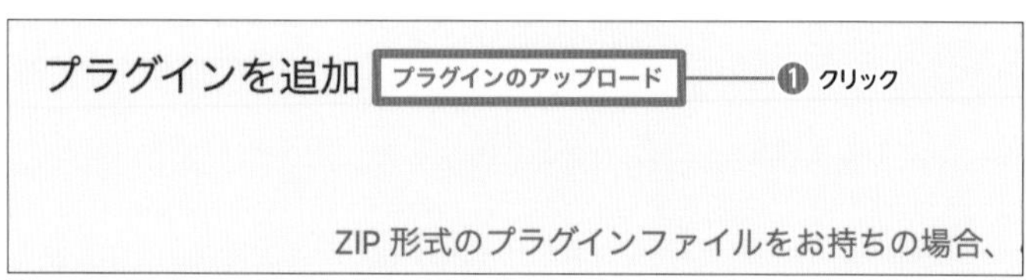

「ファイルを選択」をクリックしてプラグインファイルを選択し❷、「今すぐインストール」をクリックします❸。

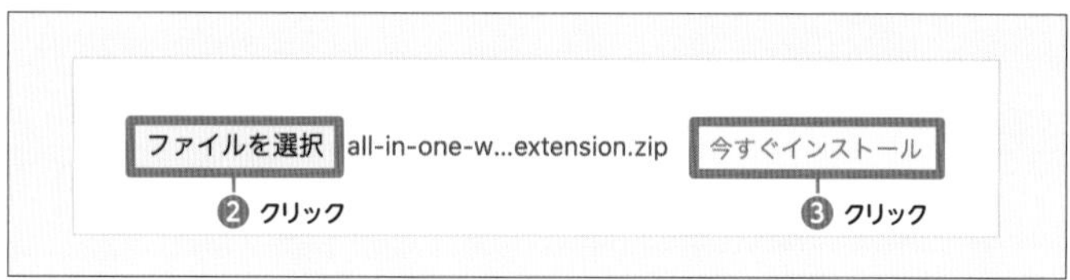

プラグインを有効化する

インストールが完了したら、「プラグインを有効化」をクリックして有効化します❶。

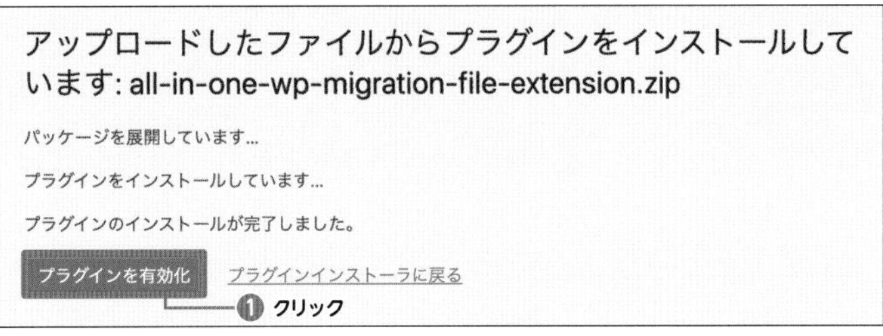

▣ All-in-One WP Migrationで復元する

バックアップファイルをアップロードする

「サイトのインポート」画面を表示し、P.300でダウンロードしておいたバックアップファイルを「バックアップをドラッグ＆ドロップしてインポートする」にドラッグしてアップロードします❶。

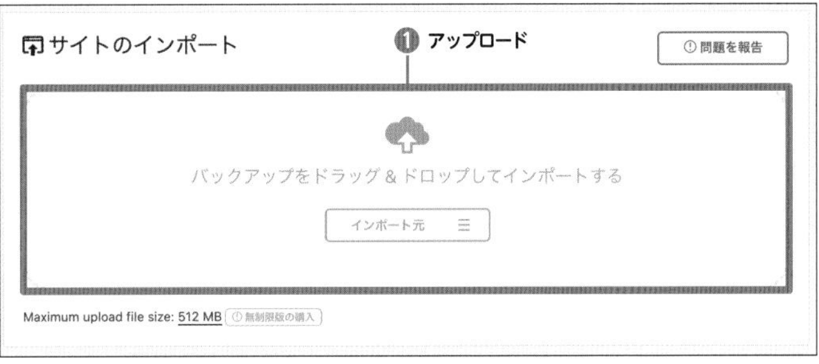

アップロードが開始されます。

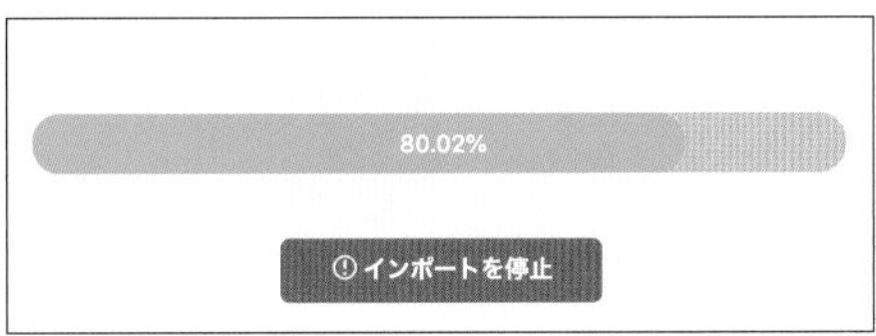

インポートする

アップロードが完了すると確認画面が表示されます。「開始」をクリックします❶。

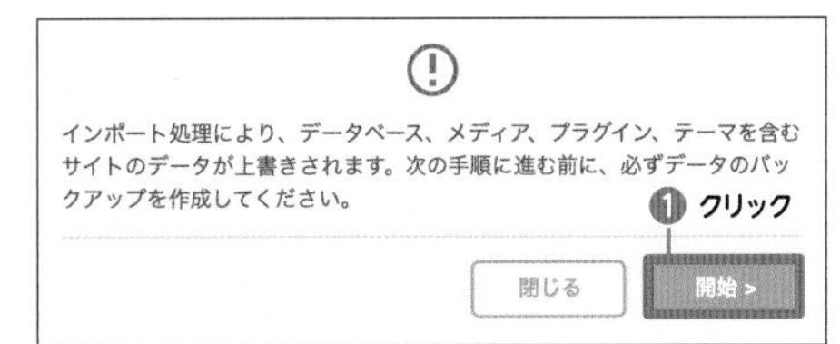

インポートが完了すると確認画面が表示されるので「完了」をクリックします❷。Webサイトを表示して、バックアップの状態に復元できているか確認してください。

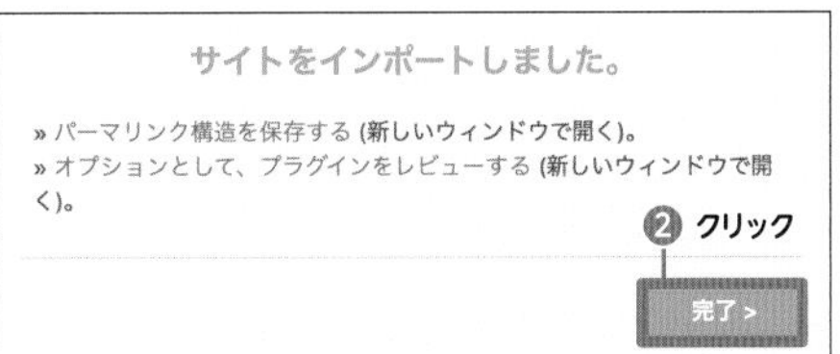

Dropboxからインポートする

P.302～303の方法でDropboxにバックアップした場合は、「サイトのインポート」画面で「インポート元」をクリックし❶、「DROPBOX」をクリックしてインポートします❷。

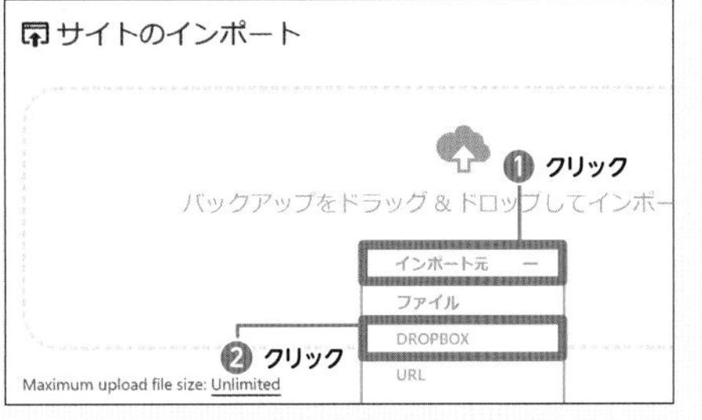

Section 007

Webサイトを複製してステージング環境を構築する

WordPressでテーマやプラグインをテストするための「ステージング環境」を用意しましょう。WordPressで作った既存サイトを丸ごと複製し、ステージング環境を構築します。

ステージング環境を構築する

All-in-One WP Migrationでバックアップする

P.300を参考に、All-in-One WP MigrationでWebサイトのデータをバックアップし、パソコンにバックアップファイルをダウンロードします。

新しいWordPressをインストールする

本番環境（既存サイト）と同じサーバーに、ステージング環境を構築する場合は、必ず別のディレクトリにWordPressを新規インストールします。異なるドメインで別のサーバーにステージング環境を構築する場合も、同様の手順で新しいWordPressをインストールします。

P.42～43を参考にWordPressをインストールします。このとき、URLのうしろにディレクトリ名を追加して❶、本番環境とURLを区別するようにします。なお、ブログ名やユーザー名などは、本番環境と同じでなくても問題ありません。

新しいWordPressにプラグインを追加する

インストールが完了したら、新しいWordPressにログインします。P.114を参考に「プラグインを追加」画面で「All-in-One WP Migration」を検索し、「今すぐインストール」をクリックしてインストールし❶、「有効化」をクリックして有効化します。

バックアップファイルをインポートする

P.304～305を参考に、All-in-One WP Migrationでバックアップファイルをインポートします。

なお、ステージング環境での復元が完了すれば、WordPressのログイン情報などはすべて本番環境と同じものになるので、ステージング環境へのログイン時は、本番環境のユーザー名とパスワードを使用してください。

Chapter

15

WordPress 5.6の新機能

2020年12月8日、WordPressの最新バージョンである5.6がリリースされました。では、どのような点が前のバージョンから変更されたのでしょうか。主要な新機能について確認しておきましょう。

Section 001 新しくなったデフォルトテーマ

今回のアップデートにともなって、新しいデフォルトテーマ「Twenty Twenty-One」が登場しました。WordPress 5.6に更新すれば自動的にインストールされるため、ぜひ有効化してみましょう。

「Twenty Twenty-One」を使用する

今回のWordPress 5.6はメジャーアップデートとされており、その目玉として新しく追加されたのがデフォルトテーマです。その名前は2021年にちなんで、「Twenty Twenty-One」とされました。WordPressは、毎年新しいデフォルトテーマをリリースし、その中で追加された新機能が試せるようになっています。興味のある人は早速このデフォルトテーマを試しに有効化して、新しい機能を体験してみてください。

Twenty Twenty-Oneを有効化する

メインナビゲーションメニューで、「外観」→「テーマ」をクリックし、「Twenty Twenty-One」の「有効化」をクリックします❶。

Webサイトを確認する

Webサイトを表示して、テーマがTwenty Twenty-Oneに変更されていることを確認します。

Section 002

画像がくり返し表示できるように

LEVEL

カバーのブロックを使って背景画像を配置した場合、従来は大きく1つ表示することしかできませんでした。しかし、画像をくり返してパターンとして表示することができるようになりました。

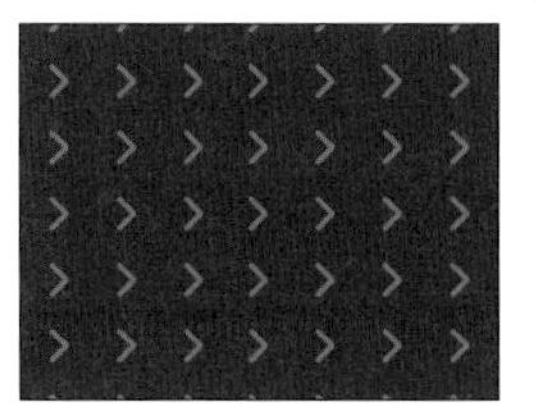

▣ 画像をくり返して表示する

画像を挿入する

ブロックエディターのブロック一覧で「カバー」をクリックし❶、「アップロード」か「メディアライブラリ」をクリックして画像を挿入します❷。

くり返し表示にする

画像が挿入されます❶。「メディア設定」の「繰り返し背景」をクリックしてオンにします❷。

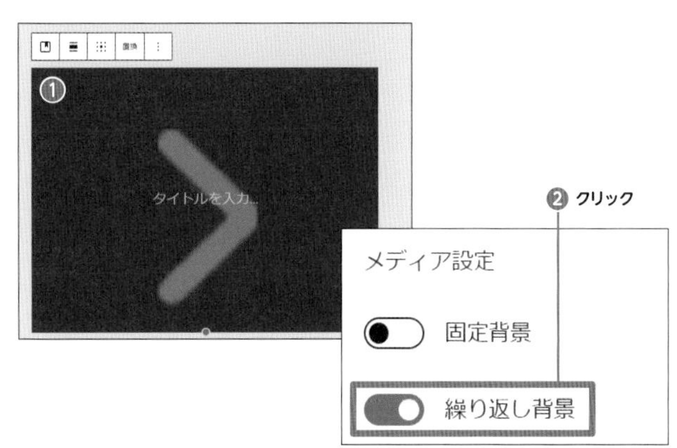

画像が縦と横にくり返して表示され、パターンのようになります。

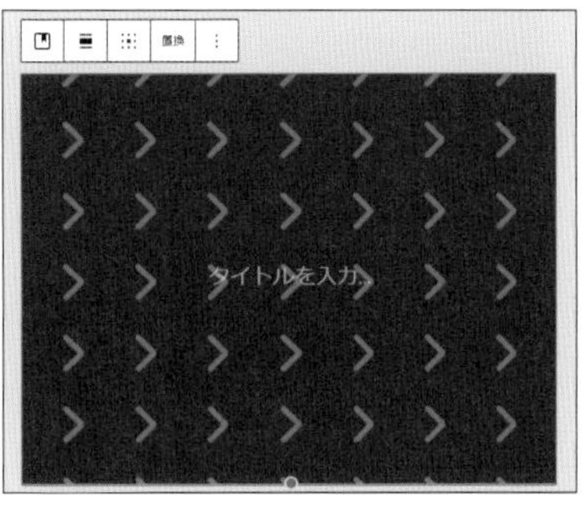

Section **003**

カラムで重ね合わせができるように

左右に分割されたレイアウトが実現できるカラムを重ね合わせることができるようになりました。ただし、新しいデフォルトテーマ「Twenty Twenty-One」など、対応するテーマのみの機能です。

▣ 画像をカラムで重ね合わせる

カラムを追加する

ブロックエディターのブロック一覧で「カラム」をクリックします❶。追加したいカラムの種類（ここでは「50/50」）をクリックします❷。

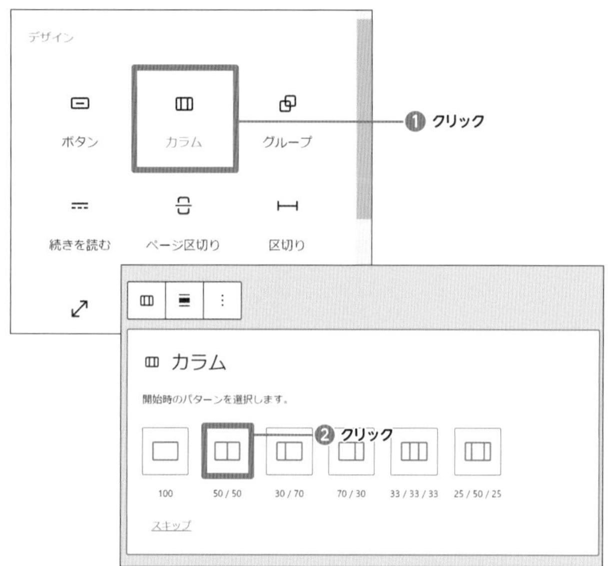

コンテンツを追加する

それぞれのカラムの「+」をクリックして❶、画像などのコンテンツを追加します。

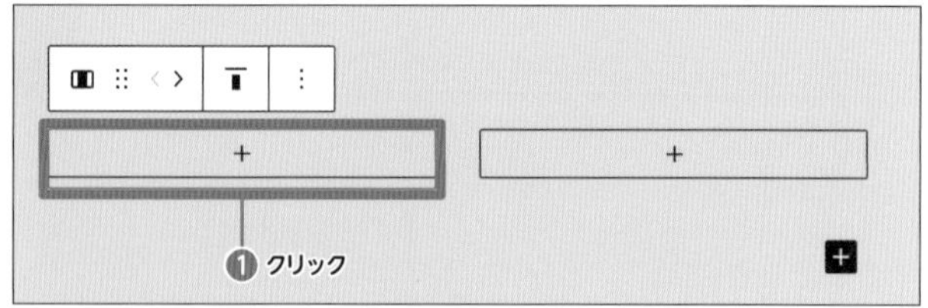

カラムを選択する

どちらかの画像をクリックします❶。

メニューのをクリックします❷。

メニューのをクリックします❸。

重ね合わせる

カラム全体が選択されていることを確認して❶、「スタイル」の「重ね合わせ」をクリックします❷。

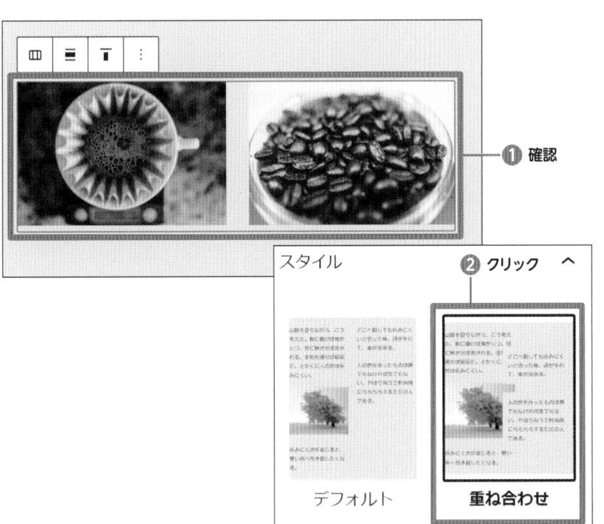

右側のカラムが上になる形で重ね合わせられます。3列のカラムでも同様に重ね合わせることができます。

Section
004 カバー内で動画の位置を調整できるように

カバーのブロックでは画像や動画を表示できますが、従来は画像の位置を調整することしかできませんでした。動画の位置を調整できるようになったため、見せたい部分をしっかりと見せるようにしましょう。

動画の位置を調整する

カバーを追加する

ブロックエディターのブロック一覧で「カバー」をクリックします❶。「アップロード」か「メディアライブラリ」をクリックして動画を選択します❷。

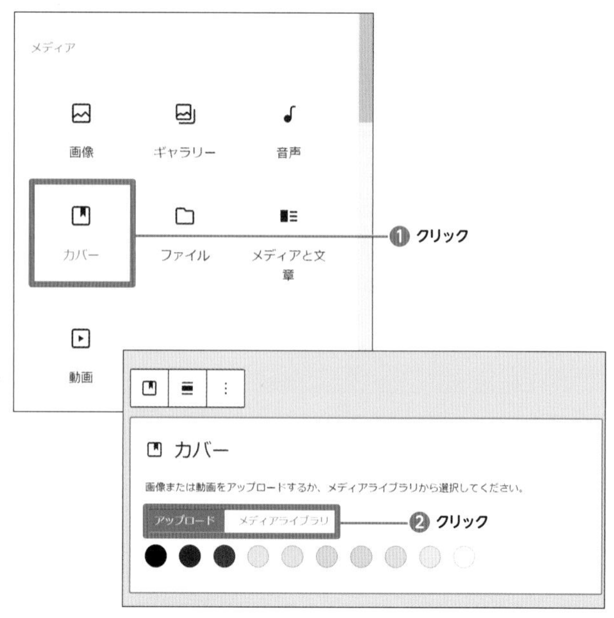

カバーを選択する

動画が挿入されます。カバーをクリックして選択します❶。

焦点を合わせる

動画のプレビュー表示を確認しながら、「メディア設定」の「焦点ピッカー」で焦点を合わせたい部分をクリックします❶。なお、下部の「左」と「上」に数値を入力して指定することもできます。

焦点を合わせた部分が中心になるように、動画の位置が調整されます。

Section
005 ブロックをあとからカラムに変更できるように

LEVEL
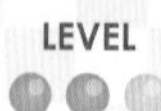

従来はカラムを作るには、初めからカラムのブロックを使用する必要がありました。しかし、複数の通常のブロックをあとからカラムに変更できるようになり、自由度が増しました。

ブロックをカラムに変更する

複数のブロックを選択する

右の例では、画像と段落のブロックが縦に並んでいます。これらをドラッグして、両方とも選択します❶。

カラムに変更する

ブロックのメニューの❐をクリックし❶、「カラム」をクリックします❷。

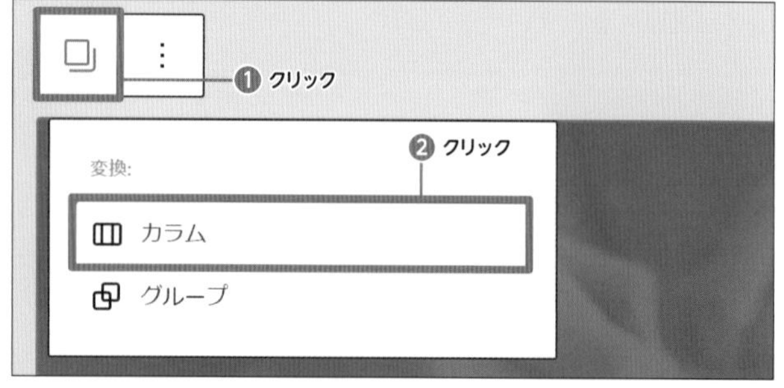

カラムに変更され、ブロックが横に並びます。

Section 006

LEVEL ●●○

メジャーアップデートが自動で更新できるように

従来はマイナーアップデート（メンテナンスリリースとセキュリティリリース）のみ自動で更新されていましたが、WordPress 5.6ではすべてのアップデートが自動で更新されるようになりました。

■ すべての自動更新を有効にする

「WordPressの更新」画面を表示する

メインナビゲーションメニューで、「ダッシュボード」→「更新」をクリックし❶、「WordPressの更新」画面を表示します。

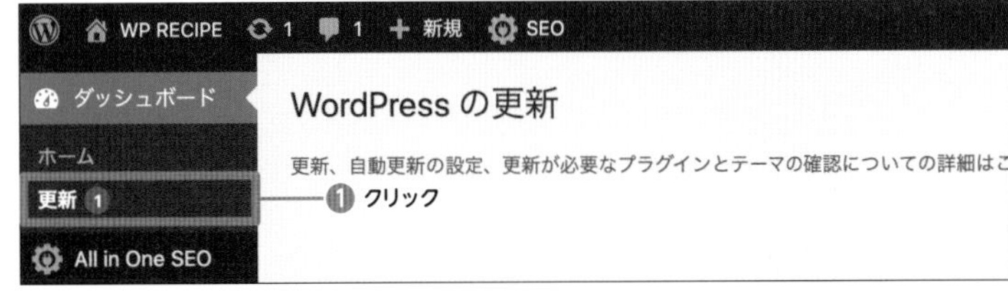

すべての自動更新を有効にする

すべてのアップデートを自動更新するには、「WordPressのすべての新しいバージョンに対する自動更新を有効にします。」をクリックします❶。

WordPress の更新

更新、自動更新の設定、更新が必要なプラグインとテーマの確認についての詳細はこちらをご覧ください。

現在のバージョン: 5.6

最終チェック日時: 2020年12月10日 9:28 AM。 再確認してください。

このサイトは WordPress のメンテナンスリリースとセキュリティリリースのみで自動的に最新の状態に保たれます。

WordPress のすべての新しいバージョンに対する自動更新を有効にします。 ❶ クリック

自動更新が有効になり、右のように表示されます。以前の状態に戻す場合は、「メンテナンスリリースとセキュリティリリースのみの自動更新に切り替えます。」をクリックします。

WordPress の更新

すべての WordPress バージョンに対する自動更新を有効化しました。ありがとうございます。

更新、自動更新の設定、更新が必要なプラグインとテーマの確認についての詳細はこちらをご覧ください。

現在のバージョン: 5.6

最終チェック日時: 2020年12月10日 9:28 AM。 再確認してください。

このサイトは WordPress の新しいバージョンごとに自動的に最新の状態に保たれます。

メンテナンスリリースとセキュリティリリースのみの自動更新に切り替えます。

HINT メジャーアップデートを自動更新するリスク

メジャーアップデートが自動更新されてこなかったことには理由があります。それは、メジャーリリースではWordPressに機能が追加され、これまでのシステムに変更が加えられるため、Webサイトが正常に表示されなくなるリスクがあるということです。このリスクを回避するには、自動更新をせず、事前にバックアップを取り、自分のタイミングで更新を実行するようにしましょう。とくに、特殊なプラグインやオリジナルテーマを採用しているWebサイトではリスクが高いので、自動更新はあまりおすすめできません。ただし、不具合が出た場合に、即時対応できる状態であったり、即時対応する必要のないWebサイトなどであったりすれば、メジャーアップデートを含むすべてのアップデートを自動更新することも選択肢の1つでしょう。

索引 | Index

アルファベット

あ

か

さ

た

な

は

ま

や

ら

わ

●著者●
今井　剛
Web制作歴20年のフリーランス。特にWordPressでのWebサイト制作を得意とする。これまで会社やお店、個人の依頼で制作したWebサイトは400件以上、現在もそのうち70件以上のWebサイトの保守管理を行うほか、WordPressに関するセミナー、個人レッスンなども。著書に『10日でおぼえるWordPress入門教室』(翔泳社) などがある。

StudioBRAIN (https://studiobrain.net)
Webサイト制作、レッスン等のご依頼はこちらから。

動画教材「セミオーダーワードプレス」(https://remote-freelance-log.com/semipre_detail)では、著者が実務で使っているテーマを配布して、その使い方を教えています。Web制作以外にも、地元のローカルメディア「ぼちぼち」(http://bochi2.net) の運営や、カメラマンとして写真撮影や映像制作も行ったりしています。今後、本書に関する追加情報やWordPressの勉強法に関しては、著者のTwitterでも発信していきますので、勉強効率を上げたい人はぜひフォローしてみてください。
Twitter　@go_brain

● 制作スタッフ
本文デザイン：リンクアップ
DTP：リンクアップ
編集協力：リンクアップ
編集担当：柳沢裕子（ナツメ出版企画株式会社）

ナツメ社 Webサイト
https://www.natsume.co.jp
書籍の最新情報（正誤情報を含む）はナツメ社Webサイトをご覧ください。

本書に関するお問い合わせは、書名・発行日・該当ページを明記の上、下記のいずれかの方法にてお送りください。電話でのお問い合わせはお受けしておりません。
・ナツメ社 web サイトの問い合わせフォーム
https://www.natsume.co.jp/contact
・FAX（03-3291-1305）
・郵送（下記、ナツメ出版企画株式会社宛て）
なお、回答までに日にちをいただく場合があります。正誤のお問い合わせ以外の書籍内容に関する解説・個別の相談は行っておりません。あらかじめご了承ください。

WordPress 設計とデザイン 魔法のレシピ

2021 年 3 月 29 日　初版発行
2022 年 6 月 20 日　第 2 刷発行

著　者　今井剛
発行者　田村正隆

発行所　株式会社ナツメ社
東京都千代田区神田神保町 1-52　ナツメ社ビル 1F（〒101-0051）
電話 03-3291-1257（代表）　FAX 03-3291-5761
振替 00130-1-58661

制　作　ナツメ出版企画株式会社
東京都千代田区神田神保町 1-52　ナツメ社ビル 3F（〒101-0051）
電話 03-3295-3921（代表）

印刷所　ラン印刷社

ISBN978-4-8163-6986-5
Printed in Japan
<定価はカバーに表示してあります>　<乱丁・落丁本はお取り替えします>